中国电子教育学会高教分会推荐

普通高等教育新工科通信类课改系列教材

通信技术概论

主　编　魏崇毓　邵　敏

副主编　孙海英　马艳华　李　勤

西安电子科技大学出版社

内 容 简 介

　　本书比较全面地介绍了通信技术的基本知识，希望为初学者提供一个比较全面的有关通信技术的知识架构。

　　全书共分四章。第1章为绪论，主要介绍通信的基本概念和发展概况、通信系统的分类和性能度量，以及国际上主要的通信标准化组织；第2章为通信技术基础，主要介绍通信信号及信号处理的基础知识，包括信号的表示及分类、傅里叶变换、模拟信号的数字化等；第3章为通信基本技术，介绍各类通信系统的一些共性技术；第4章为现代通信系统与网络，主要介绍各种实际的应用系统及网络的基本构成与主要功能。

　　本书可作为高等学校通信与电子信息类相关专业的学生教材，也可供相关的工程技术人员参考。

图书在版编目(CIP)数据

　　通信技术概论/魏崇毓，邵敏主编. —西安：西安电子科技大学出版社，2020,6
　　ISBN 978 - 7 - 5606 - 5595 - 6

　　Ⅰ.① 通… 　Ⅱ.① 魏… 　② 邵… 　Ⅲ.① 通信技术—高等学校—教材 　Ⅳ.①TN91

中国版本图书馆 CIP 数据核字(2020)第 042570 号

策划编辑　陈　婷
责任编辑　武翠琴
出版发行　西安电子科技大学出版社(西安市太白南路 2 号)
电　　话　(029)88242885　88201467　　　邮　　编　710071
网　　址　www.xduph.com　　　　　　　电子邮箱　xdupfxb001@163.com
经　　销　新华书店
印刷单位　陕西天意印务有限责任公司
版　　次　2020 年 6 月第 1 版　2020 年 6 月第 1 次印刷
开　　本　787 毫米×1092 毫米　1/16　印张 14.5
字　　数　341 千字
印　　数　1～3000 册
定　　价　33.00 元
ISBN 978 - 7 - 5606 - 5595 - 6/TN

XDUP 5897001 - 1

＊＊＊如有印装问题可调换＊＊＊

本社图书封面为激光防伪覆膜,谨防盗版。

前　言

最近四十多年里，通信技术一直处于飞速发展的状态，新概念、新技术和新应用层出不穷。刚刚进入这一领域的青年学生或工程技术人员，往往希望能够快速地对通信技术相关的基础和应用有一个比较全面的了解，并在此基础上对通信技术的知识结构有一个初步的认识。本书的编写初衷就是希望能够在这些方面发挥一些作用。

本书是作者根据多年来在通信与电子技术领域从事教学与实践工作的经验编写的通信技术入门教材，面向通信与电子信息类专业的初学者，希望为初学者提供一个比较全面的有关通信技术的知识架构，使初学者能够建立初步的学习基础。编写过程中，我们在选材上力求提供比较全面的知识架构，在叙述上力求通俗易懂。

全书共分四章。第 1 章为绪论，主要介绍通信技术的基本概念和发展概况、通信系统的分类和性能度量，以及国际上主要的通信标准化组织。第 2 章为通信技术基础，主要介绍通信信号及信号处理的基础知识，包括信号的表示及分类、傅里叶变换、模拟信号的数字化等，这些内容在通信技术中都是最基础的，目的是希望读者能掌握通信技术相关的基本概念，更重要的是希望读者认识信号分析在通信技术学习和研究方面的基础作用。第 3 章为通信基本技术，介绍各类通信系统的一些共性技术，虽然有些技术已经不常用或者正在被取代（比如电路交换和模拟调制），但考虑到这些技术的基础性作用，并且对读者理解新的技术有意义，我们还是进行了较为详细的介绍；另外，由于通信系统的融合发展，新的平台往往是综合平台，但限于篇幅和本书的入门性特点，对于一些新的技术，如软交换技术和 IP 多媒体子系统技术，在本书中只能作一些简单的、框架性的描述，希望这些介绍能对初学者有所启发。第 4 章为现代通信系统与网络，主要介绍各种实际的应用系统及网络的基本构成与主要功能，目的是让读者建立各类通信系统的框架性概念。

为了帮助读者加深对本书内容的理解，作者尽可能编写了多种类型的练习题，包括选择题、填空题、判断题、简答题和计算题等，并提供了部分习题参考答案。

在本书的编写过程中，作者得到了青岛科技大学通信工程教研室全体老师的支持和帮助，特别是徐凌伟、林粤伟等老师对书稿提出了宝贵的意见和建议，研究生李嘉恒同学也提供了部分资料，在此一并表示感谢。

感谢西安电子科技大学出版社的老师们给予的大力支持。在本书的出版过程中，从策划到责任编辑，各位老师都表现出了极大的责任心，他们对本书的内容和具体技术细节问题都提出了宝贵的意见和具体建议。还要感谢作者的家人，在本书的编写过程中，他们表现出极大的耐心，并一直在支持作者做好这件事。

由于作者水平有限，加之通信技术涉及面很广，所能查阅到的资料也不够全面，书中难免有疏漏、不足之处，敬请广大读者批评指正。

魏崇毓

2020 年 1 月于青岛

目　　录

第1章　绪论 ·· 1

1.1　通信的基本概念 ··· 1

1.2　通信系统的基本构成 ·· 2

  1.2.1　模拟通信系统的基本构成 ·· 5

  1.2.2　数字通信系统的基本构成 ·· 6

1.3　通信系统的分类 ··· 7

  1.3.1　按业务功能分类 ·· 7

  1.3.2　按调制方式分类 ·· 7

  1.3.3　按信号传输方式分类 ·· 8

  1.3.4　按信号特征分类 ·· 9

  1.3.5　按传输媒介分类 ·· 9

  1.3.6　按所采用的多路复用技术分类 ··· 9

1.4　通信网 ··· 12

1.5　通信与计算机技术 ·· 13

1.6　信息的度量 ··· 14

1.7　通信系统的性能度量 ··· 17

  1.7.1　信息传输速率 ·· 17

  1.7.2　码元传输速率 ·· 17

  1.7.3　频带利用率 ·· 18

  1.7.4　误码率 ··· 18

  1.7.5　误信率 ··· 18

1.8　通信技术发展概况 ·· 19

1.9　标准与标准化组织 ·· 23

  1.9.1　国际标准化组织 ·· 23

  1.9.2　国际电信联盟 ·· 23

  1.9.3　电气和电子工程师协会 ··· 24

  1.9.4　欧洲电信标准化协会 ·· 24

  1.9.5　国际电工委员会 ·· 24

  1.9.6　美国国家标准协会 ··· 25

  1.9.7　美国电子工业协会 ··· 25

  1.9.8　美国通信工业协会 ··· 25

  1.9.9　互联网工程任务组 ··· 25

  1.9.10　3GPP 组织 ·· 25

  1.9.11　中国通信标准化协会 ·· 25

习题 ·· 26

第2章　通信技术基础 ·· 31

2.1 信号的表示及分类 …………………………………………………………… 31
   2.1.1 信号的表示 ………………………………………………………… 31
   2.1.2 信号的分类 ………………………………………………………… 32
2.2 傅里叶变换 ………………………………………………………………… 34
   2.2.1 周期信号的傅里叶级数 …………………………………………… 34
   2.2.2 非周期信号的傅里叶变换 ………………………………………… 36
   2.2.3 周期信号的傅里叶变换 …………………………………………… 44
   2.2.4 信号的时频倒数关系 ……………………………………………… 45
   2.2.5 信号的带宽 ………………………………………………………… 46
   2.2.6 时宽带宽积 ………………………………………………………… 46
2.3 模拟信号的数字化 ………………………………………………………… 47
   2.3.1 脉冲编码调制 ……………………………………………………… 48
   2.3.2 模拟信号的抽样 …………………………………………………… 48
   2.3.3 抽样信号的量化 …………………………………………………… 54
   2.3.4 量化信号的编码 …………………………………………………… 57
习题 …………………………………………………………………………… 60

第 3 章 通信基本技术 ………………………………………………………… 64
3.1 时分复用与复接 …………………………………………………………… 64
   3.1.1 数字复接方法 ……………………………………………………… 66
   3.1.2 数字复接的同步 …………………………………………………… 67
   3.1.3 PCM30/32 路系统的时隙分配与基群帧结构 …………………… 67
3.2 调制与解调 ………………………………………………………………… 69
   3.2.1 概述 ………………………………………………………………… 69
   3.2.2 模拟幅度调制 ……………………………………………………… 70
   3.2.3 包络检波 …………………………………………………………… 74
   3.2.4 模拟角度调制 ……………………………………………………… 75
   3.2.5 数字调制技术 ……………………………………………………… 77
3.3 交换技术 …………………………………………………………………… 87
   3.3.1 电话交换技术 ……………………………………………………… 87
   3.3.2 数据交换技术 ……………………………………………………… 92
   3.3.3 软交换技术与 IP 多媒体子系统技术 …………………………… 100
3.4 通信协议与网络体系结构 ………………………………………………… 106
   3.4.1 概述 ………………………………………………………………… 106
   3.4.2 开放系统互联参考模型 …………………………………………… 109
   3.4.3 传输控制协议/互联网协议简介 ………………………………… 116
3.5 网络路由技术 ……………………………………………………………… 122
   3.5.1 集中式路由方法 …………………………………………………… 123
   3.5.2 分布式路由方法 …………………………………………………… 123
   3.5.3 路由器构成原理 …………………………………………………… 124
3.6 移动通信多址接入技术 …………………………………………………… 125
   3.6.1 概述 ………………………………………………………………… 125
   3.6.2 正交多址接入技术 ………………………………………………… 127
   3.6.3 非正交多址接入技术 ……………………………………………… 134

习题 ·· 138

第4章　现代通信系统与网络 ······························ 143

4.1　固定电话通信系统 ·· 143
　4.1.1　电话网络结构 ·· 143
　4.1.2　电话网络交换机 ·· 144
4.2　无绳电话系统 ··· 146
4.3　无线寻呼系统 ··· 146
4.4　蜂窝移动电话系统 ·· 147
4.5　集群通信系统 ··· 151
4.6　计算机网络通信系统 ·· 152
　4.6.1　局域网 ··· 153
　4.6.2　城域网 ··· 163
　4.6.3　广域网 ··· 164
4.7　无线个人局域网 ··· 166
　4.7.1　蓝牙技术 ··· 166
　4.7.2　HomeRF 技术 ·· 167
　4.7.3　红外连接技术 ·· 167
　4.7.4　超宽带技术 ··· 168
　4.7.5　ZigBee 技术 ··· 169
4.8　固定无线接入 ··· 171
4.9　数字微波中继通信系统 ······································ 173
　4.9.1　概述 ··· 173
　4.9.2　数字微波中继通信系统的基本构成 ·························· 175
　4.9.3　数字微波中继通信的中继方式 ···························· 176
4.10　卫星通信系统 ·· 178
　4.10.1　概述 ·· 178
　4.10.2　卫星通信系统的基本构成 ······························ 179
　4.10.3　卫星通信系统的分类 ·································· 181
　4.10.4　典型卫星通信系统简介 ································ 183
4.11　光纤通信系统 ·· 187
　4.11.1　概述 ·· 188
　4.11.2　光纤导光原理 ·· 192
　4.11.3　光纤通信系统 ·· 195
4.12　无线传感器网络 ·· 197
　4.12.1　概述 ·· 197
　4.12.2　无线传感器节点 ·· 199
　4.12.3　无线传感器网络的通信协议和拓扑结构 ···················· 200
　4.12.4　一种基于 WSN 的分布式温度监测系统 ···················· 201
4.13　第五代移动通信网络技术 ···································· 203
　4.13.1　概述 ·· 203
　4.13.2　5G 的主要性能指标 ····································· 204
　4.13.3　5G 使用的无线频谱 ····································· 205
　4.13.4　5G 移动通信网络架构 ···································· 207

4.13.5　5G NR 的物理层技术 ··· 213

4.13.6　NR 的逻辑信道、传输信道和物理信道 ·································· 215

习题 ·· 217

部分习题参考答案 ·· 221

参考文献 ·· 224

第 1 章 绪 论

现代通信是一个复杂的过程，涉及的内容很多，本章主要引入一些与通信技术相关的基础概念和知识，目的是为后续章节的学习作一些铺垫。

1.1 通信的基本概念

通信(Communication)是指通过采用一些技术手段，克服距离障碍，在两个或多个用户之间实现有效且可靠的消息传递的过程。从古至今出现的通信方式和技术手段多种多样，比如直接喊话、邮件的人工传递、手势、古代以烽火台实现的中继传递、使用灯光或者旗语，以及现代的广播电视、电话、计算机网络通信、微信等，但现代通信一般是指使用电气技术的通信，即电信(Telecommunication)。通信系统指的就是使用电气技术建立的消息传递系统，本书讲述的就是使用电的方法实现通信的知识。使用光技术的通信也属于电信技术的范畴，因为光波是电磁波的一种。

通信系统传递的是消息。消息指的是对人或事物状态的一种描述或表达，对消息的描述或表达手段可以是标记、文字、图片、声音、影像等不同形式。而根据信息论给出的概念，信息指的是消息中对于接收者来说有意义或者有用的那一部分。换句话说，消息是通信系统传递的内容，这些内容经过通信系统传递到接收端后，所传递的消息内容对接收者来说可能有一部分是没有意义的，也可能有一部分已经从其他的途径获得，是接收者早已知道的，这一部分对接收者来说也失去了传递的意义。这些对接收者来说没有意义的内容就不是信息。另外有些消息内容对接收者可能是全新的和有用的，因而是有意义的，这些有意义的部分称为信息。

通信系统传递的是消息，但通信的目的在于传递信息，即传递对接收者来说有用的消息内容。然而通信系统本身并不能区分哪些消息内容对接收者是有用的，也就没有办法仅仅将消息中有意义的信息内容传递给接收者，只能将全部的消息内容传递出去，然后由接收者选择使用。所以在研究通信技术的时候，我们没有必要过分强调信息与消息概念的差别，而是将重点放在如何有效、准确和安全地传递消息内容方面。

在通信系统中，消息的传递是用信号的传递来实现的。信号是消息的一种物理表示方式，它一般是随时间变化的一种物理量，比如旗语就是通过旗子的运动来表现消息内容的一种信号形式。按照物理属性，信号可以分为电信号和非电信号，两者之间可以互换。比如，我们说话的声音信号，可以通过麦克风(Microphone，MIC)转换成其强弱随着语音的强弱而变化的电信号，语音电信号也可以通过扬声器(Speaker)转换成声音。电信号容易产生且便于控制和处理，电信号的基本形式是随时间变化的电压或电流。

采用电气技术建立的通信系统传递的是电信号，如电压信号、电流信号、电磁波信号和光波信号等。不管消息是以什么方式表达的，实现消息的传递都首先需要将消息变换成电信号的形式。在这里，电信号就成了消息的载体或消息的运载工具。一般将电信号直接称为信号。一旦将消息转换成信号，后面的主要问题就是研究如何根据信号的特性建立合适的通信系统，实现对信号的有效、安全和可靠传输。

1.2　通信系统的基本构成

通信系统是传递消息所需要的一切技术设备和通信信道构成的一个整体，主要包括信源、发送设备、信道、接收设备、信宿五大部分，如图 1-1 所示。图中显示了从发送端信源到接收端信宿的传输过程，实际上通信双方的设备都包含信源、信宿、发送设备和接收设备，这样才能实现同时收发的功能，这里为了便于介绍只画出了单向传输的部分。

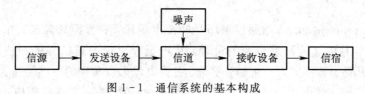

图 1-1　通信系统的基本构成

1. 信源

在通信系统中，信源是通信系统所传输消息的来源，其功能是将非电信号的消息转换成电信号，常见的信源设备有 MIC、摄像机或其他类型的传感器等。信源包括模拟信源和数字信源两大类。模拟信源输出模拟消息信号，即输出模拟信号。模拟信号是一种随时间连续变化并在幅度取值上连续的信号。模拟消息信号称为模拟基带信号，其特点是频率较低，一般基带信号的频率从零或接近零开始。输出数字消息信号的信源称为数字信源，数字信号是时间和幅度取值都离散的信号。

由于模拟通信系统已经极少使用，数字通信系统已经普及，因此如果信源输出的是模拟信号，则要将模拟信号数字化，以便在数字通信系统中传输。将模拟信号数字化的过程称为模拟/数字变换，简称为 A/D 变换或 ADC（Analog to Digital Converting），经 A/D 变换后输出的数字信号叫作数字基带信号。通常信源输出的基带信号并不能直接传输，而是要经过一种信号变换系统将它变换为适合信道传输的信号形式，发送设备就是实现这种功能的设备。

2. 发送设备

发送设备的功能是将消息信号变换为适合在信道中传输的信号形式，以提高消息传输的效率、可靠性和安全性。不同通信系统的发送设备可能有很大的不同。有线通信系统的发送设备一般比较简单，无线通信系统的发送设备相对比较复杂，发送设备基本的功能包括信号编码、调制、频率变换等。对基带信号进行编码后形成的数字信号仍然是基带信号，这时如果直接将编码后的信号送入信道传输，这种传输就称为基带传输，常见的局域网数据传输就是基带传输。对基带信号编码之后，再通过调制，将基带信号频率变换到较高的射频（Radio Frequency，RF）上再进行传输，这种传输方式称为频带传输。这时，所传输的信号就是一个较高的频率，而且占据一段频率范围，即频带。无线电广播、移动通信的射频信号传输等，都是频带传输的例子。

3. 信道

信道就是信号的传输通道，有时也称为传输媒体，它是指发送设备和接收设备之间的传输媒介。任何信道都只具有一定的频率范围，称为频带宽度，简称带宽。比如大家熟知的 GSM 蜂窝系统的无线信道带宽是 200 kHz，CDMA 蜂窝系统的无线信道带宽是 1.25 MHz。

信号在信道中传输，就是在给定的信道带宽上传输，这个信道带宽会让信号传输通过，同时也会对信号产生干扰和限制。传输媒介包括有线传输媒介和无线传输媒介两大类，有线传输媒介形成的传输信道称为有线信道，无线传输媒介形成的信道称为无线信道。有线传输媒介有固定电话连接使用的双绞线、有线电视使用的同轴电缆、光纤通信使用的光缆等。无线传输媒介如电磁波、光波等。随着光纤技术的成熟与应用推广，以及三网融合的推进，目前的固定电话连接与有线电视连接基本上都已经改用光纤连接。各家电信运营商和有线电视运营商都已经具备光纤到户的连接技术和条件，都可以同时为用户提供宽带上网、电话和互联网电视业务。移动通信、无线广播以及 WiFi 宽带接入等都是无线媒介接入的典型应用。

信号在信道中传输时，信道噪声会作用于信号，接收端所接收到的信号实际上是叠加有噪声的。噪声对于信号的传输是有害的，噪声会降低信道传输质量甚至使传输信息出现错误。信道中可能出现的噪声可以分为人为噪声和自然噪声两大类。人为噪声是人类活动产生的各种噪声，像汽车点火产生的噪声、电焊产生的火花噪声、各类无线电发射以及微波炉等家用电器产生的无线电干扰等。自然噪声是自然界存在的各种噪声，如自然界存在的各种电磁辐射、太阳黑子活动、雷电和热噪声等。一切电子元器件的电阻效应都会产生热噪声。对噪声特性及其对通信信号影响的研究一直是通信技术研究的一个重要方面。

有线信道传输特性比较稳定，噪声对信号的影响较小。相比有线信道传输媒介，无线信道传输媒介的物理特性非常复杂。信号在无线信道的传输中除了受到各类噪声的影响外，还会受到信道特性不稳定的影响。由于无线信号的传播方向不像有线信道那样受到限制（有线通信的信号只能沿一条路径传输），而且无线通信的收发两端一般还都处于运动中，因此无线信号从发送端传输到接收端，一般会经过前、后、左、右等很多条传输路径，并且这些传输路径还会随着通信终端的运动而随机变化。经过不同路径到达接收端的信号经受的时间延迟不同而且随机变化，这会使得接收端的信号电平随机变化，起伏不定，这种现象称为无线信道的多路径传输效应，简称多径效应。由于无线传输多径效应的存在，故无线信道特性容易受到外界环境因素的影响，接收电平会表现出随机变化的特点，从而使得接收信号强度不断起伏（这种现象称为信号衰落），严重时会使通信中断。无线通信系统需要采取各种技术措施来消除这些影响，这就是为什么无线通信系统一般会非常复杂的原因。

信道传输的有效性和可靠性是通信系统的两项主要指标，信道传输特性直接影响信号传输的有效性和可靠性，任何通信系统都是根据信道的特性进行设计的。有线信道的传输特性稳定，受外界环境影响小。无线信道的传输特性随机变化，受外界环境影响大，环境是影响传输有效性和可靠性的重要因素。

描述信道传输有效性的参数叫信道容量，也就是信道能无差错传送信息的最大传输速率。香农给出了定义信道信息传输容量限制的数学公式，如下所示：

$$C = B \operatorname{lb}\left(1 + \frac{S}{N_0}\right) \text{(b/s)} \qquad (1-1)$$

这个公式就是著名的香农信道容量公式，简称香农公式。式中：C 代表信道容量，即所能传输信息的最大速率，单位是比特/秒（b/s）；B 代表信道带宽，单位是赫兹（Hz）；S 代表信号的功率，单位是瓦特（W）；N_0 代表信道中的噪声功率，单位是瓦特（W）。比值 S/N_0 称为信号噪声比（Signal to Noise Ratio，SNR），简称信噪比，用 SNR 表示。工程上信噪比常以分贝（dB）为单位表示，以 dB 为单位时，信噪比（SNR）的计算公式为

$$\text{SNR(dB)} = 10 \lg \frac{S}{N_0} \qquad (1-2)$$

从香农公式（1-1）可以看出，信道带宽越大、信号功率越高，信道容量就越大；而信道中的噪声功率越大，则信道容量就会越小。当给定信道带宽、信号功率和信道中的噪声功率时，信噪比的数值就确定了，从而信道的最大信息传输速率即信道容量也就确定了。

人们总是希望设计传输容量尽可能高的通信系统。根据香农公式，提升信道容量可以从以下几个方面考虑。一是可以通过降低信道噪声来提升信道容量。影响信道传输容量的噪声来自通信系统内部噪声和外部干扰两个方面，可以通过技术手段尽量降低外部干扰的影响，但因为系统内部的热噪声总是存在的，所以通过降低噪声来提升信道容量有一个最低限制。二是可以通过提高信号功率来增大信道容量。但是，信道容量是随着信号功率按对数规律提升的，这种情况使得通过提高信号功率来增加传输容量的效果并不明显。同时，增加信号功率一方面提高了对通信系统性能的要求，另一方面发射功率的提升也更容易对其他的无线通信系统产生干扰。因此，通过提高发射功率来增大信道容量也往往受到很大的限制。三是通过增加信道带宽来增大信道容量。从香农公式看出，增加信道带宽是增加信道容量最有效的办法，也是实际中比较容易采用的办法。在有线通信系统中，一条传输线路形成的信道带宽是一定的，当一条传输线路的带宽不够用的时候，如果并行地增加一条新的传输线路，就相当于将信道带宽增大了一倍（实际上新增加的传输线路与原先的传输线路工作频率和带宽是完全相同的）。并行的传输线路越多，传输带宽就会越大。所以，在有线通信系统中，增加传输带宽并不是一件困难的事情，所要付出的代价就是增加传输的物理线路。比如，干线传输需要大带宽的光纤，一条光纤的带宽不够时，可以增加多条光纤，这在实际中并不困难。但在无线通信系统中，情况就完全不同了。

在无线通信系统中，无线信道带宽的增加会受到严格的限制。无线信道的带宽是指无线信道所占据无线频谱的宽度，无线频谱是一种不可再生的自然资源，资源总量是固定的，因此政府对无线频谱的使用有严格的管理。在任何一个地方，一旦一段无线电频谱被分配用于某一种无线通信系统，这段频谱就被这种通信系统所独享，其他任何无线通信系统都不能再使用这段频谱，否则就会出现不同系统之间的无线电干扰。比如分配给 GSM 移动通信系统的频谱是不能用于 CDMA 或其他无线通信系统的，同样分配给 CDMA 系统的频谱也不能用于 GSM 或其他的无线通信系统。由此可以看出，通过增加无线信道带宽来增大无线信道传输容量的办法，不适用于无线通信系统，人类所能做的只能是通过技术方法尽可能提升无线频谱的利用效率。提升无线频谱利用率的方法有很多，如信源压缩编码、多进制调制技术、正交频分复用等。但这些方法都只能将信道容量提升到尽可能接近

香农公式给出的极限,不可能超出香农公式的限制。

随着对无线信道技术研究的深入与信号处理技术的进步,人们提出了提升无线传输信道容量的多输入多输出(Multiple Input Multiple Output,MIMO)方法(也称为多天线技术)。MIMO方法就是在无线通信的发射端采用多副天线发射,在接收端采用多副天线接收,所有天线都工作于相同的频段,利用无线传输的多径效应造成的信道随机特性,应用先进的信号处理技术可以将不同天线对之间的信号区分开来,从而在同一个频段上形成多条并行的传输通道。在这种情况下,如果单个信道的传输容量由香农公式给出,则收发两端分别安装 N 副天线的 MIMO 系统最大信道容量就可以达到单个信道容量的 N 倍。理论上,MIMO技术能够在不增加信道带宽和总发射功率的条件下大幅提升信道的传输容量。

MIMO 系统的基本模型见图 1-2,图中的 h_{ij} 表示从第 j 副发射天线到第 i 副接收天线的传输系数,这个参数代表了信号经信道传输后可能产生的幅度增益和因传输时延造成的信号相位变化。

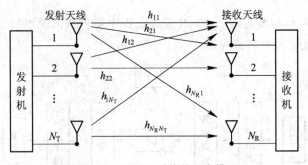

图 1-2 MIMO 系统的基本模型

4. 接收设备

接收设备的功能是对发送设备所进行的变换进行反变换,以还原出原始的消息信号并呈现给接收端用户。

5. 信宿

信宿的功能与信源相反,信宿接收通信系统传递的消息信号,将其转换为用户需要的形式并展示给用户。比如用扬声器还原语音通信系统传输的语音信号,用显示器还原视频通信系统传输的图像信号等。

1.2.1 模拟通信系统的基本构成

模拟通信系统是利用模拟信号传递消息的通信系统。对于模拟通信系统而言,图 1-1 中的发送设备主要就是调制器,接收设备就是解调器。模拟通信系统的基本构成见图 1-3。

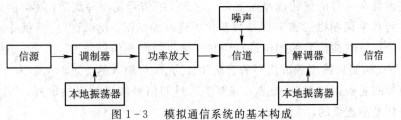

图 1-3 模拟通信系统的基本构成

所谓调制，就是用要传递的消息信号去控制一个高频正弦波信号的某一个参数（如幅度、频率或者相位），使得这个参数随消息信号的变化规律而变化，其作用就是将消息信号加载到高频正弦波信号上去，调制后的信号中心频率就是高频正弦波信号的频率，信号带宽由消息信号的带宽决定。在无线通信系统中，需要将基带信号调制到一个高频率的正弦波信号上去，这个高频的正弦波信号比较适合在无线信道中传输。高频正弦波信号由一个本地振荡器产生。在通信系统接收端，通过一个解调器可以从正弦波信号上取出原始的基带信号，进而由信宿还原出原始的消息信号。这里信源输出的消息信号称为调制信号，高频正弦波信号称为载波信号，调制信号对载波进行调制后的输出信号称为已调信号。由于原始的消息信号都占有一定的频带宽度，因此已调信号也占有一定的频带宽度，这就是为什么调制传输称为频带传输。

1.2.2　数字通信系统的基本构成

数字通信系统的结构要复杂一些，其发送设备主要包括信源编码、加密、信道编码和数字调制等几个部分，基本构成见图1-4。

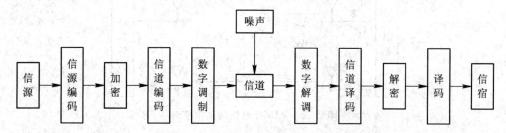

图1-4　数字通信系统的基本构成

信源编码的作用包括两个方面：一是将信源输出的模拟信号数字化，即A/D变换；二是将A/D变换后的信号进行压缩编码。压缩编码的作用是减小模拟信号数字化后的数据量，以提高通信系统的传输有效性。

加密适用于需要保密通信的场合，加密的过程就是对数字信号执行某种运算，即加上密码，其作用是扰乱原来的数字信号，接收端使用约定的密码可以对接收数字信号进行解密，但窃听者无法解密出实际传输的消息信号。

信道编码的作用是提高传输可靠性，减小传输过程可能造成的误码。具体做法是在传输码元中加入监督码元，使得传输码元产生某种规律性，在接收端则检验这种码元的规律性是否遭到破坏。如果码元的规律性没有变化，则说明传输过程中没有出现错误。如果码元的规律性遭到破坏，则说明传输出错了，这时可以采取某种措施纠正错误。

数字调制就是用数字基带信号控制正弦载波信号的某一个参数，使得载波信号的这个参数根据基带数字信号的变化规律而变化。由于数字信号是一种离散信号，因此对载波的某个参数进行数字调制以后将出现参数变化不连续的情况。例如图1-5就是用二进制数字信号对一个正弦载波信号的相位进行调制后输出的已调信号波形。图中，当输入的二进制信号为1时，调制后输出载波信号的起始相位为π；当输入的二进制信号为0时，调制后输出载波信号的起始相位为0。显然，在对应二进制信号波形的起始位置，调制后输出信号的相位变化是不连续的。

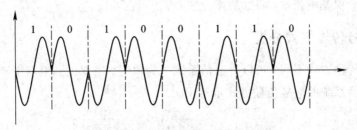

图 1-5 二进制相移键控数字信号波形

1.3 通信系统的分类

根据通信系统的不同特征，可以将通信系统分成不同的类型，下面就来介绍这些分类。

1.3.1 按业务功能分类

根据通信系统所实现的业务不同，可以将通信系统分为固定电话通信系统、移动电话通信系统、电报通信系统、数据通信系统、图像通信系统、广播通信系统等。随着网络通信技术的发展，特别是光纤通信技术的逐渐普及，通信传输网络的带宽已经可以满足各种业务的需要，这为通信网络的融合创造了条件，目前不同业务的通信系统已经在向着统一网络平台的通信系统融合。比如人们熟悉的电信网、计算机网和有线电视网已经实现了三网融合。网络融合之后的每一个网络平台都可以同时开展三种不同的业务，如语音业务、数据业务、视频业务和多媒体业务等。由于各种消息源产生的消息都可以数字化，故当前语音、数据、视频和多媒体消息在通信网络里都是以数字的形式传输。

1.3.2 按调制方式分类

根据是否对基带信号进行调制，可以将通信系统分成基带传输通信系统和调制传输通信系统两类。基带传输指的是直接将基带信号送入信道传输，如市内音频电话信号传输、计算机局域网中的数字信号传输等都是基带传输的例子。前者传输的是模拟基带信号，后者传输的是数字基带信号。调制传输指的是用基带信号对载波进行调制后再送入信道传输。载波信号的频率一般远高于基带信号的频率，所以调制的直接作用就是将频率较低的基带信号搬移到较高的频率上。调制的主要目的有两个方面：一方面，调制可以将消息信号变换成便于在信道中传送的形式，如将频率较低的基带信号经调制后变换到高频载波上，这样便于在空间进行无线电传输；另一方面，不同的基带信号频谱一般是有重叠的，如果将基带信号直接送入信道传输，不同信号之间就容易相互干扰，所以不同的多个基带信号是不能同时放在一个信道中传输的，不同的基带信号传输时必须独占信道。而调制技术可以将不同的基带信号变换到不同频率的高频载波上，因载波频率不同，调制后的信号将分别占用不同的频带传输，而通信系统可以对这种占用不同频带的信号进行区分，从而可以消除不同信号之间的干扰，这种传输方式称为频分复用（FDM）。频分复用是无线通信和频带传输的一项基本技术,将在后面介绍。

1.3.3　按信号传输方式分类

　　根据信号传输方式不同,可以将通信系统分为单工、半双工和全双工三类,图1-6给出了这三种通信系统的信号传输方式示意图。

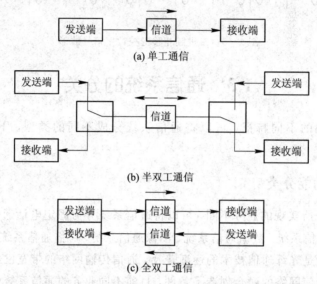

图1-6　单工、半双工和全双工通信方式示意图

　　单工通信系统是只提供单向通信的系统,就是说通信过程中信号是单向传输的,见图1-6(a)。如无线电广播系统和20世纪末广泛使用的无线寻呼系统都是单工通信系统。

　　在半双工通信系统中,通信双方交替地进行收信和发信,收信和发信不能同时进行,就是说信号可以双向传输,但只能分时双向传输,见图1-6(b)。在同一时间,通信的甲乙双方只能有一方发送,甲方发送时甲方的发送端经开关接入信道,这时乙方只能接收。如果乙方想要发送,必须等待甲方发送结束并释放信道后,乙方的发送端才能够接入信道进行发送。半双工系统在指挥调度等专业无线电中比较常用。按下通话、放开收听的对讲机系统是典型的半双工无线通信系统。

　　全双工系统是允许通信双方同时进行发信和收信的通信系统,通信过程中收发双方的发送端和接收端都保持与信道的连接,因此信号是双向同时传输的,见图1-6(c)。固定电话系统就是常见的全双工通信系统,通信双方可以同时进行发送和接收。

　　由于全双工通信系统的发射机和接收机是设计在一起的,因此发射机与接收机之间很容易出现相互干扰。双工技术就是用于解决发射机与接收机之间电气隔离的技术,以消除相互干扰。双工技术有频分双工(Frequency Division Duplex,FDD)和时分双工(Time Division Duplex,TDD)两种。FDD就是为发射机和接收机分配不同的工作频率,用不同的滤波器实现发射与接收信号的隔离,从而消除相互干扰。模拟通信系统都是采用FDD技术的。TDD就是为发射机和接收机规定不同的工作时间,发射机工作的时候关闭接收机,接收机工作的时候关闭发射机,从时间上隔离发射机与接收机之间的干扰。TDD需要比较严格的时间同步技术,这只有在数字通信系统中才可以实现,所以TDD技术都是用于数字通信系统的。第一代的模拟移动通信系统和第二代的数字移动通信系统都采用了 FDD 技术。在主要的第三代移动通信系统中，TD-SCDMA 系统是采用 TDD 的，WCDMA 和 CDMA2000 都是采用 FDD 的。第四代移动通信系统也分为 TDD 和 FDD 两种。

1.3.4　按信号特征分类

　　根据通信系统传输信号的特征不同，可以将通信系统分为模拟通信系统和数字通信系统两类。模拟通信系统传输的是模拟信号，数字通信系统传输的是数字信号。

　　模拟通信系统的优点是实现简单，早期的通信系统都是采用模拟技术的。但是模拟通信技术抗干扰能力差，信号传输过程中受到的各种干扰都会转化为噪声，并且这些噪声会不断地积累，传输距离越长，噪声积累也就越多，导致信号质量不断下降。数字通信系统可以消除噪声的积累。

1.3.5　按传输媒介分类

　　根据信号传输媒介的不同，可以将通信系统分成有线通信系统和无线通信系统。有线通信系统采用架空明线、双绞线、同轴电缆、光纤等作为传输媒介。如市内固定电话、有线电视和计算机局域网(LAN)等一般采用有线的方式连接。光纤具有传输容量大和衰减小的特点，目前通信网的长途干线传输一般都采用光纤，同时光纤接入也在快速普及。无线通信依靠电磁波(光波也属于电磁波)的空间传输，如移动通信、卫星通信、无线电广播等都是无线通信的。

　　随着技术和应用需求的发展，目前的通信系统一般都是网络系统，网络系统相邻节点之间的物理传输通道称为通信链路，一次通信过程从发送端到接收端一般要经过多条通信链路，不同的链路可能采用不同的传输媒介。比如移动通信传输中，从手机到基站的传输是无线链路，从基站到交换中心的传输一般是有线链路。因此，通信系统一般都同时包含有线信号传输和无线信号传输。

1.3.6　按所采用的多路复用技术分类

　　所谓多路复用(Multiplexing)技术，就是采用一条高速传输线路(或者叫传输媒介)传输多路低速信号的方法，将多路低速信号通过某种复用的方法汇接成一路高速信号进行传输，从而有效提高信道利用率的技术。

　　通信传输线路(媒介)的带宽或容量一般都大于一路信号传输对带宽的需求，比如一路固定电话的数据传输速率是 64 kb/s，而一条光纤的数据传输速率可以高达 10 Gb/s。为了更有效地利用通信线路的带宽资源，希望一条高速传输线路能同时传输多路信号而相互之间又不会干扰，这就需要应用多路复用(Multiplexing)技术。采用多路复用技术能把多个信号组合起来在一条物理传输媒介(有线的或无线的)上传输，从而可以大大提升传输效率和传输资源的利用率。目前，传输多路信号的复用方式有五种，即频分复用（Frequency Division Multiplexing，FDM）、时分复用（Time Division Multiplexing，TDM）、码分复用（Code Division Multiplexing，CDM）、波分复用（Wavelength Division Multiplexing，

WDM)和空分复用(Space Division Multiplexing,SDM)。所以,按照通信系统传输信号的多路复用方式不同,可以将通信系统分为频分复用通信系统、时分复用通信系统、码分复用通信系统、波分复用通信系统和空分复用通信系统。

1. 频分复用通信系统

频分复用就是用不同的频率传输不同的信号,首先将可用的无线频谱划分成若干个频段,让每一路信号占用其中的一个频段进行传输,各路信号的频率互不交叠,在接收端用滤波器实现多路信号的分离,从而实现在一条传输线路上的多路通信。

图 1-7 以三路信号为例示出了频分复用的原理,图中的滤波器、变频器与合路器配合实现频分复用功能。滤波器用来限制信号的频率范围,即信号带宽。变频器实现信号的频率搬移,将不同的信号变换到不同频段的载波上,并使各路信号在频率上互不交叠。合路器将各路信号放入同一个传输通道。由于各路信号在频率上相互不交叠,因此在同一通道上传输时相互不干扰。图中 $f_i(t)$ 为输入的第 $i(i=1,2,3)$ 路通信信号,可以理解为一路电话信号,LPF(Low Pass Filter)为低通滤波器,该滤波器只允许输入信号中频率不高于 f_m 的成分通过,所以该滤波器具有限制电话信号带宽的作用。经过低通滤波的输入信号送给调制器,在调制器中与频率为 f_{0i} 的正弦本振信号 $c_i(t)$ 相乘,将输入信号调制到频率为 f_{0i} 的载波上,信号频谱也就搬移到以 f_{0i} 为中心的高频段上。调制器后接一个中心频率为 f_{0i}、带宽为 $2f_m$ 的带通滤波器(Band Pass Filter,BPF),其输出信号就是一个中心频率为 f_{0i}、带宽为 $2f_m$ 的高频信号。调制后的各路高频信号经复用器(合路器)合为一路信号后送入信道传输。这样,各路信号在信道中传输时就会分别占用不同的频率范围,因此它们互不干扰。这里的信道可以是有线的也可以是无线的。在接收端的处理则是与发送端相反的过程,首先是用带通滤波器将多路信号进行分离,接着对高频信号解调和低通滤波,低通滤波后输出原始电话信号。在频分多路复用技术中,调制、解调和滤波可以使多路信号的频率互不重叠,这是保证多路信号互不干扰的关键。调制技术将在第 3 章中介绍。

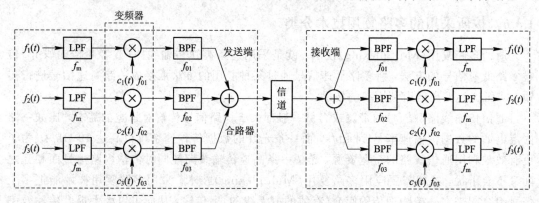

图 1-7 频分复用的原理图

2. 时分复用通信系统

时分多路复用就是使不同的信号在信道上传输时占据不同的时间区间,时分复用的基本思想可以借助图 1-8 进行解释。图中仍然以三路信号为例,其中时分复用的功能由电子开关和同步机构配合实现。

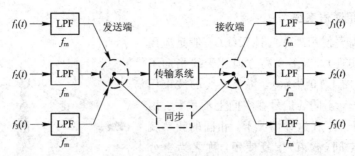

图 1-8 时分复用系统原理示意图

在图 1-8 中，发送端的电子开关按照一定的频率依次同三路输入信号连接，每次接通一个输入信号，接通的这个输入信号就被传输系统处理（这些处理可能包括编码、调制等），并传送到接收端。在通信系统同步机构的控制下，接收端的电子开关与发送端的电子开关同频同步，因此接收端输出的信号与发送端输入的信号对应，这样就实现了三路信号在一条传输线路上的分时传输，这就是时分复用。

在图 1-8 中，电子开关每旋转一周，就对全部信号抽样一次，并形成一个包含每一路信号的一个有序排列，在数字通信技术中，这个完整有序的排列称为帧（Frame）。每一路信号都会占据一帧中的一个时间片段，这个时间片段称为时隙（Time Slot，TS）。图 1-8 中发送端的电子开关具有对信号抽样的作用，也具有对各路信号合路的作用，所以称为多路复用器（Multiplexer）；对应接收端的电子开关实现对各路信号的分离，因此就称为解复用器。

时分复用通信系统中，每一路信号的传输只占一帧中的一个时隙，其余时隙用于传输其他信号，因此每次传输的都是一个信号的一小部分，我们称它为信号的样本（Sample）。换句话说，时分复用系统在发送端依次对各路传输信号进行抽样，传输系统对抽样信号进行处理后经信道发送给接收端，接收端则从收到的样本信号恢复出原始信号。

表面上看，时分复用通信系统的每一路信号都不是连续传输的，这就存在一个问题：这种信号被离散抽样的通信方式，在接收端能否无失真地恢复重建原始信号？回答是肯定的，理论上抽样定理保证了通信的质量，我们将在第 2 章介绍抽样定理。

3. 码分复用通信系统

码分复用是一种扩频通信技术，就是将一组正交的伪随机码分配给不同的信号，每一路信号都用所分配的伪随机码进行扩频调制（这会使得原来信号的频谱带宽被扩展），从而使不同的信号具有正交性（实际上频分复用的多路信号因频率不同而具有正交性，时分复用的多路信号因占用不同时隙也具有正交性），具有正交性的信号相互之间不产生干扰，因而可以在同一条信道上同时传输多路正交信号。在接收端则用同一个伪随机码进行相干解调（解调过程会将扩展的信号带宽恢复原状），恢复原始消息。码分复用的关键是一组正交的伪随机码和相干解调技术，这方面的内容本书不展开介绍。

4. 波分复用通信系统

波分复用是光通信系统中使用的技术，就是将不同波长的光信号复用到一根光纤中进行传输，实质就是光通信系统中的频分复用技术，传输线路为光纤。由于光纤的带宽很大，因此用于波分复用的输入信号一般已经是频分复用或时分复用的信号。

5. 空分复用通信系统

空分复用需要使用高方向性天线（一般是应用智能天线技术实现），当多个高方向性天线指向不同的方向时（如图 1-9 所示），每个天线的波束用于一路信号传输，不同的信号在空间上不重叠，因而相互之间无干扰，在这种情况下，相同的频率就可以在不同的空间（波束）重复使用，称之为空分复用。

图 1-9　空分复用示意图

模拟通信系统都使用频分复用技术，像模拟的电视广播系统和第一代的移动通信系统都是采用频分复用技术实现多路信号传输的。时分复用技术需要严格的定时和同步，这只有在数字通信系统中才能实现，大家熟悉的 GSM 移动通信系统，就是采用时分复用技术在一个载波频率上传输 8 个用户的信号，后面第 2 章将要介绍的复接，也是应用时分复用的方法来实现通信干线的大容量传输。空分复用适用于无线通信系统，用于进一步提升无线频谱的使用效率。空分复用需要应用比较复杂的信号处理和天线控制技术才能实现，但随着技术的发展和用户需求的不断提升，空分复用技术在通信系统中的应用也越来越多，如卫星通信系统就应用了空分复用技术，从第三代开始的移动通信系统也都应用了空分复用技术，这样可以使频谱使用效率更高。

1.4　通 信 网

上面所讲到的通信系统（如图 1-2、图 1-3 和图 1-4）可以实现两个用户之间点对点的通信，而实际的通信系统需要实现任意用户之间的通信。以固定电话通信为例，实现任意用户之间通信的最简单方法，是在任意两个用户之间分别建立一条传输线路，即在任意两个用户之间都建立一条点到点的通信传输线路，以 5 个用户为例，按这种方式所建立的固定电话通信网络如图 1-10 所示。显然，当用户数量很大时，按这种方式建立的通信网络会非常复杂，线路建设成本会非常高。比如，2 个用户的通信需要建立 1

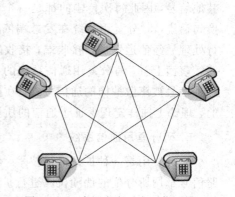

图 1-10　多用户点对点通信网络

条通信线路，3 个用户就需要建立 3 条线路，图 1-10 所示的 5 个用户就需要建立 10 条线路，n 个用户需要建立 $n(n-1)/2$ 条线路。当用户量很大时，按照这种方式建设通信线路显然是不现实的。

实际中采用的办法是在用户分布的中心位置设置一台交换机，周围所有的用户均用一对线路同这台交换机连接，交换机在不同用户之间完成通信的转接功能。在不同的用户分布区域分别设置交换机，并将不同区域的交换机连接起来，这样就形成了一个分布式的大型通信网络。

以交换机为中心的通信网络如图 1-11 所示，图中用户与交换机之间的通信线路称为用户线，也叫用户环路，交换机与交换机之间的通信线路称为中继线路。用户发起通信的时候，本地区域的用户之间通信只需要本地交换机转接就可以完成。如果通信双方的距离较远，分别属于不同的交换机连接区域，则通信双方先经过本地交换机再由交换机经中继线连接到对方的交换机，最终实现双方的通信。

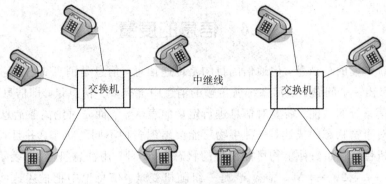

图 1 - 11　交换式通信网络

1.5　通信与计算机技术

通信系统的数字化快速发展，使得目前我们常见的通信系统都是数字式的。数字通信系统是用数字信号作为载体来传输消息的通信系统，或用数字信号对载波进行数字调制后再传输的通信系统。它可传输数字数据等数字信号，也可传输经过数字化处理的语音、图像和视频等模拟信号。

数字通信系统表现为两个主要方面：一是语音通信的数字化，二是承载数据业务。语音通信主要就是电话通信，语音通信的数字化表现为如下的技术处理过程：在发送端，语音的声波信号经麦克风转换为模拟电信号，模拟电信号经模拟-数字变换（Analog-to-Digital Conversion，A/D）后变为数字电信号，然后经过信源编码、信道编码和数字调制后送入信道传输，接收端接收信号后做与发送端相反的处理，最后还原出原始的语音信号并播放给用户。数据通信主要表现为计算机通信，计算机通信一开始传输的就是数字信号，承载的是数据业务。无论是数字化的语音通信还是计算机通信，其核心技术都是数字化的处理技术，而数字处理的核心是计算机。因此，数字通信的核心技术是计算机技术的应用。我们所熟悉的通信终端——手机，就是一种典型的数字化通信设备，其核心是一种专用的计算机系统，也就是大家所熟知的嵌入式系统。在通信传输的其他环节，如电话网络的程控交换机、无线通信的移动交换中心和基站等都是以计算机技术为核心的设备。计算机网络的网络交换机、路由器等也都是以计算机为核心的设备。

计算机技术与通信技术是一个相互促进、相互渗透与融合发展的过程。一方面，作为加工和处理信息的工具，计算机在发展之初就表现出了对数据处理的超强能力和效率。伴随着计算机技术的发展，计算机应用获得了快速的发展，这就对计算机数据的实时性和远距离传输提出了迫切要求，从而推动了计算机与通信技术的结合，产生了计算机通信与计算机网络。另一方面，随着传统通信系统的数字化，电话网中越来越多地使用数字技术，使得通信技术的发展与应用对计算机技术的依赖不断增加，目前计算机技术几乎渗透到了通信系统从用户终端到交换机和路由设备的各个环节，换句话说，通信系统各个环节的设备基本上都嵌入了一个由本设备专用的简单计算机系统，所以这些设备一般都被称为嵌入式系统。可以说，计算机技术已经是通信系统的基础，没有计算机，当前的任何通信系统都不能运行，学习通信技术必须掌握深厚的计算机技术基础。

1.6　信息的度量

通信系统传输的是消息，但通信的目的是传递信息，信息是消息中对接收者有意义的部分。这就引出一个问题，通信系统所传输的消息中含有多少信息量，即信息的测度问题。为了研究通信系统的性能，需要对信息进行定量的表示，下面先讨论离散消息的情况。

消息是对事物状态的描述，一种事物可能会出现多种不同的状态，并且每一种状态的出现都有随机性。假如一种事物可能出现的状态有 M 种，用消息符号 x_i 表示事物出现的第 i 种状态，$i=1,2,\cdots,M$，显然 x_i 是一组随机变量。信息论中把描述这些状态的消息集合称为样本空间。对于离散消息，假设 $p(x_i)$ 为消息 $x_i(i=1,2,\cdots,M)$ 的出现概率，则有

$$\sum_{i=1}^{M} P(x_i) = 1 \qquad (1-3)$$

这样，一个离散消息的样本空间 $[x_1, x_2, \cdots, x_M]$ 就可以用这组随机变量的密度矩阵 $[\boldsymbol{X}\ \boldsymbol{P}]$ 来描述，即

$$[\boldsymbol{X}\ \boldsymbol{P}] = \begin{bmatrix} x_1 & x_2 & \cdots & x_M \\ P(x_1) & P(x_2) & \cdots & P(x_M) \end{bmatrix} \qquad (1-4)$$

通信系统中信源发出消息符号 x_i 的概率 $P(x_i)$ 也称为先验概率。

根据直观的生活经验，消息出现的概率越小，其所含的信息量就越大；消息出现的概率越大，其所含的信息量就越小。出现概率为 1 的消息，其所含的信息量为 0。另外，消息所含的信息量应该具有可加性，即独立消息之和的信息量应该等于每个消息所含信息量的线性叠加。根据以上情况，信息论中采用消息 x_i 出现概率的对数来定义离散消息 x_i 所含的信息量 $I(x_i)$，其定义表达式为

$$I(x_i) = \log \frac{1}{P(x_i)} = -\log P(x_i) \qquad (1-5)$$

当式（1-5）中的对数以 2 为底时，信息量的单位为比特（bit）；对数以 e 为底时，信息量的单位为奈特（nit）。目前信息量广泛应用的单位是比特。根据对数换底公式

$$\log_a X = \frac{\log_b X}{\log_b a}$$

可以得到奈特与比特的换算关系为：1 nit=1.44 bit。

由于信源输出每个消息符号 x_i 的概率 $P(x_i)$ 一般是不同的，因此每个符号所含有的信息量 $I(x_i)$ 也不一定相同，这就引入了平均信息量的概念。对每一个消息符号所含的信息量取平均值，就得到信源输出每个消息符号的平均信息量为

$$H(X) = \sum_{i=1}^{M} P(x_i)\log \frac{1}{P(x_i)} = -\sum_{i=1}^{M} P(x_i)\log P(x_i) \qquad (1-6)$$

由于该平均信息量的表达式与统计物理学中热熵的表达式相似，因此也把信源输出消息的平均信息量 $H(X)$ 称为信源的熵。

当消息符号 x_i 在信道里传送时，假设接收端收到的消息符号为 y_i，由于信道传输会受到噪声的干扰，从而可能导致传输出错，使得接收端收到的消息符号 y_i 可能与 x_i 相同，也可能不同。这时，将接收端收到消息符号 y_i 后发送端发送的是消息符号 x_i 的概率称为后验概率，也就是条件概率 $P(x_i|y_i)$，这个后验概率实际上是由信道噪声或干扰引起的不确定性，它表示信道传输因噪声或干扰的影响所导致的信息量损失。信息论中将上述后验概率与先验概率之比的对数称为互信息量 $I(x_i, y_i)$，即

$$I(x_i, y_i) = \log \frac{P(x_i|y_i)}{P(x_i)} = \log \frac{1}{P(x_i)} - \log \frac{1}{P(x_i|y_i)} \tag{1-7}$$

式(1-7)中，第一项 $\log \dfrac{1}{P(x_i)}$ 是消息符号 x_i 所含的信息量，第二项 $-\log \dfrac{1}{P(x_i|y_i)}$ 为信道传输造成的信息量损失，而互信息量 $I(x_i, y_i)$ 就是接收端所能获取的关于 x_i 的信息量。所以式(1-7)说明，当发送端发送消息符号 x_i 时，接收端所能获取的关于 x_i 的信息量等于 x_i 的信息量减去因信道噪声干扰造成的信息量损失。

假如信道中没有噪声，信道将会没有干扰地将消息符号 x_i 传输到接收端，这时后验概率就是 1，从而互信息量为

$$I(x_i, y_i) = \log \frac{P(x_i|y_i)}{P(x_i)} = \log \frac{1}{P(x_i)} - \log \frac{1}{P(x_i|y_i)} = \log \frac{1}{P(x_i)} \tag{1-8}$$

即信道没有干扰时接收端收到消息符号 y_i 时所获得的信息量就是消息符号 x_i 所含的信息量，信道传输没有信息损失。

例 1-1 已知一个离散的二元信源输出 0 和 1 两种符号，试计算：

(1) 当 0 和 1 两种消息符号等概率出现时，求出现 0 和 1 两种符号之一的信息量；

(2) 如果 0 和 1 两种消息符号出现的概率不等，假设输出 0 的概率是 1/3，试分别计算这种情况下输出 1 和输出 0 的信息量。

解 (1) 由于 0 和 1 两种符号等概率地出现，即
$$P(0) = P(1) = 50\%$$
根据定义式(1-5)，二元信源输出 0 和 1 两种符号之一的信息量为

$$I(0) = I(1) = \mathrm{lb}\frac{1}{P(0)} = \mathrm{lb}\frac{1}{P(1)} = -\mathrm{lb}P(0) = -\mathrm{lb}P(1) = -\mathrm{lb}0.5 = 1(\mathrm{bit})$$

这个结果说明二元信源的 0 和 1 两种符号等概率出现时，每一个符号所携带的信息量是 1 bit。这就是在工程上人们将一个二进制码元称作 1 bit 的原因。

(2) 由于输出 0 的概率是 1/3，因此输出 1 的概率就是 2/3，故输出 1 和输出 0 的信息量分别为

$$I(1) = \mathrm{lb}\frac{1}{P(1)} = -\mathrm{lb}P(1) = -\mathrm{lb}2/3 = 0.585(\mathrm{bit})$$

$$I(0) = \mathrm{lb}\frac{1}{P(0)} = -\mathrm{lb}1/3 = 1.585(\mathrm{bit})$$

可以看出，出现概率小的消息符号所携带的信息量大，出现概率大的消息符号所携带的信息量小。

例 1 - 2　一个离散信源输出 5 个消息符号 x_1、x_2、x_3、x_4、x_5。

（1）如果这 5 个消息符号独立且等概率出现，试计算这 5 个消息符号所携带的总信息量；

（2）如果这 5 个消息符号相互独立但出现概率不同，且密度矩阵如下：

$$[x_1 \quad x_2 \quad x_3 \quad x_4 \quad x_5] = \left[\frac{1}{8} \quad \frac{1}{4} \quad \frac{3}{16} \quad \frac{5}{16} \quad \frac{1}{8}\right]$$

试计算该信源符号的平均信息量。

解　（1）由于 5 个消息符号的出现是相互独立的，并且等概率出现，因此每一个消息符号出现的概率是 1/5，故每个消息符号所携带的信息量是相等的，一个消息符号所携带的信息量为

$$I(x_i) = \text{lb} \frac{1}{P(x_i)} = \text{lb} \frac{1}{1/5} \approx 2.32 (\text{bit})$$

根据信息的相加性概念，这 5 个消息符号所携带的总信息量为

$$I = \sum_{i=1}^{5} I(x_i) = 5 \times I(x_i) = 5 \times 2.32 = 11.6 (\text{bit})$$

（2）当这 5 个消息符号的出现概率不同时，其所携带的信息量也不相同。根据信息熵的计算公式（1 - 6）得到此时 5 个消息符号的平均信息量为

$$H(X) = \sum_{i=1}^{5} P(x_i) \text{lb} \frac{1}{P(x_i)} = -\sum_{i=1}^{5} P(x_i) \text{lb} P(x_i)$$

$$= -\left[\frac{1}{8}\text{lb}\frac{1}{8} + \frac{1}{4}\text{lb}\frac{1}{4} + \frac{3}{16}\text{lb}\frac{3}{16} + \frac{5}{16}\text{lb}\frac{5}{16} + \frac{1}{8}\text{lb}\frac{1}{8}\right] = 2.23 (\text{bit})$$

该例的结果表明：信源的消息符号等概率出现时，其平均信息量大于非等概率出现时的平均信息量。可以证明，当离散信源中每一个消息符号等概率出现，而且各符号的出现为统计独立时，该信源符号的平均信息量最大。此时信源的最大熵为

$$H(X) = \sum_{i=1}^{M} P(x_i) \log \frac{1}{P(x_i)} = -\sum_{i=1}^{M} \frac{1}{M} \log \frac{1}{M} = \log M \qquad (1-9)$$

在数字通信系统中，尽可能减小或消除信源符号间的相关性，并使得消息符号的出现趋于等概率，将使离散信源达到最大熵，从而实现以最少的符号数传输最大的信息量，这正是数字通信系统中信源编码所要研究的问题。

例 1 - 3　一种黑白电视信号每帧（Frame）图像的像素点（Pixel）数为 $500 \times 600 = 300\ 000$，每一个像素点有 16 个灰度电平，每个灰度电平定义一个灰度等级，即有 16 个灰度等级，假设每个像素的各个灰度等级独立且等概率地出现，计算每一幅黑白电视画面的平均信息量。

解　由于每个像素有 16 个灰度等级，每一个灰度等级独立且等概率出现，因此每一个像素所含的信息量为

$$H_p(X) = \text{lb} \frac{1}{16} = 4 (\text{bit/pix})$$

每幅黑白图像有 300 000 像素，故每幅黑白电视图像所含的信息量为

$$I_f = 300\ 000 \times 4 = 1.2 \times 10^6 (\text{bit/frame})$$

对于连续信源信息的度量这里不作详细介绍，读者可以参考其他资料，这里仅就相关

结果介绍如下。

连续信源消息 x 的平均信息量为

$$H(x) = -\int_{-\infty}^{\infty} p(x) \log p(x) \mathrm{d}x \qquad (1-10)$$

式中，$p(x)$ 为连续消息 x 出现的概率密度。

1.7 通信系统的性能度量

传递信息的有效性和可靠性是通信系统最重要的两项质量指标。有效性是指在给定信道上单位时间内传递信息量的多少，也就是在给定信道上信息传输的最大速率。可靠性是指传递信息的准确程度。有效性和可靠性既是相互矛盾的，也是可以互换的，有效性的提高需要以可靠性降低为代价，所以在设计通信系统时，需要在两者之间权衡和折中。数字通信系统的有效性可以用给定频带宽度下的信息传输速率、码元传输速率和频带利用率来衡量。数字通信系统的可靠性可以用传输误码率和误信率来衡量。下面分别介绍通信系统的这几个性能指标。

1.7.1 信息传输速率

信息传输速率可简称为信息速率，也叫传信率或比特率，定义为单位时间内经过信道传递的平均比特数。单位时间内传递的二进制码元数越多，通信系统的传输有效性就越高。比特率或传信率的单位是比特/秒或 bit/s，简记为 b/s。

1.7.2 码元传输速率

通信系统中一个多进制符号称为一个码元，因此将传输多进制符号的速率称为码元传输速率，可简称为码元速率或传码率，也称为波特率，用 R_B 表示。码元速率定义为单位时间内传输码元的数目，单位为波特(Baud)，简记为 B。假如数字通信系统传输的是 M 进制码元，这时码元速率 R_B 与信息速率 R_b 之间有如下转换关系：

$$R_b = R_B \mathrm{lb} M (\mathrm{b/s}) \qquad (1-11)$$

或者

$$R_B = \frac{R_b}{\mathrm{lb} M} (\mathrm{B}) \qquad (1-12)$$

显然，在 0 和 1 等概率出现的二进制码元传输中，传输一个码元符号就是传输了 1 比特的信息量，所以此时信息速率就是二进制码元速率，即 $R_b = R_B$。

在数字通信系统中，为了提高传输有效性，一种常用的办法就是对信源输出的二进制消息符号进行多进制编码，多进制编码后输出的一个多进制符号可以代表多位二进制符号。比如四进制编码的一个符号就代表两位二进制符号，因此传输一个四进制符号就相当于传输了两位二进制符号，等效于信息传输速率(或比特率)提升了一倍。所以采用多进制编码能够大大提升通信系统的信息传输效率。

例 1-4 一个数字通信系统的码元传输速率为 2400 波特，如果所采用的码元为四进制，试计算：该通信系统的信息传输速率是多少？如果所传输的码元为八进制，这时信息传输速率又是多少？

解　根据式(1-11)的转换关系，该通信系统的信息传输速率为

$$R_b = R_B \text{lb} M = 2400 \times \text{lb}4 = 4800 \text{(b/s)}$$

如果数字通信系统传输的是八进制码元，这时的信息传输速率为

$$R_b = R_B \text{lb} M = 2400 \times \text{lb}8 = 7200 \text{(b/s)}$$

1.7.3　频带利用率

数字通信系统的频带利用率定义为所传输的信息速率或码元速率与系统带宽之比值。当采用信息速率进行计算时，频带利用率的单位是 b/s/Hz；当采用码元速率进行计算时，频带利用率的单位是 B/Hz。如果通信系统的信道带宽为 W，频带利用率用 η 表示，则频带利用率可以由以下两个公式分别计算：

$$\eta_b = \frac{R_b}{W} \text{(b/s)/Hz} \tag{1-13}$$

$$\eta_B = \frac{R_B}{W} \text{(B/Hz)} \tag{1-14}$$

例 1-5　有两个数字传输系统，A 系统采用 2PSK 调制，信息传输速率为 2 kb/s，信号带宽为 2 kHz。B 系统采用 4PSK 调制，信息传输速率也是 2 kb/s，但信号带宽是 1 kHz。请问哪个系统的传输有效性更高？

解　一个系统的传输有效性指标就是其频带利用率，对于本例题所述的两个传输系统，根据公式(1-13)，可计算其频带利用率。

系统 A 的频带利用率为

$$\eta_b = \frac{R_b}{W} = \frac{2000}{2000} = 1 \text{ (b/s)/Hz}$$

系统 B 的频带利用率为

$$\eta_b = \frac{R_b}{W} = \frac{2000}{1000} = 2 \text{ (b/s)/Hz}$$

所以 B 系统的频带利用率高于 A 系统，也就是说 B 系统的传输有效性更高。

这个例子说明，不同的传输系统可能有不同的频带利用率。实际中，通信系统总是追求更高的频带利用率，提高频带利用率的主要方法是采用高阶调制，比如 4PSK(四相移键控，参见第 2 章)调制频带利用率比 2PSK(二相移键控)提高一倍。

1.7.4　误码率

误码率 P_e 也称为误符号率，定义为传输错误的码元数目与传输的总码元数目之比，即

$$P_e = \frac{传输错误的码元数}{传输的总码元数} \tag{1-15}$$

1.7.5　误信率

误信率 P_b 又称为误比特率，定义为传输错误的比特数目与传输的总比特数目之

比，即

$$P_b = \frac{\text{传输错误的比特数}}{\text{传输的总比特数}} \qquad (1-16)$$

在二进制数字通信系统中，显然 $P_b = P_e$。

例 1 - 6　某八进制数字传输系统，码元传输速率是 2400 Baud，连续工作一小时接收端收到 6 个错误码元，计算该系统的误码率。

解　该系统一个小时传输的总码元数为

$$2400 \times 3600 = 8\,640\,000$$

根据公式(1 - 15)，得到该传输系统的误码率为

$$P_e = \frac{6}{8\,640\,000} \approx 7 \times 10^{-7}$$

1.8　通信技术发展概况

1831 年，法拉第通过实验发现了电磁感应现象，即闭合电路的一部分导体在磁场中做切割磁感应线运动时，导体中就会产生电流，进而总结出了法拉第电磁感应定律。电磁感应现象的发现奠定了电磁学的发展基础。1864 年，英国人麦克斯韦在总结关于电磁现象基本规律的基础上，提出了"位移电流"假说。法拉第电磁感应定律说明变化的磁场产生电场，位移电流假说揭示出变化的电场也会产生磁场，从而预言了电磁波的存在。麦克斯韦进而提出了麦克斯韦方程组，给出了电和磁的统一描述，形成了全新的电磁场理论。1887 年，德国科学家赫兹通过实验证明了电磁波的存在，从而也用实验证实了麦克斯韦的电磁理论。

1837 年，美国人摩尔斯发明了有线电报机。第一台电报机的发报机由电键和一组电池组成，按下电键，有电流信号通过线路传给收报机，按下电键的时间短表示点符号，这时电流信号持续时间也短，按下电键的时间长表示横线符号，这时电流信号持续时间长。收报机结构较复杂，由一只电磁铁和一些附件组成。电磁铁接收电流信号，可以直接将电流信号转换成声音，收报员根据声音的长短进行记录，短音记录为点，长音记录为线，然后根据点和线的组合翻译成电报文字。电磁铁也可以控制一些附件完成电信号的接收，可以在纸上将点和线记录下来，收报员根据点和线的组合再翻译成电报文字。第一台电报机的有效作用距离为 500 m，后来经过改进，在 1844 年 5 月 24 日实现了 64 km 的电报信号传输。

1875 年，苏格兰人贝尔发明了电话。后来贝尔在 1878 年建立了贝尔电话公司，这是美国电报电话公司(AT&T)的前身。

1878 年出现了人工电话交换机。1892 年，美国出现了步进制自动电话交换机，实现了电话交换自动化。1919 年，瑞典研制成功纵横制接线器，但直到 1926 年才制造出第一台大型纵横制交换机。纵横制交换机是机电式交换机中最完善的一种，在程控交换机出现之前，纵横制交换机获得了广泛应用。1965 年，美国生产出世界上第一台程控交换机，标志着电话交换机进入了电子交换时代。早期的程控交换机，话路连接采用机械接点。1965 年，第一部由计算机控制的程控电话交换机在美国问世。1970 年，世界上第一部数字程控

交换机在法国开通使用，这标志着数字通信新时代的开始。数字程控交换机采用电路交换和时分复用技术，在两个用户之间建立起一条通信电路，实现用户之间的语音通信。1997年，贝尔实验室提出了软交换的概念，并制造了第一台软交换原型机，推动了电路交换网络与 IP 交换网络融合技术的快速发展。2002 年，3GPP 标准化组织在其 3G 标准 R5 版本中提出了 IP 多媒体子系统(IMS)的概念。软交换和 IMS 都是基于通信网络的分布式处理技术，实现了业务与控制的分离，它们成为了下一代网络(NGN)的核心技术，软交换是下一代网络发展初期的技术，侧重于公共电话交换网(PSTN)的 IP 化。IMS 继承了软交换的技术基础，并制定了固定网和移动网融合通信的框架，是 NGN 发展的更高级阶段。1982年 11 月 27 日，中国第一部程控电话交换机 F150 在福州电信局启用，该交换机自日本富士通株式会社引进。2017 年 12 月 21 日，中国电信最后一个 TDM(时分复用)程控交换端局下线退网，中国电信告别程控交换，完成了从电路交换向全 IP 交换的大跨越，成为全球最大的全光网络、全 IP 组网的运营商。

1896 年，意大利人马可尼发明无线电报，并于 1897 年 5 月 18 日成功进行了横跨布里斯托尔海峡的无线电报传输试验。马可尼在英国建立了世界上第一家无线电器材公司——马可尼公司。

1903 年，丹麦人波尔森发明了电弧式无线电话机。1920 年代，美国警察开始使用 2 MHz、30 MHz～40 MHz 的车载无线电话系统。

1906 年，美国人费森登研究出无线电调幅广播发射机。1920 年，美国的 KDKA 电台开始首次商业无线电广播，从此无线电广播成为一种重要的信息传播媒体。调幅系统很容易遭受幅度干扰，后来美国人阿姆斯特朗于 1933 年发明了宽带调频，实现了调频广播，这使得无线电系统的抗干扰能力大大增强。1931 年，在美国首次实现电视广播。1940 年，美国人古马尔研制出机电式彩色电视系统，第一家商业电视台 1941 年在美国出现。

1937 年，法国工程师提出脉冲编码调制(PCM)的概念。1946 年，贝尔实验室实现了第一台采用 PCM 技术的数字电话终端机。1962 年，晶体管 PCM 终端机大量应用于市话网，使市话网电缆传输电话路数扩大 24～30 倍。1970 年代后期，超大规模集成电路应用于 PCM 编解码器，使 PCM 技术在光纤通信、数字微波中继通信和卫星通信中获得了广泛应用。

1946 年，美国人艾克特和莫奇利发明了第一台计算机。目前计算机技术获得了长足的进展和广泛的应用，并已经成为影响通信技术发展的一项基础性技术，在通信系统的各个部分都能找到计算机技术的存在。

1946 年，美国电报电话公司(AT&T)建立了世界上第一个公用汽车电话网"城市系统"，开始提供移动电话服务。

1947 年，贝尔实验室提出了蜂窝移动通信的概念，蜂窝概念的提出是无线通信发展的重大突破，应用蜂窝概念可以设计任意大用户容量的无线通信系统，从而解决了无线通信技术向公众应用推广的关键问题。1973 年，摩托罗拉公司的库帕发明了第一部无线电话机，首次实现了民用移动通信，这标志着无线通信向民用推广的开始。1978 年，贝尔实验室试验成功了第一个蜂窝移动通信系统。1983 年，采用蜂窝技术的 AMPS(先进移动电话系统)在美国芝加哥正式投入商用。后来的公众移动通信网络都是建立在蜂窝概念的基础之上的。

1957 年，第一颗人造卫星"Sputnik"在前苏联发射成功。

1958 年，美国宇航局发射第一颗通信卫星"SCORE"，并通过卫星广播了美国总统的圣诞祝词，这是人类首次通过卫星实现语音通信。1962 年，美国电报电话公司（AT&T）发射了电星"TELSAT"一号通信卫星，该星可以进行电话、电视、传真和数据传输。1964 年，美国发射第一颗地球同步轨道卫星"辛康姆 3 号（SYNCOM-3）"，可以进行电话、电视和传真的传输。国际电信卫星组织（International Telecommunication Satellite Organization，INTELSAT）于 1964 年成立。1965 年，国际电信卫星组织发射地球同步卫星"晨鸟（Early Bird）"，首先在大西洋地区开展国际商用通信卫星业务。1970 年，我国成功发射第一颗卫星"东方红一号"，这在我国航天史上具有划时代的意义。1976 年，美国发射第一代移动通信卫星，由三颗地球同步轨道卫星基本实现全球覆盖，并建立了第一个海事卫星通信站，从此开始了卫星移动通信业务。图 1-12 给出了三颗同步轨道卫星实现全球覆盖通信的原理示意图。

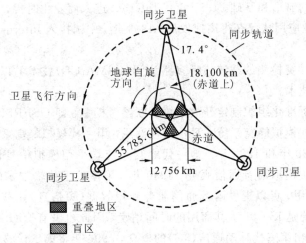

图 1-12　三颗同步轨道卫星实现全球通信覆盖示意图

1959 年，美国人基尔比和诺伊斯分别发明了集成电路，他们的发明为计算机硬件技术的发展和各类电子设备的小型化开辟了光明的前景。基尔比因成功研制出世界上第一块集成电路被誉为"第一块集成电路的发明家"。诺依斯采用平面处理技术研制出集成电路，提出可以用平面处理技术来实现集成电路的大批量生产，被誉为"提出了适合于工业生产的集成电路理论"第一人。2000 年，基尔比因集成电路的发明被授予诺贝尔物理学奖。

1966 年，被誉为"光纤之父"的英籍华人高昆发表光通信基础理论，提出了以石英材料制作的玻璃纤维进行远距离激光通信的设想，由此开启了光纤通信的发展之路。1970 年，贝尔实验室研制出在室温下连续工作的半导体激光器，为光纤通信找到了一种可使用的光源器件。同年，美国生产出石英光纤，首次验证了高昆教授的设想。1974 年，贝尔实验室研制出损耗为 1 dB/km 的低损耗光纤。到 1990 年，光纤损耗已降低到 0.14 dB/km，这为光纤作为长途干线传输的主要手段奠定了基础。1977 年，美国开通第一个商用光纤通信系统，光纤直径约 0.1 mm，数据传输速率为 44.736 Mb/s，能同时传输 8000 路电话信号。20 世纪 90 年代初，对光纤通信系统发展具有重要意义的掺铒光纤放大器研制成功，改变了光中继器只有在光电转换后才能放大信号的约束，为光纤通信系统带来了革命性的变化。20

世纪 90 年代末出现的密集波分复用技术，使光纤通信的传输容量进一步大幅度提升。目前，光纤传输已成为通信网络传输的主要手段，光纤传输网占传输网络的比例已超过 90%。

1969 年，第一个计算机网络 ARPANET 在美国出现，该网络采用分组交换技术，今天的互联网就是在 ARPANET 的基础上建立起来的。

1970 年，美国研制成功全球定位系统（Global Positioning System，GPS），1994 年完成 24 颗卫星星座布设，全球覆盖率达到 98%。

1974 年，结合美国国防部高级研究计划署（Advanced Research Projects Agency，ARPA）建立的第一个分组交换网 ARPANET，美国提出了传输控制协议/互联网协议（Transmission Control Protocol/Internet Protocol，TCP/IP），最初该协议只是应用于单个分组网，1970 年代开始研究多种网络之间的互联，1980 年代初研制出应用于异构网络互联的 TCP/IP 协议。1983 年，TCP/IP 协议成为 ARPANET 的标准协议，ARPANET 也就成为了后来互联网的雏形和基础。1990 年代 Internet 进入商业化时代，1995 年基本全面实现商业化，网上商业应用从此获得高速发展。1994 年，中国接入 Internet，成为拥有全功能 Internet 的国家。

1977 年，基于冲突检测的载波侦听多路访问（CSMA/CD）技术的以太网诞生，后来成为最常用的局域网技术。

1978 年，国际标准化组织制定开放系统互联参考模型，即 OSI/RM，简称为 OSI。

1979 年，第一代模拟蜂窝系统在日本投入商用，第一代模拟蜂窝系统在美国和欧洲的商用时间分别是 1983 年和 1985 年。第一代蜂窝系统均采用模拟信号传输技术和频率调制，只能向用户提供模拟语音通信服务。1990 年，采用数字传输技术的第二代蜂窝系统 GSM 在欧洲投入商用，可以提供语音通信业务和短数据（短信息）业务。同属于第二代技术的另一个蜂窝系统是 IS-95，其商用的时间稍晚，因此也没有像 GSM 那样普及。1985 年，国际电信联盟提出第三代移动通信（3G）的概念，1996 年将第三代移动通信系统正式命名为 IMT-2000。3G 主流标准有三个，即 WCDMA、CDMA2000 以及 TD-SCDMA，其中 TD-SCDMA 是中国提出的标准，是中国第一次在通信领域提出系统性的国际标准，标志着中国移动通信技术的发展获得了重大进步。从第三代蜂窝系统开始，移动通信业务开始面向数据和多媒体业务为主，语音业务占用的带宽比例已经很小，这时系统的主要特点是大带宽和高数据速率。目前蜂窝系统已经发展到第四代（4G），TD-LTE（时分长期演进）就属于第四代蜂窝系统技术，4G 已经推广商用，第五代（5G）蜂窝技术已在部署中，部分地区已在应用。4G 的下载数据速率可以达到 100 Mb/s，上传速率可以达到 50 Mb/s，理论上 5G 的下载速率可以达到 10 Gb/s，比 4G 快 100 倍。5G 时代是万物互联的时代，5G 主要面向移动互联网和物联网应用，其主要需求体现在如下几个方面：

（1）大带宽。在连续广域覆盖的情况下，用户体验速率要在 100 Mb/s 以上，热点区域达到 1 Gb/s 以上 甚至数 10 Gb/s 以上的峰值速率。

（2）低时延和高可靠性。车联网和工业控制等物联网类应用需要实现小于 1 ms 的端到端时延和 100% 的可靠性。

（3）网络智能化以满足业务差异化需求。

（4）低成本。

5G 网络广域覆盖、高密度、大容量、大带宽，因此网络规模大，对网络设备需求量大，这就要求网络设备低成本、低功耗、易维护，以最大限度地降低网络总拥有成本。

1994 年提出多输入多输出（MIMO）系统概念，即在无线通信系统的发送端和接收端同时使用多副天线收发信号来增加无线信道的容量，所以也将 MIMO 系统称为多天线系统。2002 年 10 月，世界上第一颗使用 MIMO 系统的 BLAST 芯片在朗讯公司贝尔实验室问世，这一芯片支持最高 4×4 的天线布局，可处理的最高数据速率达到 19.2 Mb/s。4G 和 5G 都采用了多信道并行传输的 MIMO 技术。使用传统技术的蜂窝系统可以达到的频带利用率是（1～5）（b/s）/Hz，而室内传播环境下 MIMO 系统的频带利用率可以达到（20～40）(b/s)/Hz，频谱效率大大提升。

2008 年，第一部基于 Android 操作系统的智能手机问世，手机终端实现智能化。功能手机只具有通信的功能，智能手机除了实现通信和移动互联网访问功能外，主要是可以完成个人数字助理的多项功能，这时手机实际上已经成为了一台个人专用的计算机。

1.9 标准与标准化组织

通信涉及收发双方或多方的信息传递，在信息传递的过程中，要求各方都要遵循统一的规定，否则信息就无法互通。另一方面，不同的通信设备可能来自不同的厂商，为了使这些设备能在一个系统或网络内协同工作，也需要不同厂家的设备能够互通。因此，通信系统的设计与应用需要遵循一定的标准，制定这些标准的机构就是标准化组织，各个通信设备生产厂家都是按照标准化组织发布的标准来生产通信设备的。另外，标准的制定是基于技术发展的，往往具备最领先技术的厂商或组织会主导标准的制定。并且，谁主导制定标准，标准中就会纳入主导厂家更多的知识产权，就意味着在未来的产品制造中对谁更有利。因此标准的制定往往有着政治或国家的因素在推动。这里介绍一些比较重要的国际标准化组织。

1.9.1 国际标准化组织

国际标准化组织（International Standards Organization，ISO）是一个综合性的非官方机构，1946 年成立，总部设在瑞士的日内瓦，目前有 89 个成员国。ISO 的宗旨是在世界范围内促进标准化工作的开展和工业标准的统一，并扩大知识、科学、技术和经济方面的合作。ISO 的主要任务是制定国际标准，协调世界范围内的标准化工作。ISO 提出了开放系统互联参考模型——OSI/RM（Open System Interconnection/Reference Module）。

1.9.2 国际电信联盟

国际电信联盟（International Telecommunication Union，ITU）简称电联，它是联合国的一个专门机构，由各国政府的电信管理机构组成，目前成员国有 170 多个，总部设在瑞士的日内瓦。ITU 下属的标准化部门 ITU-T（ITU-Telecommunication Standardization Sector）负责电信标准化工作，其前身为国际电报电话咨询委员会（Consultative Committee International Telegraph and Telephone，CCITT）。ITU 的宗旨是维持和扩大国际合作，以改进和合理地使用电信资源，促进技术设施的发展和有效运用。ITU 的常设机构有电信标准化部 ITU-T、无线电通信部 ITU-R 和电信发展部 ITU-R。

ITU 制定了许多网络和电话通信方面的标准,如公共信道信令标准 SS7、综合业务数字网(ISDN)标准、电信管理网(TMN)标准、同步数字体系(SDH)标准以及多媒体通信标准 H.232 等。

1.9.3 电气和电子工程师协会

美国电气和电子工程师协会(Institute of Electrical and Electronics Engineers,IEEE)是一个国际性的专业技术组织,成立于 1963 年,总部在美国的纽约。IEEE 是一个非营利性科技学会,拥有全球近 175 个国家 36 万多名会员。在电气及电子工程、计算机及控制技术领域中,IEEE 发表的文献占了全球将近 30%。IEEE 每年也会主办或协办 300 多项国际技术会议。

IEEE 在学术研究领域发挥重要作用的同时也非常重视标准的制定工作,专门设有标准协会负责标准化工作,已制定了超过 900 个现行的工业标准。IEEE 为局域网制定了多种标准,我们熟悉的 IEEE 802.11 和 802.16 系列标准,就是 IEEE 计算机专业学会下设的 802 委员会主持制定的。

1.9.4 欧洲电信标准化协会

欧洲电信标准化协会(European Telecommunications Standards Institute,ETSI)是由欧共体委员会 1988 年批准建立的一个非营利性电信标准化组织,总部设在法国南部的尼斯,是欧洲地区性信息与通信技术标准化组织。ETSI 的宗旨是为贯彻欧洲邮电管理委员会(CEPT)和欧共体委员会确定的电信政策,满足市场各方面及管制部门的标准化需求,实现开放、统一、竞争的欧洲电信市场而及时制订高质量的电信标准,以促进欧洲电信基础设施的融合,确保欧洲各电信网间互通,确保未来电信业务的统一,实现终端设备的相互兼容,实现电信产品的竞争和自由流通,为开放和建立新的泛欧电信网络和业务提供技术基础,并为世界电信标准的制订作出贡献。

GSM(Global System for Mobile Communications,全球移动通信系统)就是 ETSI 制定的数字移动通信标准,是最主要的第二代移动通信系统,GSM 标准在 1990 年代中期投入商用,全球有 100 多个国家采用了这个系统标准。

1.9.5 国际电工委员会

国际电工委员会(International Electrotechnical Commission,IEC)成立于 1906 年,是世界上成立最早的国际性电工标准化机构,负责有关电气工程和电子工程领域中的国际标准化工作,总部设在瑞士的日内瓦。国际电工委员会的宗旨是促进电工、电子和相关技术领域有关电工标准化等所有问题上的国际合作。该委员会的目标是:有效满足全球市场需求;保证在全球范围内优先并最大程度地使用其标准和合格评定计划;评定并提高其标准所涉及的产品质量和服务质量;为共同使用复杂系统创造条件;提高工业化进程的有效性;提高人类健康和安全;保护环境。

IEC 每年要在世界各地召开 100 多次国际标准会议,世界各国的近 10 万名专家在参与 IEC 的标准制订、修订工作。IEC 现在有技术委员会 89 个,分技术委员会 107 个,其标准的权威性是国际上所公认的。

1.9.6　美国国家标准协会

美国国家标准协会(American National Standards Institute，ANSI)是一个非营利性质的民间标准化组织，成立于 1918 年，总部设在美国的华盛顿。美国国家标准协会虽然是非赢利性质的民间标准化团体，但它实际上已成为美国国家标准化中心，各界标准化活动都围绕着它进行。ANSI 协调并指导全国标准化活动，给标准制订、研究和使用单位以帮助，提供国内外标准化情报，起到了美国联邦政府和民间标准化系统之间的桥梁作用。

ANSI 涉及的标准领域比较广泛，像光纤分布式数据接口(FDDL)和美国标准信息交换码(ASCII)都是 ANSI 制定的标准。

1.9.7　美国电子工业协会

美国电子工业协会(Electronic Industries Association，EIA)成立于 1924 年，是美国的一个电子工业制造商组织，是美国电子行业标准制定者之一，总部设在弗吉尼亚的阿灵顿。EIA 广泛代表了设计或生产电子元件、部件、通信系统和设备的制造商以及工业界、政府和用户的利益，在提高美国制造商的竞争力方面起到了重要的作用。EIA 颁布了许多与电信和计算机通信有关的标准，最广为人知的如 RS-232 已成为大多数 PC、调制解调器和打印机等设备通信的规范。

1.9.8　美国通信工业协会

美国通信工业协会(Telecommunication Industry Association，TIA)是一个全方位的服务性国家贸易组织，也是经过美国国家标准协会(ANSI)指定的标准化组织。EIA 和 TIA 联合制定了局域网(LAN)布线标准。

1.9.9　互联网工程任务组

互联网工程任务组(Internet Engineering Task Force，IETF)是全球互联网技术领域最具权威的标准化组织，主要任务是负责互联网相关技术规范的研发和制定，当前绝大多数国际互联网技术标准都出自 IETF。

1.9.10　3GPP 组织

3GPP(3rd Generation Partnership Project，第三代合作伙伴计划)组织是 1998 年由欧洲、日本、韩国、美国和中国的标准化机构共同成立的专门制定第三代(3G)移动通信系统标准的标准化组织，在国际移动通信标准制定、通信网络融合和下一代网络(NGN)发展等方面发挥了重要作用，是 IP 多媒体子系统(IMS)的提出者和主要推动者，目前 IMS 被作为 NGN 控制层面的核心架构，用于控制层面的网络融合。

1.9.11　中国通信标准化协会

中国通信标准化协会(China Communications Standards Association，CCSA)是国内各企、事业单位自愿联合起来，由我国业务主管部门批准开展通信技术领域标准化活动的非经营性法人社会团体，成立于 2002 年 12 月 18 日。

CCSA 由会员大会、理事会、技术专家咨询委员会、技术管理委员会、若干技术工作委员会和秘书处组成。目前主要开展技术工作的技术委员会(简称 TC)有 10 个，这些技术委员会分别是：

TC1——IP 与多媒体通信；

TC2——移动互联网应用协议；

TC3——网络与交换；

TC4——通信电源和通信局工作环境；

TC5——无线通信；

TC6——传输网与接入网；

TC7——网络管理与运营支撑；

TC8——网络与信息安全；

TC9——电磁环境与安全防护；

TC10——泛在网。

除技术工作委员会外，CCSA 还会根据技术发展和政策需要适时成立特设任务组(简称 ST)，已成立的特设任务组有 4 个：ST1(家庭网络)、ST2(通信设备节能与综合利用)、ST3(应急通信)和 ST4(电信基础设施共享共建)。

针对无线通信的技术委员会 TC5 的研究领域包括移动通信、微波、无线接入、无线局域网、网络安全与加密、移动业务、各类无线电业务的频率需求特性等标准研究工作。TC5 下设 7 个工作组，分别对应不同的研究方向。

CCSA 的技术工作委员会一般每年召开 3 次会议，工作组根据工作需要召开 4~6 次会议。CCSA 完成行业标准的起草和撰写工作，CCSA 起草和撰写的行业标准经主管部门审批后，可作为行业标准发布实施。

习　题

1. 选择题(可以多选)：

(1) 根据香农的信道容量公式，当信道中的噪声电平增加时(　　)。

　　A. 信道容量增加　　　　　　B. 信道容量减小

　　C. 信道容量受影响　　　　　D. 上面的答案都不对

(2) ITU 和 ETSI 分别代表(　　)组织。

　　A. 国际电信联盟和欧洲电信标准化协会

　　B. 国际标准化组织和欧洲电信标准化协会

　　C. 国际电工委员会和欧洲电信标准化协会

　　D. 国际电报电话咨询委员会和美国电子工业协会

(3) 按照传输媒介的不同，通信系统可以分为(　　)。

　　A. 有线通信系统　　　　　　B. 无线通信系统

　　C. 基带传输系统　　　　　　D. 频带传输系统

(4) 下面描述是数字通信系统特点的有(　　)。

    A. 抗干扰能力强   B. 保密性好

    C. 便于集成化   D. 技术比较复杂

(5) 按照信道上传输的是模拟信号还是数字信号,可以将通信系统分为( )。

    A. 基带传输系统   B. 模拟通信系统

    C. 频带传输系统   D. 数字通信系统

(6) 关于通信系统的传输方式有以下一些描述,其中不正确的描述是( )。

    A. 若通信双方的一方只能接收消息而不能发送消息,同时另一方只能发送消息而不能接收消息,则称为单工传输方式

    B. 若通信双方都能够既发送又接收消息,但在同一时间只能一方发送另一方接收,则称为半双工传输方式

    C. 若通信双方都可以同时发送和接收消息,则称为全双工传输方式

    D. 短距离无线对讲机在使用时双方不能同时讲话,称为全双工传输

(7) 信道特性的两项主要指标包括( )。

    A. 带宽和信道容量   B. 传输的有效性和可靠性

    C. 频率复用和扩频通信   D. 频率和功率

(8) 调频广播属于( )传输模式。

    A. 单工   B. 双工   C. 半双工   D. 全自动

(9) 模拟移动通信系统不能使用时分复用(TDM)方式传输信号的原因是( )。

    A. 模拟移动通信系统没有数字同步信号   B. 时分复用需要数字同步

    C. 模拟通信系统传输的是语音信号   D. A 和 B

(10) 下面的四个描述中,( )最符合欧姆定律。

    A. 电阻×电阻两端的电压=流过电阻的电流

    B. 电阻两端的电压×流过电阻的电流=电阻消耗的功率

    C. 流过电阻的电流/电阻两端的电压=电阻

    D. 电阻两端的电压/流过电阻的电流=电阻

(11) 十进制数 151 的二进制数是( )。

    A. 10100111   B. 10010111   C. 10101011   D. 10010011

(12) 二进制数 11011010 的十进制数是( )。

    A. 186   B. 202   C. 218   D. 222

(13) 二进制数 0010000100000000 的十六进制数是( )。

    A. 0x2100   B. 0x2142   C. 0x0082   D. 0x0012

(14) 十六进制数 0x2101 的二进制数是( )。

    A. 0010 0001 0000 0001   B. 0001 0000 0001 0010

    C. 0100 1000 0000 1000   D. 1000 0000 1000 0100

(15) 一个字节对应的最大十进制数是( )。

    A. 254   B. 256   C. 255   D. 257

(16) 以下数字系统是基于 2 的幂的包括( )。

    A. 八进制   B. 十六进制   C. 二进制   D. ASCII

2. 填空题：

(1) 香农公式告诉我们，在给定带宽内，信道容量(C)取决于信号功率(S)与噪声功率(N)之间的关系。在给定信道带宽的情况下，信号功率电平与信道噪声功率电平之比(S/N)越大，信道的传输容量就_____。

(2) 出现概率越_____的消息，其所含的信息量越大；出现概率越_____的消息，其所含的信息量越小。

(3) 有效性和可靠性是通信系统的两个主要指标。在模拟通信系统中，有效性可以用带宽来衡量，可靠性可以用_____来衡量。

(4) 单位时间内通过信道传输的码元个数称为码元速率，单位是_____；单位时间内通过信道传输的二进制数据位数的个数称为比特速率，其单位为_____。

(5) 噪声对于信号的传输是有害的，它能使模拟信号失真，使数字信号发生错码。按照来源分，噪声可以分为_____噪声和_____噪声两大类。_____噪声是由人类的活动产生的；_____噪声是自然界中存在的各种_____和热噪声。

3. 下列各题给出左右两列描述，请针对左列的描述，在右列描述中选择最佳的匹配项，将左右两列的各项分别匹配起来。

(1) 不同单位数值量的匹配：

① 1000 V　　　　　　a. 1 V
② 1000 mV　　　　　b. 1000 V
③ 1 mV　　　　　　　c. 0.28 kHz
④ 1 kV　　　　　　　d. 1 kV
⑤ 280 Hz　　　　　　e. 2800 kHz
⑥ 2.8 MHz　　　　　f. 28 000 Hz
⑦ 28 kHz　　　　　　g. 0.001 V
⑧ 0.28 GHz　　　　　h. 280 MHz

(2) 不同单位名称与简写的匹配：

① Ohm(Ω)　　　　a. Voltage
② Watt(W)　　　　　b. Current
③ Ampere(A)　　　　c. Resistance
④ Volt(V)　　　　　d. Power
⑤ Frequency　　　　e. Second(s)
⑥ Period　　　　　　f. Bit per second(bps)
⑦ Bandwidth　　　　g. Hertz(Hz)
⑧ Throughput　　　　h. Hertz(Hz)

4. 简答题：

(1) 给出下列英文缩写词的中文解释：FDM、TDM、SDM、CDM、WDM、MIMO。

(2) 简述消息、信息、信号之间有何区别和联系。

(3) 画出模拟通信系统的基本构成方框图，并说明每一个小方框的主要功能。

(4) 什么是单工、半双工和全双工通信？并各举一例说明。

(5) 什么是码元速率？什么是信息速率？码元速率和信息速率两者是什么关系？

(6) 简述频分复用和时分复用的特点与不同。

(7) 假设信源输出不同码元的概率相同，试问：码元速率相同时，十六进制码元的信息速率是二进制码元信息速率的多少倍？

(8) 什么是频带利用率？

(9) 什么是误码率？什么是误信率？

(10) 为什么说数字通信系统的抗干扰能力强，没有噪声积累？

5. 从香农公式看出，信道带宽越大，信道容量就越大，所以增加信道带宽是增加信道容量的一种有效方法。请简述，为什么无线信道带宽的增加会受到严格的限制？

6. 某数字传输系统的带宽是 1 MHz，所传输信号的信噪比为 $S/N=63$，计算该信道的信息传输速率是多少？

7. 一个数字传输系统信道的最大信息传输速率为 1 kb/s，信道的最小信噪比为 $S/N=9$，试根据香农公式计算该传输系统的信道带宽。

8. 一个数字传输系统，其信道带宽为 10 kHz，最大信息传输速率为 10 kb/s，请根据香农公式计算这时信道的最小信噪比是多少？

9. 超宽带(Ultra Wide Band，UWB)通信是一种使用纳秒或者亚纳秒级极窄脉冲发射无线信号的短距离无载波通信技术，适用于高速无线局域网通信。UWB 通信使用的窄脉冲，时间宽度只有纳秒(10^{-9}秒)至微微秒(10^{-12}秒)量级，这种脉冲占据的频谱范围很宽，因此称为超宽带脉冲。根据香农的信道容量公式，在加性高斯白噪声信道中，信道带宽越大则信道容量越大。UWB 通信的信号带宽可以高达 500 MHz～7.5 GHz，所以即使信噪比很低，在短距离上的传输速率也可以很高。如果假设某个 UWB 通信系统使用 7 GHz 的带宽，请计算一下在信噪比低至 -10 dB 的情况下，该 UWB 系统的信道容量。

10. 已知一个数字通信系统的码元传输速率是 1200 Baud。请计算：

(1) 如果采用的是二进制码元信号，其信息传输速率是多少？

(2) 如果采用的是四进制码元信号，这时的信息传输速率是多少？

(3) 如果采用的是八进制码元信号，这时的信息传输速率又是多少？

11. 一个数字传输系统的符号传输速率是 2400 Baud。

(1) 如果每个传输符号代表一个 8 bit 的二进制代码，请问对应的 bit 速率是多少？

(2) 如果采用的是八进制码元，对应的 bit 速率又是多少？

12. 一个数字传输系统采用八进制码元进行数据传输，要求的信息传输速率是 9600 b/s，求该系统的 Baud 率是多少？

13. 全球移动通信系统(GSM)一个信道的频带带宽是 200 kHz，一个信道总的数据传输速率是 270.833 kb/s，试问 GSM 系统的频带利用率是多少？

14. 在数据速率为 1200 b/s 的传输线路上，一小时产生了 108 bit 的信息错误，求该传输系统的误信率是多少？

15. 一个数字传输系统在 100 μs 内传送 256 个二进制码元，试计算码元传输速率是多少？若该传输系统在 2 s 内有 3 个码元产生传输错误，其误码率是多少？

16. 某二进制离散信源输出 0 和 1 两种符号，输出 0 的概率是 1/4，输出 1 的概率是 3/4，试计算该信源输出 0 和 1 的平均信息量。

17. 某离散信源输出 a、b、c、d 四种符号，每一个符号独立出现，这四个随机变量的

密度矩阵为

$$[a \quad b \quad c \quad d] = \begin{bmatrix} \dfrac{3}{8} & \dfrac{1}{4} & \dfrac{1}{4} & \dfrac{1}{8} \end{bmatrix}$$

试计算：

（1）消息 *cab aca bda cbd aab cad cba baa dcb aba acd bac aac aba dbc adc baa bca cba* 的信息量；

（2）每个符号的平均信息量；

（3）利用平均信息量再次计算(1)中消息的信息量；

（4）将(3)中计算结果同(1)中计算结果进行比较，看看有多大差别，想一想出现差别的原因是什么。

18. 黑白电视信号每秒传送 25 帧图像，每帧图像有 30 万个像素，每个像素分 8 个灰度等级，假设每一灰度电平独立且等概率出现。

（1）求该电视信号的数据传输速率；

（2）假设电视信号在接收机处的信噪比可达 30 dB，试计算传输该电视信号所需要的信道带宽。

第 2 章　通信技术基础

在第 1 章已经谈到，信号是消息的载体，消息的传递是通过信号的传递来实现的。因此，通信技术的主要内容，就是研究如何在通信系统上实现高效、可靠和安全的信号传输，这需要选择合适的信号形式和信号结构，以及合适的信号处理技术。或者反过来，给定了所使用的通信信号，要研究和设计合适的通信系统，以实现对信号的高效、可靠和安全传输。所以，研究通信技术是以熟悉信号及其特性为基础的。学习通信技术，首先需要对信号的表示及其分析方法有一些基础性的认识，这一章就对通信技术的一些基础内容进行简要介绍，包括信号的表示及分类、傅里叶变换和模拟信号的数字化。

2.1　信号的表示及分类

2.1.1　信号的表示

这里说的信号表示指的是信号的时域表示，也就是将信号表示为时间的函数。信号的时域表示可以采用图示法、公式法和表格法。习惯上将信号幅度随自变量变化的图形称为波形，自变量可以是时间，也可以是频率或其他量。图示法就是根据信号的幅度随自变量变化的关系直接画出信号的波形。公式法就是将信号表示为一个或者多个自变量的函数，写出函数表达式，其中自变量的取值范围称为函数或信号的定义域。表格法则是将信号的幅度与自变量的对应关系用具体的数据表格列出来。

以正弦信号为例，图 2-1(a)是正弦信号的波形，这里的自变量是时间 t，对应的正弦信号函数表达式为

$$g(t) = A\sin(2\pi ft + \psi) = A\sin(\omega t + \psi) \qquad (2-1)$$

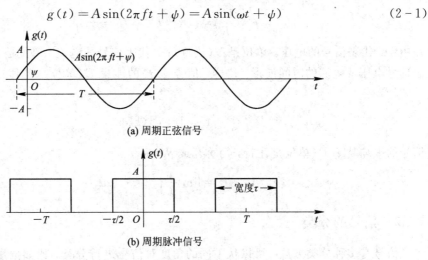

(a) 周期正弦信号

(b) 周期脉冲信号

图 2-1　信号波形举例

式中，$g(t)$ 表示信号函数，其函数值代表正弦信号在 t 时刻的瞬时幅度；A 为正弦信号的振幅，也就是正弦信号幅度 $g(t)$ 的最大值。当该信号为电压信号时，$g(t)$ 的单位是 V（伏特）；当该信号为电流信号时，$g(t)$ 的单位是 A（安培）。ω 为正弦信号的角频率，ω 的单位是 rad/s（弧度/秒），角频率 ω 与频率 f 的关系为

$$\omega = 2\pi f \tag{2-2}$$

频率 f 的单位为 Hz（赫兹）。式（2-1）中 $2\pi ft + \psi = \varphi$ 称为正弦信号的相位，其中 ψ 为时间 $t=0$ 时的相位，即初始相位，简称初相位，相位的单位是 rad（弧度）。频率的倒数称为信号周期，一般用 T 表示，周期的单位是 s（秒）。周期与频率的关系式为

$$T = \frac{1}{f} \tag{2-3}$$

如图 2-1(a)所示，信号强度从 0 值开始增大，达到最大值振幅 A 后减小，经 0 点（t 轴）到达最小值 $-A$，然后再增大回到 0 点，这时信号完成了一个完整的循环，完成这个循环所需要的时间就是这个信号的周期，而 1 s 内完成这个循环的次数就是这个信号的频率。模拟信号的振幅和频率都在变化，以声音信号为例，振幅越大表示声音的音量越大，频率越高表示声音的音调越高。

实际对信号进行分析的时候，三种表示方法都有使用，各有不同的特点：图形法表示信号比较直观；函数法比较简洁，而且分析处理起来比较方便；表格法则在一些具体的时间点上给出了具体的信号数值。在进行基础研究的时候，常用的信号表示方法是函数法和图形法。

对于波形如图 2-1(b)所示的周期性脉冲信号，在数学上可以写成如下的函数表达式：

$$g(t) = \begin{cases} A, & -\dfrac{\tau}{2} + nT \leqslant t < nT + \dfrac{\tau}{2} \ (n \ \text{为正整数}) \\ 0, & \text{其他} \end{cases} \tag{2-4}$$

根据信号的函数表达式，可以计算信号的功率、能量和平均功率。在通信理论中，通常将信号的功率 P 定义为信号电流在单位电阻（1 Ω）上消耗的功率，也叫作归一化功率，即

$$P = \frac{U^2}{R} = I^2 R = U^2 = I^2 = g^2(t) \tag{2-5}$$

式中，U 代表信号的电压，单位是 V（伏特）；I 代表信号的电流，单位是 A（安培）；$g(t)$ 代表信号电压或电流的时间波形。这样，信号 $g(t)$ 的能量 E（单位是焦耳，简称焦或 J）就由下式计算：

$$E = \int_{-\infty}^{\infty} g^2(t) \mathrm{d}t \tag{2-6}$$

信号的平均功率 $\overline{P}$（单位是瓦特，简称瓦或 W）为

$$\overline{P} = \lim_{T \to \infty} \frac{1}{T} \int_{-\frac{T}{2}}^{\frac{T}{2}} g^2(t) \mathrm{d}t \tag{2-7}$$

2.1.2　信号的分类

信号有多种分类方法，可以从不同的角度对信号进行分类，比如按用途分类就有通信信号、广播信号、电视信号、雷达信号等；按照信号所具有的时间特性可以将信号分为连

续信号与离散信号、确知信号与随机信号、周期信号与非周期信号、能量信号与功率信号
等。这里仅根据信号的时间特性简单介绍信号的几种类型。

1. 连续信号与离散信号

信号自变量的取值可能是连续的，也可能是离散的。同样，信号的函数（幅度）取值可
能是连续的，也可能是离散的。当以时间作为自变量时，按照信号取值的连续性特点，可
以将信号分为连续信号与离散信号。在连续的时间范围内有定义的信号称为连续时间信号
（此处的连续指的是信号的定义域即时间 t 是连续的），简称连续信号，图 2-1(a) 和图 2-2
(a)、(b) 中所示的信号都是连续信号。仅在一些离散的时间点上才有定义的信号（在其余
的时间上不予定义）称为离散时间信号，简称离散信号。此处的离散指的是信号的定义
域——时间是离散的，它只取某些规定的值，图 2-2(c)、(d) 是离散信号的例子。图 2-2
(c) 中自变量时间 t 的取值是离散的，但其值域（信号幅度）的取值仍然可以是连续的，可以
取信号幅值范围内的任意值。

时间和幅值均为连续的信号称为模拟信号，也就是说，模拟信号就是连续时间、连续
幅值的信号。例如图 2-1(a)、图 2-2(a) 所示的信号都是模拟信号。振幅为 A 的正弦信号
是模拟信号，其幅度在 $\pm A$ 范围内是连续取值的。自然语音信号也是模拟信号，在语音持
续期间内，语音强度可以在某一范围内任意取值。时间和幅值均为离散的信号称为数字信
号，比如，模拟信号抽样之后，再进行量化得到的信号就是数字信号。

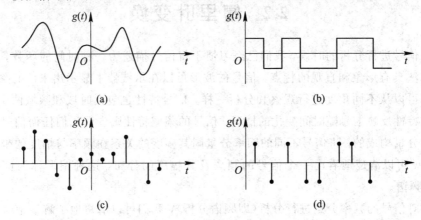

图 2-2　连续信号与离散信号举例

2. 确知信号与随机信号

确知信号是指能以确定的时间函数来表示的信号，该类信号在定义域内的任何时刻都
有确定的函数值。例如电路中的正弦信号和各种形式的周期信号都是确知信号。

随机信号也叫不确定信号，是指不能用精确的数学关系式来描述、也不能预测其未来
任一时刻准确值的信号，其取值具有不确定性。比如，通信系统中传输的信号都具有不确
定性，每一次传输的信号都具有随机性，接收端在当前时刻无法准确预测下一时刻会接收
到什么信号。对于通信来讲，确定性信号的传输是没有意义的，所有要传输的内容都是接
收者想知道而还不知道的。因此通信信号都属于随机信号。再比如，电子系统中的起伏热
噪声、通信干扰信号等也是随机信号，只是干扰和热噪声不携带信息。虽然随机信号没
有精确的数学表达式，也不能准确预测其未来任一时刻的数值，但随机信号具有统计规

律，可以用概率统计的方法对其进行描述。

3. 周期信号与非周期信号

周期信号是定义在 $(-\infty, \infty)$ 区间，每隔一定时间 T_0 按相同规律重复变化的一类信号，这类信号可以用如下的函数 $g(t)$ 表示：

$$g(t) = g(t + T_0), -\infty < t < \infty \tag{2-8}$$

式中，T_0 表示周期信号的周期，T_0 的倒数 $f_0 = 1/T_0$ 称为信号的频率。图(2-1)给出的周期正弦信号和周期脉冲信号都是典型的周期信号。

不具有周期性的信号都是非周期信号。

4. 能量信号与功率信号

若信号 $g(t)$ 的能量有限，即式(2-6)中的 $E < \infty$，则称其为能量有限信号，简称能量信号。若信号 $g(t)$ 的平均功率有限，即式(2-7)中的 $P < \infty$，则称其为功率有限信号，简称为功率信号。从式(2-7)和式(2-6)容易看出，能量信号的平均功率为 0，而功率信号的能量为 ∞。一般周期信号为功率信号，时间有限的信号（自然也是非周期信号）为能量信号。也有一些非周期信号不是能量信号。举例来说，信号 e^t 既不是功率信号也不是能量信号，这个信号的能量和功率都不是有限的。

2.2　傅里叶变换

在对信号进行分析的时候，我们已经习惯于将信号描述为一种时间的函数，这种描述信号的方法具有形象和直观的特点，信号的波形可以在示波器上显示出来。正像世界上任何事物都可以从不同角度进行观察和分析一样，信号特性也包括时域和频域两个方面。信号的时域特性反映信号随时间变化的情况，信号的频域特性则告诉我们任何信号都是由不同的频率分量构成的。将信号不同的频率分量同其幅度的关系在频率与幅度的坐标系中描述出来，就可以清楚地看出一个信号的频率及其幅度的分布，这种图形称为信号的频谱图，简称频谱。

通过对信号的频率分量进行分析（即频谱分析），我们可以清楚地了解该信号的频率分布情况及该信号所占据的频带宽度。频域特性是信号特性的一个重要方面，对于学习通信技术来说，认识信号的频域特性更为重要。

信号的时域特性和频域特性是对应的且可以相互转换，已知信号的时域描述可以得到信号的频域描述，反之，也可以从信号的频域描述得到信号的时域描述。将信号时域描述变换为频域描述的一种重要的数学工具就是傅里叶变换。而将信号的频域描述变换为时域描述的变换称为傅里叶反变换。为了便于读者认识信号特性，这里对傅里叶变换的基础内容进行初步介绍。在数字信号处理课程中，读者将会学习离散傅里叶变换，并将进一步了解到更多的关于信号处理的数字方法和应用。

2.2.1　周期信号的傅里叶级数

数学上，任何周期函数都可以用正弦函数和余弦函数构成的无穷级数来表示，这个无穷级数就是傅里叶级数。换句话说，任何周期函数都可以展开成一个傅里叶级数。另一方面，根据欧拉公式，三角函数又都能化成指数形式。这样，傅里叶级数就可以写成一种指数级数。傅里叶级数展开的具体描述如下所述。

设有周期信号 $g_{T_0}(t)$，其周期为 T_0，并假设信号 $g_{T_0}(t)$ 满足如下的狄里赫利 (Dirichlet) 条件：① 信号函数在任意有限区间内连续，或只有有限个第一类间断点；② 在第一周期内，信号函数有有限个极大值或极小值。则周期信号 $g_{T_0}(t)$ 可以展开成如下的复指数型傅里叶级数：

$$g_{T_0}(t) = \sum_{n=-\infty}^{\infty} C_n e^{j2\pi nf_0} \tag{2-9}$$

式中，C_n 为傅里叶级数的系数，且有

$$C_n = C(nf_0) = \frac{1}{T_0} \int_{-\frac{T_0}{2}}^{\frac{T_0}{2}} g_{T_0} e^{-j2\pi nf_0 t} dt \tag{2-10}$$

式中，$f_0 = 1/T_0$ 称为信号的基频，nf_0 则称为信号的 n 次谐波频率（$-\infty < n < \infty$）。由于 C_n 为复数，因此可以表示成

$$C_n = |C_n| e^{j\theta_n}$$

根据欧拉公式有

$$e^{j2\pi nf_0} = \cos(2\pi nf_0) + j\sin(2\pi nf_0)$$

所以式 (2-9) 就是告诉我们，周期信号可以表示成无数正弦信号和余弦信号的叠加，每一个正弦信号或余弦信号的振幅及相位关系由傅里叶系数 C_n 给出。

由于傅里叶系数 C_n 代表周期信号中各次谐波的振幅与相位，因此称 C_n 随 nf_0 的变化特性为信号的频谱，并将 $|C_n|$ 随 nf_0 的变化特性称为信号的幅度谱，将 θ_n 随 nf_0 的变化特性称为信号的相位谱。

例题 2.1　设有一周期矩形脉冲序列 $g_{T_0}(t)$，脉冲幅度为 A，宽度为 τ，周期为 T_0，如图 2-3(a) 所示，试求该矩形脉冲序列的傅里叶级数展开式和矩形脉冲序列的频谱。

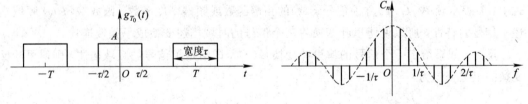

(a) 矩形脉冲序列波形图　　　　　　　　　　(b) 矩形脉冲序列的频谱

图 2-3　周期矩形脉冲信号及其频谱

解　该周期脉冲序列的傅里叶系数为

$$C_n = \frac{A}{T_0} \int_{-\frac{T_0}{2}}^{\frac{T_0}{2}} g_{T_0}(t) e^{-j2\pi nf_0 t} dt = \frac{A}{T_0} \int_{-\frac{\tau}{2}}^{\frac{\tau}{2}} e^{-j2\pi nf_0 t} dt = \frac{A}{T_0} \left. \frac{e^{-j2\pi nf_0 t}}{j2\pi nf_0} \right|_{-\frac{\tau}{2}}^{\frac{\tau}{2}}$$

$$= \frac{A\tau}{T_0} \frac{\sin(\pi n\tau f_0)}{\pi n\tau f_0} = \frac{A\tau}{T_0} \frac{\sin\left(\frac{\pi n\tau}{T_0}\right)}{\frac{\pi n\tau}{T_0}}$$

$$= \frac{A\tau}{T_0} \text{sinc} \frac{n\tau}{T_0}, \ n = 0, \pm 1, \pm 2, \cdots \tag{2-11}$$

式中，$\text{sinc}(x)$ 称为 sinc 函数，其定义式为

$$\text{sinc}(x) = \frac{\sin(\pi x)}{\pi x} \tag{2-12}$$

因此得到矩形脉冲序列的傅里叶级数展开式为

$$g_{T_0}(t) = \sum_{n=-\infty}^{\infty} C_n e^{j2\pi n f_0 t} = \frac{A\tau}{T_0} \sum_{n=-\infty}^{\infty} \text{sinc}\frac{n\tau}{T_0} e^{j2\pi n f_0 t} \tag{2-13}$$

根据 C_n 的表达式（2-11），可以画出矩形脉冲序列 $g(t)$ 的频谱，如图 2-3(b)所示。此例中傅里叶系数 C_n 为实数，其相位为 0 或 π，所以这里不需要再另外画出信号的相位谱。

从图 2-3(b)可以看出，周期矩形脉冲序列的频谱是离散的，谱线变化的幅度包络线按 $\text{sinc}\frac{n\tau}{T_0}$ 规律变化，在 $f = \frac{m}{\tau}(m = \pm 1, \pm 2, \cdots)$ 的各个位置包络为 0。相邻两根谱线间的距离为 f_0，脉冲周期 T_0 越长，谱线间隔越小，谱线密度越高，当周期趋于无限长时，谱线间距趋于 0，离散频谱就变成了连续频谱。周期信号的周期无限长时也就成了非周期信号，所以非周期信号的频谱是连续谱。

2.2.2 非周期信号的傅里叶变换

非周期信号的频谱可以通过傅里叶变换求得，傅里叶变换的计算公式可以从傅里叶系数的计算公式推出，为简化叙述，这里直接给出傅里叶变换的定义。

1. 傅里叶变换的定义

假定 $g(t)$ 表示一个非周期确定信号，信号 $g(t)$ 的傅里叶变换由如下积分定义：

$$F[g(t)] = G(f) = \int_{-\infty}^{\infty} g(t)e^{-j2\pi ft} dt \tag{2-14}$$

式中，f 表示频率，$G(f)$ 称为信号 $g(t)$ 的频谱函数或频谱密度函数。函数 $G(f)$ 从频域描述了信号的特性，所以说傅里叶变换将一个信号的时域描述变换成了频域描述。

反之，如果给定一个信号的傅里叶变换 $G(f)$，即给定了信号的频域描述，则傅里叶反变换的定义公式为

$$g(t) = \int_{-\infty}^{\infty} G(f)e^{j2\pi ft} df \tag{2-15}$$

信号的频域描述给出了信号所包含的正弦分量，也就是信号所包含的谐波分量以及每一个谐波分量的幅度。信号的时域描述（即信号的时域数学表达式）则给出了信号在不同时刻的取值，根据时域描述可以画出信号取值随时间变化的规律，即信号的波形。

函数 $g(t)$ 和 $G(f)$ 构成傅里叶变换对。傅里叶变换对的简单表示为

$$g(t) \rightleftharpoons G(f) \tag{2-16}$$

注意，数学上，要使得函数 $g(t)$ 的傅里叶变换存在，$g(t)$ 需要满足如下三个充分但非必要的条件，称为狄里赫利条件：

- 函数 $g(t)$ 是单值的，在任何有限的时间段内有有限个最大点和最小点；
- 在有限的时间段内，函数 $g(t)$ 有有限个不连续点；

- 函数 $g(t)$ 是绝对可积的，这一条件可以理解为信号的能量是有限的，即

$$\int_{-\infty}^{\infty} |g(t)\mathrm{d}t| < \infty \qquad (2-17)$$

应用傅里叶变换进行运算，能量有限的信号 $g(t)$ 可以表示为一个频率从 $-\infty$ 到 ∞ 的复数指数函数的连续和，频率为 f 的正弦分量的幅度正比于 $g(t)$ 的傅里叶变换 $G(f)$。特别地，对于任何频率 f，复指数函数 $\mathrm{e}^{\mathrm{j}2\pi ft}$ 被乘以加权因子 $G(f)\mathrm{d}f$，这个加权因子是 $G(f)$ 在以 f 为中心的无穷小间隔 $\mathrm{d}f$ 上的贡献。因此，可以将函数 $g(t)$ 表示为这个无穷小分量的连续和，即

$$g(t) = \int_{-\infty}^{\infty} G(f)\mathrm{e}^{\mathrm{j}2\pi ft}\mathrm{d}f \qquad (2-18)$$

傅里叶变换提供了一种将函数 $g(t)$ 分解为其频率间隔从 $-\infty$ 到 ∞ 的复数指数分量的工具。信号的傅里叶变换 $G(f)$ 用该信号各频率分量的复数振幅定义了该信号的频域表达式。对于一个信号，如果知道了该信号的时域表达式，就可以通过傅里叶变换得到该信号的频域表达式。反之，如果知道了该信号的频域表达式，就可以利用傅里叶反变换公式得到该信号的时域表达式。并且，信号时域表达式和频域表达式中的任何一种都可以唯一地定义该信号。

一般来说，傅里叶变换 $G(f)$ 是频率 f 的复数函数，所以可以将它表示为

$$G(f) = |G(f)| \mathrm{e}^{\mathrm{j}\theta(f)} \qquad (2-19)$$

式中，$|G(f)|$ 称为 $g(t)$ 的连续幅度谱，$\theta(f)$ 称为 $g(t)$ 的连续相位谱。

当 $g(t)$ 为实函数时，有

$$G(-f) = G^*(f)$$

式中的星号上标（*）表示复共轭。因此得出结论：如果 $g(t)$ 为时间 t 的实函数，那么就有

$$|G(-f)| = |G(f)|$$
$$\theta(-f) = -\theta(f)$$

于是，关于实函数的频谱有如下结论：

(1) 信号的幅度谱是偶函数，即基于 $f=0$ 的位置是对称的。

(2) 信号的相位谱是奇函数，即基于 $f=0$ 的位置是反对称的。

上述两点用一句话来说就是：实信号的频谱是共轭对称的。

下面根据傅里叶变换的定义举例分析一些函数的傅里叶变换。

例题 2.2　分析矩形脉冲信号的频谱。

解　考虑一个持续时间为 T、幅度为 A 的矩形脉冲，如图 $2-4(a)$ 所示，该脉冲可以用矩形函数表示如下：

$$g(t) = A\,\mathrm{rect}\left(\frac{t}{T}\right)$$

式中 $\mathrm{rect}(\cdot)$ 为矩形函数，其定义式为

$$\mathrm{rect}(t) = \begin{cases} 1, & -\dfrac{T}{2} \leqslant T \leqslant \dfrac{1}{2} \\ 0, & t < -\dfrac{T}{2} \text{ 或 } t > \dfrac{T}{2} \end{cases} \qquad (2-20)$$

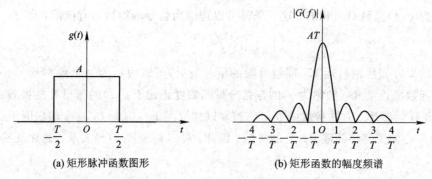

(a) 矩形脉冲函数图形　　　　　　(b) 矩形函数的幅度频谱

图 2-4　矩形脉冲及其频谱图

应用傅里叶变换的定义公式(2-14)，矩形脉冲 $g(t)$ 的傅里叶变换由下式给出：

$$G(f) = \int_{-\infty}^{+\infty} g(t)e^{-j2\pi ft}\,dt = \int_{-\frac{T}{2}}^{\frac{T}{2}} Ae^{-j2\pi ft}\,dt = AT\left(\frac{\sin(\pi fT)}{\pi fT}\right) = AT\,\mathrm{sinc}(fT)$$

$$A\,\mathrm{rect}\left(\frac{t}{T}\right) \rightleftharpoons AT\,\mathrm{sinc}(fT) \qquad\qquad (2-21)$$

$\mathrm{sinc}(x)$ 函数是通信理论中的一个重要函数，函数曲线如图 2-5 所示。由图可知，在 $x=0$ 处 sinc 函数取最大值 1；当 x 趋于无穷时，sinc 函数值趋于 0；在其他的 x 处，sinc 函数值在正负值之间振荡，在 $x=\pm 1,\pm 2,\cdots$ 处，sinc 函数值通过 0 点。

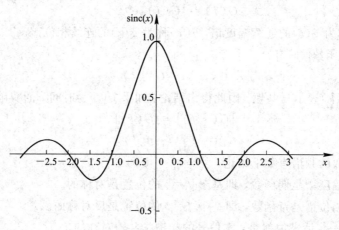

图 2-5　sinc 脉冲函数曲线

幅度频谱 $|G(f)|$ 示于图 2-4(b)。频谱第一次过 0 点的位置在 $f=\pm 1/T$，一般将第一次过 0 点以内的频谱部分(即 $|f|<1/T$ 的这段频谱)称为信号频谱的主瓣，显然信号频谱的主瓣包含了信号能量的主要部分。当脉冲持续时间 T 减小时，第一个过 0 点的位置向高频端移动，即频谱的主瓣变宽，表示频谱变宽。反之，当脉冲持续时间增加时，第一个过 0 点的位置会向原点移动，即频谱的主瓣变窄，表示频谱变窄。

这个例题表明，一个信号的时域表示和频域表示之间是一种相逆的关系。就是说，窄脉冲的频谱占据很宽的频率范围，而宽脉冲的频谱占据很窄的频率范围。

还要注意，在这个例题中，傅里叶变换 $G(f)$ 是一个实值函数，并且是关于频率 f 的对称函数，这是因为图 2-4(a)所示矩形脉冲 $g(t)$ 是时间 t 的对称函数。

例题 2.3　求图 2-6 中指数脉冲函数的傅里叶变换。

解　图 2 - 6(a)是一个截断衰减指数脉冲，为了写出这个函数的数学表达式，我们用单位阶梯函数定义这个脉冲。单位阶梯函数的定义如下：

$$u(t)=\begin{cases}1,\ t>0\\ \dfrac{1}{2},\ t=0\\ 0,\ t<0\end{cases} \quad (2-22)$$

使用单位阶梯函数后，图 2 - 6(a)所示的衰减指数脉冲函数可以表示为

$$g(t)=\mathrm{e}^{-at}u(t)$$

由于 $t<0$ 时 $g(t)=0$，因此该脉冲的傅里叶变换为

$$G(f)=\int_{-\infty}^{\infty}\mathrm{e}^{-at}\,\mathrm{e}^{-\mathrm{j}2\pi ft}\,\mathrm{d}t=\int_{0}^{\infty}\mathrm{e}^{-t(a+\mathrm{j}2\pi f)}\,\mathrm{d}t=\frac{1}{a+\mathrm{j}2\pi f}$$

图 2 - 6(a)所示的衰减指数脉冲函数的傅里叶变换对为

$$\mathrm{e}^{-at}u(t)\rightleftharpoons\frac{1}{a+\mathrm{j}2\pi f} \quad (2-23)$$

图 2 - 6(b)所示截断上升指数脉冲可以用下式定义：

$$g(t)=\mathrm{e}^{at}u(-t)$$

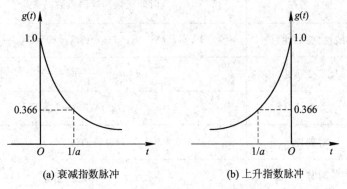

(a) 衰减指数脉冲　　　　　　　　　(b) 上升指数脉冲

图 2 - 6　两种指数脉冲函数

注意，当 $t<0$ 时，$u(-t)=1$；当 $t=0$ 时，$u(0)=1/2$；当 $t>0$ 时，$u(-t)=0$。由于 $t>0$ 时 $g(t)=0$，因此该脉冲的傅里叶变换为

$$G(f)=\int_{-\infty}^{\infty}g(t)\mathrm{d}t=\int_{-\infty}^{0}\mathrm{e}^{at}\,\mathrm{e}^{-\mathrm{j}2\pi ft}\,\mathrm{d}t$$

在上式中用 t 代替 $-t$，得到

$$G(f)=\int_{0}^{\infty}\mathrm{e}^{-at}\,\mathrm{e}^{\mathrm{j}2\pi ft}\,\mathrm{d}t=\int_{0}^{\infty}\mathrm{e}^{-t(a-\mathrm{j}2\pi f)}\,\mathrm{d}t=\frac{1}{a-\mathrm{j}2\pi f}$$

图 2 - 6(b)所示的衰减指数脉冲函数的傅里叶变换对为

$$\mathrm{e}^{at}u(-t)\rightleftharpoons\frac{1}{a-\mathrm{j}2\pi f} \quad (2-24)$$

图 2 - 7 给出了指数截断脉冲的频谱。

因为图 2 - 6 中的截断衰减和上升指数脉冲是时间的非对称函数，所以它们的傅里叶变换都是复函数。并且，截断衰减和上升指数脉冲具有相同的幅度频谱，但相位频谱相差一个"一"号。

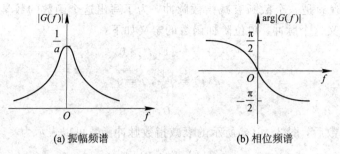

(a) 振幅频谱　　　　　　　　　　(b) 相位频谱

图 2 - 7　例题 2.3 的频谱图

2. 傅里叶变换的基本性质

　　熟悉傅里叶变换的基本性质，有助于熟练应用傅里叶变换对信号进行分析，这里不对傅里叶变换的性质作详细的分析与证明，只给出傅里叶变换的基本性质列表，有兴趣的读者可以查阅相关资料。傅里叶变换的基本性质如表 2 - 1 所示，同时，表 2 - 2 列出了部分常用函数的傅里叶变换，供读者查阅。

表 2 - 1　傅里叶变换的基本性质

序号	性质名称	时间函数与频谱函数的关系
1	线性（叠加性）	$c_1 g_1(t) + c_2 g_2(t) \rightleftharpoons c_1 G_1(f) + c_2 G_2(f)$
2	尺度变换性	$g(at) \rightleftharpoons \dfrac{1}{\|a\|} G(\dfrac{f}{a})$
3	共轭性	$g^*(t) \rightleftharpoons G^*(-f)$
4	对偶性	$G(t) \rightleftharpoons g(-f)$
5	时移性	$g(t \pm t_0) \rightleftharpoons G(f) \mathrm{e}^{\pm \mathrm{j} 2\pi f t_0}$
6	频移性	$g(t) \mathrm{e}^{\pm \mathrm{j} 2\pi f_c t} \rightleftharpoons G(f \mp f_c)$
7	$g(t)$ 下的面积	$\displaystyle\int_{-\infty}^{\infty} g(t)\mathrm{d}t = G(0)$
8	$G(f)$ 下的面积	$g(0) = \displaystyle\int_{-\infty}^{\infty} G(f)\mathrm{d}f$
9	时域微分	$\dfrac{\mathrm{d}^n}{\mathrm{d}t^n} g(t) \rightleftharpoons (\mathrm{j}2\pi f)^n G(f)$
10	时域积分	$\displaystyle\int_{-\infty}^{t} g(\tau)\mathrm{d}\tau \rightleftharpoons \dfrac{1}{\mathrm{j}2\pi f} G(f) + \dfrac{1}{2} G(0)\delta(f)$
11	频域卷积	$g_1(t) g_2(t) \rightleftharpoons G_1(f) * G_2(f) = \displaystyle\int_{-\infty}^{\infty} G_1(\lambda) G_2(f-\lambda)\mathrm{d}\lambda$
12	时域卷积	$g_1(t) * g_2(t) = \displaystyle\int_{-\infty}^{\infty} g_1(\tau) g_2(\tau-\lambda)\mathrm{d}\tau \rightleftharpoons G_1(f) G_2(f)$
13	相关性定理	$\displaystyle\int_{-\infty}^{\infty} g_1(t) g_2^*(t-\tau)\mathrm{d}t \rightleftharpoons G(f) G^*(f)$
14	瑞利能量定理	$\displaystyle\int_{-\infty}^{\infty} \|g(t)\|^2 \mathrm{d}t = \displaystyle\int_{-\infty}^{\infty} \|G(f)\|^2 \mathrm{d}f$

注： ① 序号为 3 和 13 的两行中的上标 " * " 表示共轭；② 序号为 11 和 12 的两行中的 " * " 表示卷积积分

表 2-2　常见信号的傅里叶变换表

序号	$g(t)$	$G(f)$
1	$\delta(t)$	1
2	1	$\delta(f)$
3	$e^{j2\pi f_0 t}$	$\delta(f - f_0)$
4	$\cos(2\pi f_0 t)$	$\dfrac{1}{2}\left[\delta(f - f_0) + \delta(f + f_0)\right]$
5	$\sin(2\pi f_0 t)$	$\dfrac{1}{2j}(f - f_0) - \delta(f + f_0)$
6	$\operatorname{sgn}(t)$	$-j\dfrac{1}{\pi f}$
7	$j\dfrac{1}{\pi t}$	$\operatorname{sgn}(f)$
8	$\varepsilon(t)$	$\dfrac{1}{2}\left[\dfrac{1}{j\pi t} + \delta(f)\right]$
9	$e^{-a|t|},\ a > 0$	$\dfrac{2a}{a^2 + 4\pi^2 f^2},\ a > 0$
10	$\operatorname{rect}(at)$	$\dfrac{1}{|a|}\operatorname{sinc}\left(\dfrac{f}{a}\right)$
11	$e^{j2\pi n f_0 t}$	$\delta(f - n f_0)$
12	$\displaystyle\sum_{n=-\infty}^{\infty} C_n e^{j2\pi n f_0 t}$	$\displaystyle f_0 \sum_{n=-\infty}^{\infty} C_n \delta(f - n f_0)$

注：$\delta(\cdot)$ 为冲激函数；$\operatorname{sgn}(\cdot)$ 为符号函数；$\varepsilon(\cdot)$ 为单位阶跃函数；$\operatorname{rect}(\cdot)$ 为矩形函数

例题 2.4　求 sinc 脉冲信号的傅里叶变换。

解　考虑一个 sinc 函数形式的信号 $g(t)$，即

$$g(t) = A\operatorname{sinc}(2Wt)$$

为求得这个函数的傅里叶变换，将对偶性质和相似性质应用于傅里叶变换对，即应用于式(2-21)。而后，考虑到矩形函数是频率的偶函数，得到

$$A\operatorname{sinc}(2Wt) \rightleftharpoons \frac{A}{2W}\operatorname{rect}\left(\frac{f}{2W}\right) \tag{2-25}$$

图 2-8(a)给出了式(2-25)中 sinc 脉冲的波形，图 2-8(b)是 sinc 脉冲的傅里叶变换。

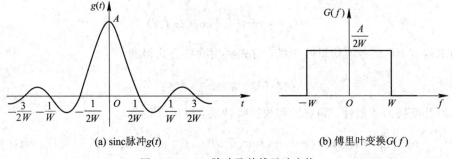

(a) sinc脉冲$g(t)$　　　　　　(b) 傅里叶变换$G(f)$

图 2-8　sinc 脉冲及其傅里叶变换

可以看到，sinc 脉冲的傅里叶变换在 $|f|>W$ 处为 0。

sinc 脉冲本身仅仅是在时间上渐进有限的，当时间趋于无穷时函数值趋于 0。正是这种渐进性质使得 sinc 函数成为一种能量有限的信号，因此可以进行傅里叶变换。

例题 2.5 频移性质的描述如下：

如果

$$g(t) \rightleftharpoons G(f)$$

则有

$$g(t)\mathrm{e}^{+\mathrm{j}2\pi f_c t} \rightleftharpoons G(f-f_c)$$

其中，f_c 为一个实常数。请对此频移性质进行证明。

证

$$F[g(t)\mathrm{e}^{+\mathrm{j}2\pi f_c t}] = \int_{-\infty}^{\infty} [g(t)\mathrm{e}^{+\mathrm{j}2\pi f_c t}]\mathrm{e}^{-\mathrm{j}2\pi f t}\mathrm{d}t$$

$$= \int_{-\infty}^{\infty} g(t)\mathrm{e}^{-\mathrm{j}2\pi(f-f_c)t}\mathrm{d}t = G(f-f_c)$$

所以有

$$g(t)\mathrm{e}^{+\mathrm{j}2\pi f_c t} \rightleftharpoons G(f-f_c)$$

证毕。

例题 2.6 振幅为 1、时间宽度为 T 的射频（RF）脉冲信号如图 2-9(a)所示，请应用傅里叶变换求该信号的频谱。

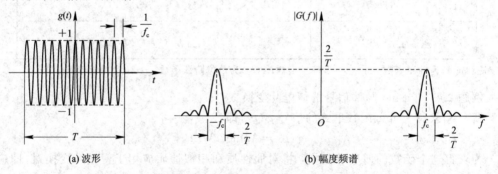

(a) 波形　　　　　　　　　　　　(b) 幅度频谱

图 2-9 单位幅度和时间宽度为 T 的 RF 脉冲波形及其频谱图

解 图 2-9(a)所示脉冲信号 $g(t)$ 是一个振幅为 1、频率为 f_c、持续时间从 $t=-T/2$ 到 $t=T/2$ 的正弦波信号。当频率 f_c 处于射频波段的时候，这个信号称为射频（RF）脉冲。图 2-9(a)所示信号 $g(t)$ 可以表示为一个矩形函数与一个余弦函数的乘积，即

$$g(t) = \mathrm{rect}\left(\frac{t}{T}\right)\cos(2\pi f_c t)$$

为求得该 RF 信号的傅里叶变换，首先利用欧拉公式得到

$$\cos(2\pi f_c t) = \frac{1}{2}(\mathrm{e}^{\mathrm{j}2\pi f_c t} + \mathrm{e}^{-\mathrm{j}2\pi f_c t})$$

应用傅里叶变换的相似性、频移性和线性等性质，就可以得到

$$g(t) = \mathrm{rect}\left(\frac{t}{T}\right)\cos(2\pi f_c t) \rightleftharpoons \frac{T}{2}\{\mathrm{sinc}[T(f-f_c)] + \mathrm{sinc}[T(f+f_c)]\} = G(f)$$

当 $f_c T \gg 1$，即频率 f_c 大于脉冲宽度 T 的倒数时，可以得到如下近似结果：

$$G(f) \approx \begin{cases} \dfrac{T}{2}\mathrm{sinc}[T(f-f_c)], & f > 0 \\ 0, & f = 0 \\ \dfrac{T}{2}\mathrm{sinc}[T(f+f_c)], & f < 0 \end{cases}$$

在 $f_c T \gg 1$ 的条件下，RF 脉冲的幅度频谱示于图 2-9(b)，对比图 2-4(b)，傅里叶变换的频移特性是显而易见的，这就是载波调制产生的频率搬移效果。第 3 章将对调制技术进行介绍。

例题 2.7 冲激函数 $\delta(t)$ 是人为定义的一个理想函数，这种函数所表示的信号在实际情况下并不存在。但是冲激函数在分析通信信号时非常有用，并且我们也可以在实际中生成其特性非常接近 $\delta(t)$ 函数特性的信号。在这里我们通过这个例题来认识一下这个函数。$\delta(t)$ 的函数图形如图 2-10(a) 所示，该函数满足如下两个条件：

$$\delta(t) = \begin{cases} \infty, & t = 0 \\ 0, & t \neq 0 \end{cases} \tag{2-26}$$

和

$$\int_{-\infty}^{\infty} \delta(t)\mathrm{d}t = 1 \tag{2-27}$$

一个函数 $g(t)$ 与 $\delta(t-t_0)$ 函数的乘积 $g(t)\delta(t-t_0)$ 具有如下的积分结果：

$$\int_{-\infty}^{\infty} g(t)\delta(t-t_0)\mathrm{d}t = g(t_0) \tag{2-28}$$

式(2-28)所表示的冲激函数的这个特性称为冲激函数的时移性。

本例题要求我们根据上面关于冲激函数 $\delta(t)$ 的描述求 $\delta(t)$ 的傅里叶变换。

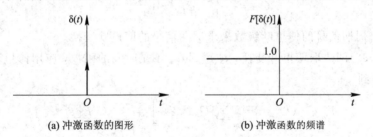

(a) 冲激函数的图形　　　　　　(b) 冲激函数的频谱

图 2-10　冲激函数及其频谱图

解 因为

$$F[\delta(t)] = \int_{-\infty}^{\infty} \delta(t)\mathrm{e}^{-\mathrm{j}2\pi ft}\mathrm{d}t$$

考虑到 $\delta(t)$ 函数的时移性，并注意到 $\mathrm{e}^{-\mathrm{j}2\pi ft}$ 在 $t=0$ 处的值为 1，则可以得到

$$F[\delta(t)] = \int_{-\infty}^{\infty} \delta(t)\mathrm{e}^{-\mathrm{j}2\pi ft}\mathrm{d}t = \int_{-\infty}^{\infty} \mathrm{e}^{-\mathrm{j}2\pi ft}\delta(t-0)\mathrm{d}t = \int_{-\infty}^{\infty} \delta(t)\mathrm{d}t = 1$$

即

$$\delta(t) \rightleftharpoons 1 \tag{2-29}$$

式(2-29)说明冲激函数的频谱在频率轴上是均匀分布的，如图 2-10(b) 所示。

例题 2.8 试计算例题 2.4 中 sinc 脉冲信号 $g(t) = A\,\mathrm{sinc}(2Wt)$ 的能量。

解 根据式(2-6)，该 sinc 脉冲信号的能量为

$$E = A^2 \int_{-\infty}^{\infty} \mathrm{sinc}^2(2Wt)\,\mathrm{d}t$$

上式右边的积分计算是比较困难的，我们可以应用傅里叶变换基本性质中的瑞利能量定理来完成这个计算。瑞利能量定理为

$$\int_{-\infty}^{\infty} |g(t)|^2 \mathrm{d}t = \int_{-\infty}^{\infty} |G(f)|^2 \mathrm{d}f$$

例题 2.4 中已经求得该 sinc 函数 $g(t)$ 的傅里叶变换为

$$G(f) = \frac{A}{2W}\mathrm{rect}\left(\frac{f}{2W}\right)$$

所以可以求得该 sinc 脉冲信号 $g(t)$ 的能量为

$$E = \left(\frac{A}{2W}\right)^2 \int_{-\infty}^{\infty} \mathrm{rect}^2\left(\frac{f}{2W}\right)\mathrm{d}f = \left(\frac{A}{2W}\right)^2 \int_{-W}^{W}\mathrm{d}f = \frac{A^2}{2W} \tag{2-30}$$

2.2.3　周期信号的傅里叶变换

如前所述，如果信号 $g_{T_0}(t)$ 是一个周期为 T_0 的周期信号，信号的频率为

$$f_0 = \frac{1}{T_0} \tag{2-31}$$

则 $g_{T_0}(t)$ 可以展开为复指数型傅里叶级数，即

$$g_{T_0}(t) = \sum_{n=-\infty}^{\infty} C_n \mathrm{e}^{\mathrm{j}2\pi n f_0 t} \tag{2-32}$$

式中，C_n 为复数的傅里叶系数，且

$$C_n = \frac{1}{T_0}\int_{-\frac{T_0}{2}}^{\frac{T_0}{2}} g_{T_0}(t)\mathrm{e}^{-\mathrm{j}2\pi n f_0 t}\mathrm{d}t \tag{2-33}$$

下面通过周期信号的傅里叶级数来求周期信号的傅里叶变换。

对式（2-32）两边取傅里叶变换，注意到 C_n 不是时间的函数，应用傅里叶变换的线性性质，可以得到

$$F[g_{T_0}(t)] = F\left[\sum_{n=-\infty}^{\infty} C_n \mathrm{e}^{\mathrm{j}2\pi n f_0 t}\right] = \sum_{n=-\infty}^{\infty} C_n F[\mathrm{e}^{\mathrm{j}2\pi n f_0 t}]$$

$$= \sum_{n=-\infty}^{\infty} C_n \delta(f - n f_0) \tag{2-34}$$

式（2-34）表明，周期信号的傅里叶变换由位于信号各次谐波频率 nf_0 处的无穷多个冲激函数组成，其中第 n 个谐波分量的强度由式（2-33）的 C_n 给出。

例题 2.8　理想抽样函数也叫冲激梳形函数，该函数由等间隔分布的冲激函数组成，函数表达式为

$$\delta_{T_0}(t) = \sum_{m=-\infty}^{\infty} \delta(t - mT_0)$$

式中 m 为整数。如图 2-11(a) 是这个理想抽样函数的图形。试求周期为 T_0 的理想抽样函数 $\delta_{T_0}(t)$ 的傅里叶变换。

解　先应用式（2-34）计算函数 $\delta_{T_0}(t)$ 的傅里叶系数。考虑到函数 $\delta_{T_0}(t)$ 在积分区间 $(-T_0/2, T_0/2)$ 上只有一个冲激函数，并考虑到冲激函数的性质，得到

$$C_n = \frac{1}{T_0} \int_{-\frac{T_0}{2}}^{\frac{T_0}{2}} g_{T_0}(t) e^{-j2\pi n f_0 t} \, dt = \frac{1}{T_0} \int_{-\frac{T_0}{2}}^{\frac{T_0}{2}} \delta_{T_0}(t) e^{-j2\pi n f_0 t} \, dt = \frac{1}{T_0}$$

所以得到 $\delta_{T_0}(t)$ 的傅里叶变换为

$$F[\delta_{T_0}(t)] = F\left[\sum_{m=-\infty}^{\infty} \delta(t - mT_0)\right]$$

$$= \frac{1}{T_0} \sum_{n=-\infty}^{\infty} \delta(f - nf_0)$$

$$= f_0 \sum_{n=-\infty}^{\infty} \delta(f - nf_0)$$

上式说明，周期为 T_0 的冲激函数的傅里叶变换，是另一个等间隔分布的、用因子 $f_0 = 1/T_0$ 加权的冲激函数，相邻冲激函数的间隔为 f_0 Hz，如图 2-11(b)所示。

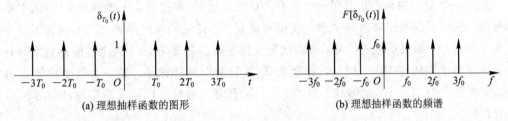

(a) 理想抽样函数的图形　　　　(b) 理想抽样函数的频谱

图 2-11　理想抽样函数及其频谱

2.2.4　信号的时频倒数关系

利用傅里叶变换性质可以证明，一个信号的时域和频域描述是成反比关系的，由此得到如下两个结论：

（1）如果一个信号的时域描述发生变化，则该信号的频域描述就会以反比的方式变化，反之亦然。这种反比关系同时限制了信号在时域和频域的变化范围，使得其不能任意取值。换句话说，我们可以为某个信号指定一个任意的时域函数或一个任意的频谱函数，但是一旦一个信号的时域函数确定了，则这个信号的频域函数也就对应地确定了，这个频域函数就是时域函数的傅里叶变换。反之，如果一个信号的频域函数确定了，则这个信号的时域函数也就随之确定了，这个时域函数就是频域函数的傅里叶反变换。

（2）如果一个信号在频率上严格受限，则该信号在时域上就会是无限的，尽管其幅度可能会逐渐减小。如果一个信号的傅里叶变换在一个有限的带宽之外都等于 0，我们说这个信号在频率上严格受限或带宽有限。sinc 脉冲就是一个带宽严格受限信号的例子，如图 2-8 所示。该图还表明，sinc 脉冲只是在时间上渐进的有限，理论上时域是无限宽的。相反，如果一个信号在时间上严格有限（即该信号在一个时间间隔之外严格地等于 0），那么，该信号的频谱就是无限宽的，即使频谱的幅度可能会逐渐减小。矩形脉冲（图 2-4）就是一个典型的例子，图中的矩形脉冲时域严格有限，其频域就是无限宽的，虽然越是远离中心频率的谐波分量幅度越小。所以说，一个时域严格有限的信号其频域一定是无限的，反之一个频域严格有限的信号其时域一定是无限的，不可能对一个信号同时在时域和频域进行严格限制。

2.2.5　信号的带宽

　　一个信号的带宽定义为该信号频谱中正频率的频率范围。当信号的带宽严格有限时，带宽定义就非常明确。例如，图 2 - 8 中 sinc 脉冲函数的带宽等于 W。然而，通常情况下信号的带宽不是严格有限的，这时定义信号的带宽就会比较困难。实际上，信号带宽并没有一个统一的定义，而是根据实际应用情况确定的。

　　下面介绍三种比较常用的定义信号带宽的情况，因为这三种情况的定义公式取决于信号是低通的还是带通的，所以首先来认识一下低通信号和带通信号。如果一个信号的主要频谱成分处于 $f = 0$ 附近，就说这个信号是低通信号；如果一个信号的主要频谱成分处于远离 $f = 0$ 的 $\pm f_c$ 附近，就说这个信号是带通信号，这里 f_c 是一个频率常数。

　　如果一个信号的频谱相对于一个具有严格 0 点边界（即边界点上的频谱为 0）的主瓣是对称的，这时可以基于频谱的主瓣定义信号带宽。这样做的理由是频谱主瓣包含了信号能量的主要部分。如果是低通信号，带宽就定义为主瓣总宽度的 1/2，因为主瓣总宽度只有一半处于正频率轴的范围内。例如，宽度为 T 秒的矩形脉冲频谱，是一个以坐标原点为中心、主瓣宽度为 $2/T$ Hz 的形状，如图 2 - 4(b)所示，这时可以定义矩形脉冲信号的带宽为 $1/T$ Hz。

　　对于带通信号，频谱主瓣以 $\pm f_c$ 为中心（这里 $f_c \gg 0$），这时信号带宽定义为正频率部分的主瓣宽度，这种定义方法称为 0 到 0 带宽。例如，宽度为 T 秒的 RF 脉冲以 $\pm f_c$ 为中心的两个频谱主瓣（正负频率半轴上各有一个主瓣）宽度都是 $2/T$ Hz，如图 2 - 9(b)所示。因此可以定义这个 RF 脉冲的 0 到 0 带宽为 $2/T$ Hz。基于这种定义方法，可以得出这样的结论：将低通信号向高频搬移一个足够大的频率后，所形成带通信号的带宽是低通信号的两倍。通信系统中的调制过程就可以实现这样的频率变换。

　　另一个使用较多的带宽定义是 3-dB 带宽。对于低通信号，3-dB 带宽定义为频谱幅度峰值的 0 频率点同频谱幅度下降为峰值的 $1/\sqrt{2}$ 处的正频率点之间的频率间隔。另一方面，对于以 $\pm f_c$ 为中心频率的带通信号，3-dB 带宽定义为正频率轴上两个频谱幅度下降为 f_c 处峰值 $1/\sqrt{2}$ 的两个点的频率间隔。

　　信号带宽的第三种度量方法是均方根（rms）带宽。假设一个低通信号的时间函数为 $g(t)$，对应的傅里叶变换为 $G(f)$，该信号的均方根带宽定义为

$$W_{\text{rms}} = \left[\frac{\int_{-\infty}^{\infty} f^2 |G(f)|^2 \mathrm{d}f}{\int_{-\infty}^{\infty} |G(f)|^2 \mathrm{d}f} \right]^{1/2} \tag{2-35}$$

2.2.6　时宽带宽积

　　由于信号的时域和频域具有倒数关系，可以推得，任何脉冲信号的脉冲持续时间同其频谱带宽的乘积都是一个常数，即

$$\text{脉冲持续时间} \times \text{脉冲信号频谱带宽} = \text{常数}$$

这个常数称为"时宽带宽积"。同时，时宽带宽积的常数特性也说明了信号的时域表示与频

域表示之间的反比关系。具体来说，如果一个信号的持续时间宽度被压缩一个因子 a，即该信号的时间宽度变为原来的 $1/a$，则这个信号的带宽就会展宽 a 倍，而使得时宽带宽积保持不变。例如，如果一个信号的时间带宽积等于 1，一个持续时间为 T 秒的矩形脉冲信号的带宽（频谱主瓣的正频率部分）等于 $1/T$ Hz，如果这个矩形脉冲信号的持续时间压缩 a 倍，即压缩到 T/a 秒，则这个脉冲信号的频谱带宽就会展宽 a 倍，变成 a/T。

时宽带宽积的主要作用在于可以应用这一特点非常直观地判断一个信号的带宽，这一点在我们选择通信信号时变得很直观。

2.3　模拟信号的数字化

我们已经知道信源有模拟信源和数字信源两种，模拟信源产生的是模拟信号，数字信源产生的是数字信号，传输模拟信号的通信系统是模拟通信系统，数字通信系统传输的是数字信号。总结起来数字通信系统相比模拟通信系统具有如下一些优点：

（1）传输性能好。在模拟通信系统中，信道传输造成的信号失真和信道噪声的影响都会不断累积，这种对信号损伤的累积最终会超过系统性能允许的程度。传输信道上安装中继放大器也不能改善系统性能，因为这种放大器对信号与噪声进行放大的程度是一样的。而数字通信系统传输的是数字信号，数字信号传输过程中可以使用再生中继器来消除信道噪声和信号失真的积累，从而大大改善传输性能。

（2）抗干扰能力强。与模拟通信系统传输可以取无限个数值的模拟信号不同，数字通信系统传输的是状态有限的数字量，通常只有数字 0 和 1，电路中可以用信号的两个幅度值表示 0 和 1，同时设定一个门限值，以这个门限值为界限判定传输的是 0 还是 1。这样，只要干扰和失真不超过系统设定的这个门限值，系统性能就不会受到影响。远距离传输时，可以采用中继再生的办法消除前一阶段传输过程中产生的干扰，使噪声的影响不会累积到下一个传输阶段。所以数字通信系统具有很强的抵抗各类干扰和噪声的能力。

（3）传输可靠性高。计算机技术和先进的数字信号处理技术已经普遍地应用于数字通信系统中，这使得各种高性能的纠错编码技术和检测技术的应用非常方便，应用这些技术，接收端可以估计出发送端传出的几乎无法辨认的消息信号，从而使数字通信系统具有很高的传输可靠性。

（4）信息安全性高。数字通信系统可以应用数字处理技术实现高性能的加密算法，因此具有很高的信息安全性。

（5）利于数字通信系统采用时分复用实现多路传输。数字信号本身可以很容易地用离散时间信号表示，在两个离散时间信号之间可以插入多路离散时间信号，因而便于实现时分多路复用。

（6）便于系统集成化。数字化大规模集成电路的应用已经非常普遍，这不仅有助于减小设备体积、降低功耗和实现低成本设计，而且使数字系统的设计非常灵活，这在模拟通信系统中是不可能做到的。

虽然数字通信技术具有突出的优点，但数字通信技术也有一些需要克服的问题。首先，数字通信占用频带宽，一路模拟语音电话的信号带宽为 4 kHz，一路固定数字电话信号的频带宽度为 64 kHz，数字信号带宽远大于模拟信号带宽。目前，随着数字压缩技术和微波通信、光纤通信、卫星通信等宽带通信技术的发展，数字通信技术占用频带宽的问题已经不是主要问题了。其次，数字通信系统一般要比模拟通信系统设计复杂，而且成本要高出许多。这主要是数字技术在通信系统中的应用是基于计算机技术的，计算机技术使得数字通信系统可以克服模拟通信系统所无法克服的各种困难，包括通信的有效性、可靠性和信息保密等各方面。先进技术的应用解决了许多问题，也使得系统设计更复杂、成本更高。目前，应用数字信号处理器的强大计算能力及其所提供的灵活性，可以在数字通信系统的设计成本与有效性之间进行合理的折中，超大规模集成电路(VLSI)的不断进步也为这种折中提供了更好的条件。

当前应用的通信系统主要是数字通信系统。为了在数字通信系统中传输模拟信号，就需要首先将模拟信号数字化，其次是多路信号的复用传输。

2.3.1　脉冲编码调制

脉冲编码调制(Pulse Code Modulation，PCM)是一种实现模拟信号数字化的方法，其原理框图如图 2 - 12 所示。PCM 在光纤通信、数字微波通信和卫星通信系统中得到了广泛应用。

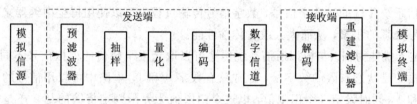

图 2 - 12　PCM 原理框图

脉冲编码调制包括抽样、量化和编码三个过程。抽样就是将模拟信号转换成离散时间连续幅度的抽样信号，抽样输出的样本信号在时间上是离散的，但在幅度取值上仍然是连续的，因此可能有无限个幅度取值。量化是将抽样信号的幅度取值离散化，即将可能有无限个取值的抽样信号近似为有限个取值的量化信号(共有 N 个量化值)。由于量化后的信号是有限个取值的离散信号，因此量化信号就已经是数字信号了，可以看成是一种多进制的数字脉冲信号。编码就是用二进制码组表示上述 N 个量化值，国际上标准的 PCM 编码是用一个八位二进制码组表示一个量化值。

2.3.2　模拟信号的抽样

如图 2 - 13(a)所示，考虑一个在时间和幅度上都连续的模拟信号 $g(t)$，抽样就是在一些离散的时间点上抽取模拟信号的样值。假设我们对模拟信号 $g(t)$ 以等间隔 T_s 抽取该信号的样值(称为等间隔抽样)。理论上，这个抽样过程可以看成是用一个周期为 T_s 的周期性单位冲激脉冲序列 $\delta_T(t)$(其每一个脉冲都是冲激函数)与这个模拟信号 $g(t)$ 相乘，如图 2 - 13(b)所示。抽样的结果得到一系列周期性的冲激脉冲，每一个冲激脉冲的面积正比于对应时间点上模拟信号的取值，抽样获得的这些冲激脉冲就是模拟信号 $g(t)$ 的样本序列，如图 2 - 13(c)所示。

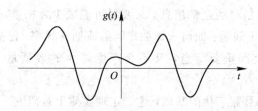

(a) 模拟信号$g(t)$的波形

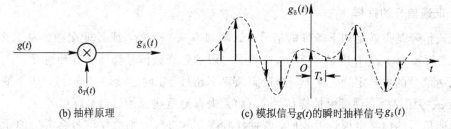

(b) 抽样原理

(c) 模拟信号$g(t)$的瞬时抽样信号$g_\delta(t)$

图 2 - 13 抽样原理示意图

单位脉冲冲激序列 $\delta_T(t)$ 的表达式为

$$\delta_T(t) = \sum_{n=-\infty}^{\infty} \delta(t - nT_s) \ (n = 0, \pm 1, \pm 2, \pm 3, \cdots)$$

如用

$$g_\delta(t) = \{g(nT_s)\}$$

表示抽样后得到的样本序列，则有

$$g_\delta(t) = g(t)\delta_T(t) = \sum_{n=-\infty}^{\infty} g(nT_s)\delta(t - nT_s) \qquad (2-36)$$

抽样结果得到一个间隔为 T_s 的样本的无穷序列，这种理想的抽样方式称为瞬时抽样。瞬时抽样所得到的样本信号 $g_\delta(t)$ 称为抽样信号。

假设模拟信号的傅里叶变换为 $G(f)$，抽样信号 $g_\delta(t)$ 的傅里叶变换为 $G_\delta(f)$，则应用傅里叶变换的频域卷积性质，可以得到：

$$G_\delta(f) = G(f) * F[\delta_T(t)] = G(f) * f_s\delta_T(f)$$

$$= f_s \sum_{m=-\infty}^{\infty} G(f - mf_s) \qquad (2-37)$$

式(2-37)说明，对一个模拟信号进行均匀采样，结果得到一个具有周期性频谱的采样信号，其周期性频谱的重复频率等于采样频率。

理想的冲激函数在实际中是不存在的，实际中常用一个持续时间为 Δt、幅度为 $g(nT_s)/\Delta t$ 的矩形窄脉冲来近似冲激函数，Δt 越小近似程度越高。

抽样将模拟信号变成了时间离散信号，显然，抽样间隔 T_s 越小，抽样信号 $g_\delta(t)$ 就越接近原始的模拟信号，但这样得到的样本数多，量化和编码后输出的数据量大，会给后续的数据处理和传输增加负担。反过来，抽样间隔 T_s 越大，输出的样本数会越少，量化和编码后产生的数据量就少，这对后续的处理和传输都越有利。但是，如果抽样间隔 T_s 过大，可能造成抽样信号与原始模拟信号的差别太大，甚至抽样信号会丢失原始信号的重要信息，使得从抽样信号重建模拟信号时产生很大的误差。从通信的角度考虑，我们希望抽样信号既能包含原始模拟信号的全部信息，又要尽可能减少数据量，以便于提升通信传输的有效性。因此就存在一个问题：如何选择抽样间隔或抽样频率，使抽样信号 $g_\delta(t)$ 既包含原始模拟信号所携带的全部重要信息，又不会产生过大的数据量。抽样定理回答了这个问题。

抽样定理是模拟信号数字化的基础，这个定理实质上是研究一个连续时间模拟信号抽样变成离散信号后，能否由离散的抽样信号重建原始模拟信号的问题。

1. 低通信号的抽样

低通信号是指满足如下条件的信号：低端频率从 0 开始，或者低端频率从某个 f_L 开始，高端频率为 f_H，并满足 $f_L < f_H - f_L$。一般的音视频信号都属于这种情况。

低通信号的抽样定理：对于一个最高频率不超过 f_H 的连续信号 $g(t)$，如果抽样频率 f_s 大于或等于 $2f_H$，则可由抽样信号 $g_\delta(t)$ 无失真地重建原始信号 $g(t)$。

低通信号的抽样定理告诉我们，若抽样频率 $f_s < 2f_H$，则抽样信号会丢失原始模拟信号的信息，使用抽样信号重建原始模拟信号时会产生失真。

从信号频谱上进行分析可以比较容易地理解产生失真的原因，图 2-14 说明了这个问题。其中图 2-14(a)表示原始信号 $g(t)$ 的频谱，很明显这是一个低通信号的频谱。图 2-14(b)是 $f_s > 2f_H$ 情况下抽样信号的频谱，它是原始模拟信号频谱按照抽样频率在频率轴上的重复出现，这时没有频谱交叠现象。

图 2-14(d)是一个理想低通滤波器的频率响应特性，滤波器的带宽是 B。从抽样信号重建原始模拟信号的时候，需要用具有这种频率响应特性的滤波器将原始的低通模拟信号取出来，因此这里要求低通滤波器的带宽为 $B = f_H$。显然，对于图 2-14(b)所示频谱的抽样信号，使用这样的低通滤波器可以精确地重建原始模拟信号。

对于图 2-14(c)所示的情况，由于抽样频率 $f_s < 2f_H$，因此抽样信号的频谱出现了混叠。显然，如果这时用图 2-14(d)所示特性的滤波器重建原始模拟信号 $g(t)$，频谱混叠会使得信号失真。这种失真称为频谱混叠失真。

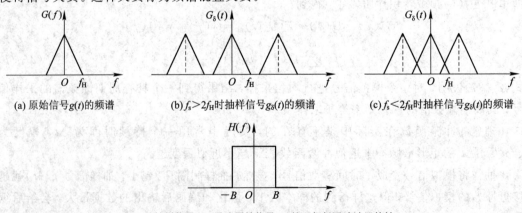

(a) 原始信号 $g(t)$ 的频谱　　　(b) $f_s > 2f_H$ 时抽样信号 $g_\delta(t)$ 的频谱　　　(c) $f_s < 2f_H$ 时抽样信号 $g_\delta(t)$ 的频谱

(d) 从抽样信号 $g_\delta(t)$ 重建原始信号 $g(t)$ 的理想低通滤波器特性

图 2-14　抽样前后的频谱及频谱混叠现象

2. 带通信号的抽样

实际中经常遇到的是频带限制在 (f_L, f_H) 的带通信号，其中 f_L 为下截止频率，f_H 为上截止频率。这时，对带通信号的抽样，并不一定要求抽样频率高于上截止频率的两倍。

带通信号的抽样定理：对于一个下截止频率为 f_L、上截止频率为 f_H 的带通信号，此带通信号所需要的最小抽样频率为

$$f_s = 2(f_H - f_L)\left(1 + \frac{k}{n}\right) = 2B\left(1 + \frac{k}{n}\right), \quad 0 < k < 1, \quad n = 1, 2, \cdots \qquad (2-38)$$

式中，$B = f_H - f_L$ 为消息信号的带宽，n 为商 (f_H/B) 的整数部分，k 为商 (f_H/B) 的小数部分。对于式 (2-38) 有以下分析：

(1) 当 $f_L = 0$ 时，$n = 1$，$k = 0$，$f_s = 2B$，这就是低通模拟信号的抽样频率。

(2) 当 $0 < f_L < B$ 时，$n = 1$，$0 < k < 1$，$2B < f_s < 4B$。

(3) 当 $f_L = B$ 时，$n = 2$，$k = 0$，$f_s = 2B$ (即回到了低通信号的抽样频率)。

(4) 当 $B < f_L < 2B$ 时，$n = 2$，$0 < k < 1$，$2B < f_s < 3B$。

(5) 当 $f_L = 2B$ 时，$n = 3$，$k = 0$，$f_s = 2B$ (又回到了低通信号的抽样频率)。

以此类推。

可见，带通信号的抽样频率在 $2B$ 和 $4B$ 之间变动，并且 f_L 越大，抽样频率越靠近 $2B$。实际上，f_L 很大时的带通信号属于窄带信号，无线通信接收机中的射频信号和中频信号都属于这种情况。对于窄带信号的情况，由于 $n = \dfrac{f_H}{B} = \dfrac{f_H}{f_H - f_L}$ 一般远大于 1，因此 $\dfrac{k}{n}$ 很小，f_s 趋近于 $2B$。这说明窄带信号的抽样频率 f_s 可以取为略大于 $2B$。f_s 与 f_L 的关系曲线如图 2-15 所示。

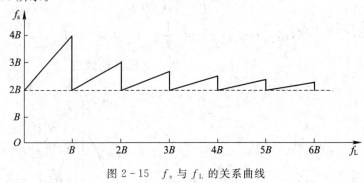

图 2-15　f_s 与 f_L 的关系曲线

3. 实际抽样

上面介绍抽样定理时，讲到的冲激抽样脉冲序列 $\delta_T(t)$ 是一种理想情况，实际中是不存在这样的冲激脉冲的，所有实际的脉冲都会有一定的持续时间宽度。在实际应用中，一般是用矩形窄脉冲作为冲激脉冲的近似对模拟信号 $g(t)$ 抽样，并用"抽样保持电路"产生抽样信号 $g_h(t)$，抽样保持电路会将抽样信号的电压保持一段时间 T，这样产生的抽样信号 $g_h(t)$ 是一个具有平顶的矩形脉冲序列，所以这种抽样也称为平顶抽样。实际抽样的原理如图 2-16(a) 所示，原始消息信号与抽样信号的波形关系如图 2-16(b) 所示，图中虚线为消息信号 $g(t)$ 的波形，实线画出的矩形脉冲序列是抽样信号 $g_h(t)$，T 为抽样信号的

时间宽度，T_s 为抽样周期。所以实际抽样过程分为两个步骤：

（1）根据抽样定理来选取抽样频率 $f_s = 1/T_s$，对消息信号 $g(t)$ 进行间隔为 T_s 的瞬时抽样。

（2）用抽样保持电路将样本的持续时间展宽到一个有限值 T。

由图 2-16(b)可以看出，抽样的过程相当于用模拟消息信号对一个矩形脉冲串进行幅度调制，所以这种抽样过程也称为脉冲幅度调制(Pulse Amplitude Modulation，PAM)，抽样保持的输出信号 $g_h(t)$ 也称为 PAM 信号。

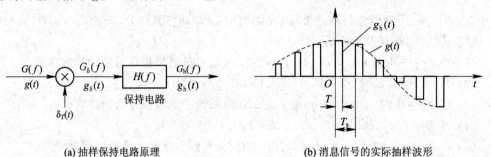

(a) 抽样保持电路原理　　(b) 消息信号的实际抽样波形

图 2-16　实际抽样原理

图 2-16 中的 PAM 信号可以表示为

$$g_h(t) = \sum_{n=-\infty}^{\infty} g(nT_s)h(t-nT_s) \qquad (2-39)$$

式中，T_s 为抽样周期，$g(nT_s)$ 为在时刻 $t=nT_s$ 处所得 $g(t)$ 的抽样值，$h(t)$ 为标准的单位幅度矩形脉冲，如图 2-17(a)所示，脉冲宽度为 T，$h(t)$ 由下式定义：

$$h(t) = \mathrm{rect}\frac{t-\frac{T}{2}}{T} = \begin{cases} 1, & 0 < t < T \\ \frac{1}{2}, & t=0 \text{ 或 } t=T \\ 0, & t \text{ 取其他数值} \end{cases} \qquad (2-40)$$

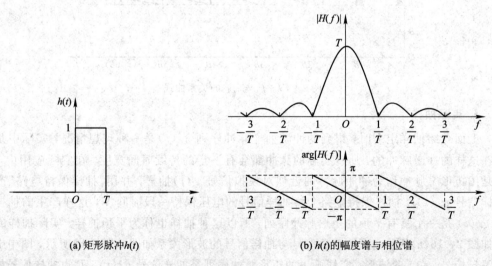

(a) 矩形脉冲 $h(t)$　　(b) $h(t)$ 的幅度谱与相位谱

图 2-17　矩形脉冲 $h(t)$ 及其频谱

根据定义，$g(t)$ 的瞬时抽样可由下面的式子表示：

$$g_\delta(t) = \sum_{n=-\infty}^{\infty} g(nT_s)\delta(t-nT_s) \tag{2-41}$$

式中 $\delta(t-nT_s)$ 是一个时移的冲激函数。为了将 $g_\delta(t)$ 变换成与 PAM 信号 $g_h(t)$ 一样的形式，我们将 $g_\delta(t)$ 与脉冲 $h(t)$ 进行卷积，得到

$$g_\delta(t) * h(t) = \int_{-\infty}^{\infty} g_\delta(t)h(t-\tau)\mathrm{d}\tau$$

$$= \int_{-\infty}^{\infty} \sum_{n=-\infty}^{\infty} g(nT_s)\delta(\tau-nT_s)h(t-\tau)\mathrm{d}\tau$$

$$= \sum_{n=-\infty}^{\infty} g(nT_s)\int_{-\infty}^{\infty} \delta(\tau-nT_s)h(t-\tau)\mathrm{d}\tau \tag{2-42}$$

式中最后一行交换了求和与积分的顺序，由于积分与求和都是线性运算，交换顺序不影响运算结果。

根据冲激函数的时移性质，得到

$$\int_{-\infty}^{\infty} \delta(\tau-nT_s)h(t-\tau)\mathrm{d}\tau = h(t-nT_s)$$

因此式 (2-42) 简化为

$$g_\delta(t) * h(t) = \sum_{n=-\infty}^{\infty} g(nT_s)h(t-nT_s) \tag{2-43}$$

式 (2-39) 和式 (2-43) 中的求和项是等同的，因此得到：PAM 信号 $g_h(t)$ 在数学上等于 $g(t)$ 的瞬时抽样值 $g_\delta(t)$ 与脉冲 $h(t)$ 的卷积，即

$$g_h(t) = g_\delta(t) * h(t) \tag{2-44}$$

对式 (2-44) 两边同时取傅里叶变换，并考虑到两个时间函数卷积的傅里叶变换等于两者分别进行傅里叶变换的乘积，得到

$$G_h(f) = G_\delta(f)H(f) \tag{2-45}$$

式中

$$G_h(f) = F[g_h(t)]$$
$$G_\delta(f) = F[g_\delta(t)]$$
$$H(f) = F[h(t)]$$

从式 (2-37) 可以看出，傅里叶变换 $G_\delta(f)$ 同原始消息信号 $g(t)$ 有如下关系：

$$G_\delta(f) = f_s \sum_{n=-\infty}^{\infty} G(f-nf_s) \tag{2-46}$$

式中，$f_s = 1/T_s$ 为抽样频率。将式 (2-46) 代入式 (2-45) 得到

$$G_h(f) = f_s \sum_{n=-\infty}^{\infty} G(f-nf_s)H(f) \tag{2-47}$$

给定一个 PAM 信号 $g_h(t)$，该信号的傅里叶变换由式 (2-47) 定义。

为了将模拟信号数字化，获得 PAM 信号之后还需要对其进行量化处理，下面讨论量化的问题。

2.3.3 抽样信号的量化

抽样信号是脉冲幅度调制信号，即 PAM 信号。抽样信号的幅度取值仍然是连续的，可能取模拟信号幅度范围内的任意电平数值，这样的信号无法用有限位的二进制数字信号进行编码。为了进行编码处理，还需要对抽样信号的幅度电平进行量化，量化就是将离散时间的抽样信号变换为具有有限电平数的离散幅度信号。

量化过程首先将抽样信号在幅度上分层，然后对处于每一个分层范围内的抽样信号进行四舍五入近似，归并到某一个固定的分层电平值上，如图 2-18 给出了一个量化过程的示例。图 2-18(a)示出的是抽样信号与原始模拟信号的关系，用虚线画出的曲线代表原始模拟信号波形，与纵轴平行的粗实线表示抽样信号，每一个抽样信号的幅值都等于对应时刻上原始模拟信号的幅值。纵轴上的刻度数值表示量化分层，量化就是要将抽样信号的取值按照四舍五入的规则近似到这些量化电平上，Δ 是相邻量化分层之间的间隔，简称量化间隔。图 2-18(b)给出了量化后的输出信号，输出信号电平只有量化分层的电平。

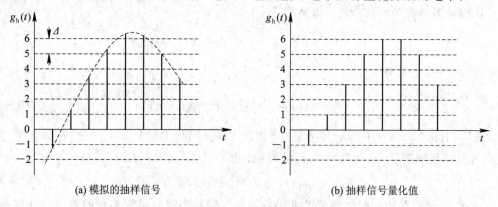

(a) 模拟的抽样信号 (b) 抽样信号量化值

图 2-18　量化过程示意图

量化的过程是一个对抽样信号幅值近似的过程，所以量化过程会带来误差，量化误差也称为量化噪声，如果按照四舍五入的原则进行量化，最大的量化误差是 $\Delta/2$。信号功率与量化噪声功率之比称为信号量噪比，信号量噪比是代表量化过程对信号质量影响的重要参数。显然，量化分层越多，量化噪声就越小，但是量化分层越细，量化电平数就越多，二进制编码位数也越多，编码数据量也就越大，这是后续的信号处理和通信传输所不希望的。

实际的量化方式有两种：均匀量化和非均匀量化。均匀量化是量化分层间隔 Δ 相等的量化方式，输入和输出之间是一个均匀的阶梯关系，如图 2-19(a)所示。图中 u_i 表示量化器输入，u_o 表示量化器输出。

均匀量化存在一个严重的问题：由于量化间隔是均匀的，不论输入信号大小，其量化误差是一样的，从而造成大信号时的信号量噪比大，量化输出信号质量好；小信号时的信号量噪比很小，量化输出信号质量很差，难以达到要求。解决这个问题的办法，就是采用非均匀量化。

非均匀量化的量化间隔是不均匀的，量化间隔随抽样信号的幅值而变化，如图 2-19(b)所示。抽样信号幅值小的时候，量化间隔也小，因此量化误差小；抽样信号幅值大的时候，量化间隔也大，因此量化误差大。这样处理可以使小信号与大信号时的信号量噪比趋于一致。

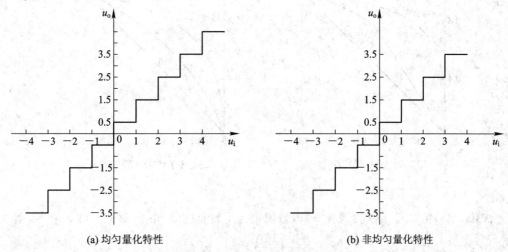

(a) 均匀量化特性　　　　　　　　(b) 非均匀量化特性

图 2-19　两种类型的量化器特性

　　实际中，采用非均匀量化更合适。举例来说，语音信号所覆盖的电压变化范围，从电压的峰值到微弱的部分相差可能达到 1000 倍，在这种情况下采用非均匀量化，使量化间隔根据输入-输出特性幅度的增大而增大，在对应语音较低的部分使用较小的量化间隔，而在对应语音较强的部分采用较大的量化间隔。这样就可以在比较大的输入信号动态范围（即输入信号的取值变化范围）内达到近乎均匀的信号量噪比。

　　为了实现非均匀量化，通常是在量化之前先对抽样信号进行非线性压缩，压缩过程使小信号适当地放大，而对大信号作适当地压缩，然后再对压缩后的信号实施均匀量化。发送端这样处理后，接收端进行相反的变换来恢复原始的消息信号。

　　按照在输入信号电平变化的动态范围内使信号量噪比尽可能保持一致的要求，需要量化器具有对数量化特性。相比均匀量化，对数量化的特点是大信号时的信号量噪比略有降低，小信号时的信号量噪比明显提升。目前国际上通用的对数压缩特性有两种，分别是 A 律对数压缩特性和 μ 律对数压缩特性。

　　A 律对数压缩特性定义为

$$y = \begin{cases} \dfrac{Ax}{1+\ln A}, & 0 \leqslant x \leqslant \dfrac{1}{A} \\ \dfrac{1+\ln(Ax)}{1+\ln A}, & \dfrac{1}{A} < x \leqslant 1 \end{cases} \tag{2-48}$$

式中对数运算为自然对数，x 和 y 分别为归一化的输入和输出电压，$A(>0)$ 是压缩系数，国际标准中取 $A=87.6$。可以看出，在 $0 \leqslant x \leqslant \dfrac{1}{A}$ 范围内，输入输出之间是线性关系；在 $\dfrac{1}{A} < x \leqslant 1$ 范围内，输入输出之间是对数关系。图 2-20(a)中画出了 A 取不同数值情况下的 A 律对数压缩特性曲线。

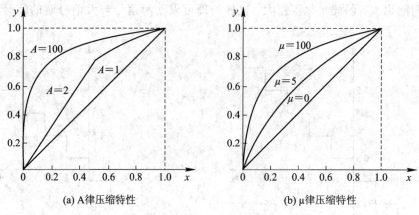

(a) A律压缩特性　　　　　　　　　(b) μ律压缩特性

图 2-20　压缩律特性图示

式(2-48)第二行函数的倒斜率(该数值决定了量化间隔)由 x 对 y 的微分给出,即

$$\frac{\mathrm{d}x}{\mathrm{d}y}=\frac{1}{\frac{\mathrm{d}y}{\mathrm{d}x}}=\begin{cases}\dfrac{1+\ln A}{A}, & 0\leqslant x\leqslant \dfrac{1}{A}\\[3mm](1+\ln A)x, & \dfrac{1}{A}<x\leqslant 1\end{cases}\qquad(2-49)$$

从式(2-49)的第一行可以推断,线性部分(这一段主要影响小信号)的量化间隔被压缩了一个因子 $A/(1+\ln A)$ 。

μ律对数压缩特性定义如下:

$$y=\frac{\ln(1+\mu x)}{\ln(1+\mu)},\quad 0\leqslant x\leqslant 1\qquad(2-50)$$

式中, $\mu>0$ 为压缩系数,国际标准中取 $\mu=255$ 。为方便表示,量化器的输入和输出都是 $0\sim1$ 之间的归一化无量纲数值,如图 2-21(b)所示,图中画出了 μ 取不同数值情况下的 μ 律压缩特性曲线。对于一个给定的 μ 值,压缩曲线的倒斜率由 x 对 y 的微分给出,即

$$\frac{\mathrm{d}x}{\mathrm{d}y}=\frac{\ln(1+\mu)}{\mu})(1+\mu x)\qquad(2-51)$$

可以看出, μ 律压缩特性既不是严格的线性曲线也不是严格的对数曲线,但其在对应 $\mu x\ll1$ 的低输入电平处接近直线,而在对应 $\mu x\gg1$ 的高输入电平处接近对数曲线。

图 2-20 仅给出的是压缩特性上半区域 1/2 的内容,实际上是上、下半区域各有一条压缩特性曲线,两条曲线关于原点奇对称。

在早期,A 律压缩特性和 μ 律压缩特性使用模拟的非线性电路方法实现,现在都是采用数字电路技术实现,采用 13 折线法来近似 A 律压缩特性,采用 15 折线法来近似 μ 律压缩特性,从而形成了国际上标准的两种压缩特性:A 律 13 折线压缩特性和 μ 律 15 折线压缩特性。μ 律 15 折线压缩特性($\mu=255$)主要用于美国、加拿大和日本等国;A 律 13 折线压缩特性($A=87.6$)主要用于欧洲各国,我国也采用 A 律 13 折线压缩特性。

图 2-21 为实际的 A 律 13 折线压缩特性示意图($A=87.6$), x 轴为量化信号输入, y 轴为压缩后的量化信号输出,输入输出均按归一化处理,所以输入和输出信号的范围都是 $0\sim1$ 。图中 x 轴按照以 $1/2^n$ 递减的方式分段,正半轴分段点横坐标分为 1/128、1/64、1/32、1/16、1/8、1/4 和 1/2,负半轴分段点横坐标分别为 -1/2、-1/4、-1/8、-1/16、

−1/32、−1/64 和−1/128。y 轴上下半轴分别均匀地分成 8 段，上半轴分段坐标分别为 1/8、2/8、3/8、4/8、5/8、6/8、7/8、1，下半轴分段坐标分别是−1/8、−2/8、−3/8、−4/8、−5/8、−6/8、−7/8、−1。这样 9 个坐标点(0,0)、(1/128，1/8)、(1/64，2/8)、(1/32，3/8)、(1/16，4/8)、(1/8，5/8)、(1/4，6/8)、(1/2，7/8)、(1,1)在上半区域形成 8 个折线段，这 8 个折线段用于近似上半区域的压缩特性。类似地，下半区域也由 8 个折线段对下半区域的压缩特性作近似。

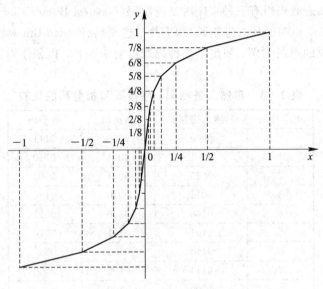

图 2-21　A 律 13 折线压缩特性

　　然后对每个折线段按 y 轴均匀量化，每个折线分成 16 个量化间隔，这样上半区域和下半区域各得到 16×8＝128 个量化间隔，合起来是 256 个量化间隔。由于折线段的长度不同，因此当沿 y 轴均匀量化的时候，沿 x 轴的量化间隔是不同的，最长折线的一个量化间隔等于最短折线的 64 个量化间隔。通过这种非均匀的量化，使小信号得到扩张，大信号得到压缩，在信号的整个输入动态范围内保持相同的信号量噪比。

　　按照上述划分折线的方式，折线总数应该是 16 条，上、下半区域各有 8 条。但是图 2-21中靠近原点的第一段(对应横坐标的 0～1/128 区间)和第二段(对应横坐标的 1/128～1/64 区间)两段折线斜率相同。同时上、下半区间的折线关于原点对称，因此下半区域的第一条和第二条折线同上半区域的第一条和第二条折线是对称的，这 4 条折线斜率相同，实际是一条折线。所以上、下半区域合并后实际只有 13 条折线，这就是为什么称这种压缩特性为 A 律 13 折线压缩特性。

2.3.4　量化信号的编码

　　将抽样信号按照 A 律 13 折线压缩特性或者 μ 律 15 折线压缩特性量化之后，接下来的工作就是对量化的抽样信号进行编码。编码就是将量化后的抽样信号用二进制数字码的组合来表示，其中每一种组合叫作一个码组。所以对抽样信号进行编码，就是将抽样信号的量化电平变换成对应的二进制码组。

在二进制码组中，每一位二进制数字码只能表示两种状态之一，通常表示为 0 和 1。假设二进制码组的位数是 R 位（bit），采用这种码组就可以表示 2^R 种不同的状态或数值。例如，两位二进制数字码有四种组合，即 00、01、10、11，则两位的二进制编码可以表示四种状态或数值。如果一个抽样信号量化为 256 个电平，则这个抽样信号就可以用一个 8 bit 的二进制码组表示，因为八位的二进制码组有 $2^8 = 256$ 种不同的组合，可以表示 256 个不同的数值。码组中二进制数字码的位数越多，可能的组合就越多，可能表示的数值就越多。

目前使用的二进制码组有三种：自然二进制码（Natural Binary Code）、格雷二进制码（Gray Binary Code，也叫循环二进制码）和折叠二进制码（Folded Binary Code）。表 2-3 以四位二进制码构成的码组为例，列出了三种码组的对应关系，以便于对比三种码组的编码规律。

表 2-3　自然二进制码、格雷码和折叠码的比较

电平序号	自然二进制码	格雷码	折叠码
0	0000	0000	0111
1	0001	0001	0110
2	0010	0011	0101
3	0011	0010	0100
4	0100	0110	0011
5	0101	0111	0010
6	0110	0101	0001
7	0111	0100	0000
8	1000	1100	1000
9	1001	1101	1001
10	1010	1111	1010
11	1011	1110	1011
12	1100	1010	1100
13	1101	1011	1101
14	1110	1001	1110
15	1111	1000	1111

自然二进制码就是一般十进制正整数的二进制表示，是权重码，码组中的每一位数字码都有确定的权值，最左边的码位权值最高，权值的排列依次是 2^{l-1}，2^{l-2}，…，2^1，2^0，其中 l 是码组的码位。表中列出的是四位码的码组，各位的权值就是 2^3、2^2、2^1、2^0，即 8、4、2、1。一个自然二进制码组所表示的十进制数值可以按照下式计算：

$$A = a_l 2^{l-1} + a_{l-1} 2^{l-2} + \cdots + a_2 2^1 + a_1 2^0 \qquad (2-52)$$

式中，a_l，a_{l-1}，…，a_2，a_1 为二进制码组中从左到右排列的各二进制数字码的取值（1 或 0）。例如表 2-3 中电平序号为 9 的自然二进制码是 1001，其对应的十进制数值就是 $A = a_4 2^3 + a_3 2^2 + a_2 2^1 + a_1 2^0 = 1 \times 2^3 + 0 \times 2^2 + 0 \times 2^1 + 1 \times 2^0 = 9$。

格雷码不是权重码，每一位没有权值，不能直接计算电平的数值大小，需要转换成自然二进制码再进行计算。格雷码的特点是相邻码组只有一位不同，最大电平和最小电平对应的码组也只有一位不同（此特点即是被称为循环码的原因），因此相邻电平转换时对应的

码组只有一位发生变化。数字电路中常要求代码按一定顺序变化,若这时采用自然二进制码,则由数值 0111 变到 1000 时四位均要变化,而在实际电路中四位的变化不可能绝对同步发生,这时可能导致电路状态错误,使用格雷码就可以避免这种情况的出现。

折叠码适合于表示正负对称的双极性信号,其最高位用于表示信号的极性,其余各位码表示信号的绝对电平值。在表 2−3 的折叠码中,第 0～7 个量化值对应于负极性电压,第 8～15 个量化值对应于正极性电压。除最高位外,其余位以中心量化电平(表中电平序号 7 和 8 之间)为界上下对称,呈折叠关系,故称为折叠码。通信系统中大多采用折叠码,PCM 编码采用的也是折叠码。

这里主要以 A 律 13 折线压缩特性编码为例简单介绍编码方法,编码采用折叠码。

A 律 13 折线压缩特性是将双极性的输入信号归一化,输入信号正极性的部分归一化到 0～1 的范围,负极性的部分归一化到 −1～0 的范围。并且正负极性的部分各自划分成 8 个不均匀的折线段,每一个折线段又均匀量化成 16 个电平。所以,对 A 律 13 折线压缩特性的输出信号进行编码需要完成四个步骤:

(1) 规定一个极性码,用于标识量化信号的正负极性,这里用折叠码的最高位 a_1 表示信号极性,$a_1=1$ 表示量化信号电平为正,$a_1=0$ 表示量化信号电平为负。

(2) 确定标识量化信号处于哪个折线段的段落码。A 律 13 折线压缩特性在上、下半区域各有 8 个折线段,用三位二进制数字码就可以表示量化电平处于 8 个折线段的哪一个,这里用 $a_2a_3a_4$ 三位码表示段落码。

(3) 给出具体的量化电平编码。因为每一个折线段有 16 个量化间隔,所以用四位二进制数字码就可以表示这 16 种量化电平,这里用 $a_5a_6a_7a_8$ 四位码表示具体的量化电平。

(4) 最后对上述三个部分的编码组合,就可给出按照 A 律 13 折线压缩特性对量化信号的编码,即是由 $a_1a_2a_3a_4a_5a_6a_7a_8$ 组成的八位二进制码组。

表 2−4 给出了正值输入情况下 A 律 13 折线量化值与折叠码的对应关系。表中量化间隔用 Δ_i 表示,最小的量化间隔出现在第一折线段,最小量化间隔为 Δ,表中不同折线段对应的电平范围和起始电平均以 Δ 为度量单位给出,量化间隔 Δ_i 也是以最小量化间隔 Δ 表示的,段内码权值就是该位二进制数字码所对应的最小量化间隔数。下面举例说明具体的编码方法。

表 2−4　A 律 13 折线量化值的折叠码编码表(正值输入)

折线段号	电平范围 (Δ)	段落码			折线段对应 起始电平(Δ)	量化间隔 Δ_i(Δ)	段内码权值(Δ)			
		a_2	a_3	a_4			a_5	a_6	a_7	a_8
1	0～16	0	0	0	0	1	8	4	2	1
2	16～32	0	0	1	16	1	8	4	2	1
3	32～64	0	1	0	32	2	16	8	4	2
4	64～128	0	1	1	64	4	32	16	8	4
5	128～256	1	0	0	128	8	64	32	16	8
6	256～512	1	0	1	256	16	128	64	32	16
7	512～1024	1	1	0	512	32	256	128	64	32
8	1024～2048	1	1	1	1024	64	512	256	128	64

例题 2.9　对某抽样信号采用 A 律 13 折线编码，最小量化间隔为 Δ，抽样信号量化值为 635Δ。求编码后的输出码组，并计算量化误差。

解　求输出码组就是分别确定八位折叠码 $a_1a_2a_3a_4a_5a_6a_7a_8$ 的每一位。

（1）确定极性码 a_1。根据抽样信号量化值 635Δ 为正数，得到极性码 $a_1=1$。

（2）确定段落码 $a_2a_3a_4$。从表 2-4 中可以看出，量化值 635Δ 处于第 7 折线段，所以段落码分别为 $a_2=1$，$a_3=1$，$a_4=0$。

（3）确定段内码 $a_5a_6a_7a_8$。从表 2-4 中可以看出，第 7 折线段的起始电平为 512Δ，段内量化间隔 $\Delta_i=32\Delta$，所以段内量化间隔数为 $635\Delta-512\Delta=123\Delta$。

从表 2-4 中可以分别查出在第 7 折线段内 a_5、a_6、a_7、a_8 对应的权值，根据权值用逐次比较的方法可以得到：

a_5 的权值为 256Δ，段内量化间隔数 $123\Delta<256\Delta$，故 $a_5=0$；

a_6 的权值为 128Δ，段内量化间隔数 $123\Delta<128\Delta$，故 $a_6=0$；

a_7 的权值为 64Δ，段内量化间隔数 123Δ 大于 64Δ，故 $a_7=1$；

a_8 的权值为 32Δ，$123\Delta-64\Delta=59\Delta>32\Delta$，故 $a_8=1$。

（4）将上面的各位码组合起来，就得到编码输出为 $a_1a_2a_3a_4a_5a_6a_7a_8=11100011$。

上述编码输出对应的量化单位是：$512\Delta+64\Delta+32\Delta=608\Delta$。

所以，上述编码输出的量化误差为 27Δ。

例题 2.10　某通信系统采用 A 律 13 折线压缩特性对语音信号编码，最小量化间隔为 Δ，抽样信号为 -95Δ，求编码器输出的码组，并计算量化误差。

解　（1）确定极性码 a_1。根据抽样信号量化值 -95Δ 为正数，得到极性码 $a_1=0$。

（2）确定段落码 $a_2a_3a_4$。从表 2-4 中可以看出，量化值 95 处于第 4 折线段，所以段落码分别为 $a_2=0$，$a_3=1$，$a_4=1$。

（3）确定段内码 $a_5a_6a_7a_8$。从表 2-4 中可以看出，第 4 折线段的起始电平为 64Δ，段内量化间隔 $\Delta_i=4\Delta$，所以段内量化间隔数为 $95\Delta-64\Delta=31\Delta$。

根据表 2-4 中列出的第 4 折线段内 a_5、a_6、a_7、a_8 的权值，用逐次比较的方法可以得到：

a_5 的权值为 32Δ，段内量化间隔数 $31\Delta<32\Delta$，故 $a_5=0$；

a_6 的权值为 16Δ，段内量化间隔数 $31\Delta>16\Delta$，故 $a_6=1$；

a_7 的权值为 8Δ，段内量化间隔数 $31\Delta-16\Delta=15\Delta>8\Delta$，故 $a_7=1$；

a_8 的权值为 4Δ，$31\Delta-16\Delta-8\Delta=7\Delta>4\Delta$，故 $a_8=1$。

（4）将上面的各位码组合起来，就得到编码输出为 $a_1a_2a_3a_4a_5a_6a_7a_8=00110111$。

上述编码输出对应的量化单位是：$64\Delta+16\Delta+8\Delta+4\Delta=92\Delta$。

所以，上述编码输出的量化误差为 3Δ。

习　　题

1.选择题（可以多选）：

（1）周期信号频谱具有的特点是（　　）。

　　A. 周期脉冲信号的频谱是离散的

B. 各次谐波分量的幅度大小正比于脉冲的幅度和时间宽度

C. 谐波幅度随着频率升高而降低，当 $f \to \infty$ 时，谐波幅度趋于 0

D. 理论上周期矩形脉冲信号的带宽是无限的

(2) 信号频率 f 的单位是(　　　　)。

　　A. s　　　　　B. V　　　　　C. Hz　　　　　D. A

(3) 信号相位 ϕ 的单位是(　　　　)。

　　A. s　　　　　B. 弧度　　　　C. Hz　　　　　D. rad

(4) 以下描述中正确的是(　　　　)。

　　A. 能量信号的能量是有限的　　　　　B. 功率信号的能量是有限的

　　C. 功率信号的功率是有限的　　　　　D. 功率信号的能量是无限的

(5) 以下描述中不正确的是(　　　　)。

　　A. 确知信号可以用确定的时间函数来描述

　　B. 各种形式的周期信号都是确知信号

　　C. 随机信号可以用正弦函数来描述

　　D. 白噪声信号是随机信号

(6) 下列描述中不正确的是(　　　　)。

　　A. 周期信号的定义域是$(-\infty, \infty)$区间　　　B. 周期信号的能量是有限的

　　C. 周期信号的频率与周期呈倒数关系　　　　D. 周期信号的幅度是不确定的

(7) 下列描述中正确的是(　　　　)。

　　A. 持续时间越短的脉冲带宽越宽　　　B. 持续时间越长的脉冲带宽越宽

　　C. 持续时间越短的脉冲带宽越窄　　　D. 脉冲持续时间与带宽的乘积为常数

(8) 信号能量的单位是(　　　　)。

　　A. 焦耳　　　B. 瓦特　　　C. 安培　　　D. 伏特

(9) 信号功率的单位是(　　　　)。

　　A. J　　　　　B. W　　　　　C. A　　　　　D. V

(10) 下列描述正确的是(　　　　)。

　　A. 周期信号是功率信号　　　　　B. 随机信号是不确定信号

　　C. 周期信号是确定信号　　　　　D. 单脉冲信号是功率信号

(11) 每秒完成一个循环通常称为(　　　　)。

　　A. 1 兆赫兹(MHz)　　　　　　　　B. 1 兆字节(MByte)

　　C. 1 赫兹(Hz)　　　　　　　　　　D. 1 字节(Byte)

2. 填空题:

(1) 确知信号是指能以确定的函数来表示的_____信号，在定义域内的任何时刻都有确定的_____值。随机信号也叫_____信号，是指不能用精确的数学关系进行描述、也不能预测未来某一时刻准确数值的信号，其取值具有_____性。

(2) 模拟信号数字化过程包括三个步骤：即抽样、量化和编码。模拟信号首先被抽样，模拟信号的抽样在时间上是_____的，但其取值是_____的。量化的结果使抽样信号变成量化信号，其取值是_____的，故量化信号是_____。对量化信号进行编码，最基本和最常用的方法是脉冲编码调制，它将量化后的信号变成_____。

（3）A 律 13 折线 PCM 编码是将每一个抽样值编成 8 位 _____ 码（$a_1a_2a_3a_4a_5a_6a_7a_8$），码位的安排如下：最高位 a_1 为 _____ 码，若抽样值极性为正，则 $a_1=1$，若抽样值极性为负，则 $a_1=0$；$a_2a_3a_4$ 为 _____ 码，它的 8 种可能状态对应 8 个折线段；$a_5a_6a_7a_8$ 为 _____ 码，它的 16 种可能状态代表各段内的 16 个不同的 _____ 级。

3. 判断题：

（1）模拟信号是指在某一个取值范围内可以连续取值的信号。　　　　（　　）

（2）周期信号是能量信号。　　　　　　　　　　　　　　　　　　　（　　）

（3）模拟信号的抽样信号仍然是模拟信号。　　　　　　　　　　　　（　　）

（4）抽样信号量化后的输出信号是数字信号。　　　　　　　　　　　（　　）

（5）900 MHz、2.4 GHz、5.5 GHz 都是 IMS 频段。　　　　　　　　　（　　）

（6）任何周期信号都可以表示成正弦信号和余弦信号的无穷级数。　（　　）

（7）两个信号之和的傅里叶变换就是这两个信号分别进行傅里叶变换之后再求和。　　　　　　　　　　　　　　　　　　　　　　　　　　　（　　）

（8）非周期信号的频谱是连续的。　　　　　　　　　　　　　　　　（　　）

（9）脉冲信号的频谱带宽可以用该脉冲信号的时间宽度取倒数来近似估计。　（　　）

（10）干扰是指影响或降低信号传输性能的环境和物体。　　　　　　（　　）

4. 简答题：

（1）什么是离散时间信号？

（2）简述模拟信号与数字信号的不同。

（3）简述低通信号的抽样定理。

（4）在对模拟信号进行数字化变换时，如果所选择的抽样频率低于模拟信号的最高频率分量，将会出现什么后果？

（5）均匀量化非常简单易行，但为什么实际中一般采用非均匀量化？

（6）为什么要对抽样信号进行量化，是否可以直接对抽样信号进行编码传输？

（7）给出信号带宽的定义，并举例说明。

5. 如 $s(t)$ 为功率信号，请分析一下信号 $ts(t)$ 是功率信号还是非功率信号？是能量信号还是非能量信号？

6. 分析信号 e^t 是功率信号还是非功率信号？是能量信号还是非能量信号？

7. 表 2-2 中列出了部分常见函数的傅里叶变换，请证明下面两个结果：
$$\delta(t) \rightleftharpoons 1$$
和
$$e^{j2\pi f_0 t} \rightleftharpoons \delta(f-f_0)$$

8. 求函数 $g(t)=e^{-a|t|}(a>0)$ 的傅里叶变换。

9. 求函数 $g(t)=\dfrac{1}{1+t^2}$ 的傅里叶变换。

10. 求函数 $g(t)=e^{-t}\sin(2\pi f_c t)u(t)$ 的傅里叶变换。

11. 任何一个信号 $g(t)$ 都可以分解为一个偶函数表示的信号 $g_e(t)$ 和一个奇函数表示的信号 $g_o(t)$ 之和，即

$$g(t) = g_e(t) + g_o(t)$$

偶函数部分定义为

$$g_e(t) = \frac{1}{2}[g(t) + g(-t)]$$

奇函数部分定义为

$$g_o(t) = \frac{1}{2}[g(t) - g(-t)]$$

对于矩形函数脉冲信号

$$g(t) = A\,\mathrm{rect}\left(\frac{t}{T} - \frac{1}{2}\right)$$

(1) 试求该矩形函数信号的偶函数部分和奇函数部分。

(2) 分别计算偶函数部分和奇函数部分的傅里叶变换。

12. 对基带信号 $g(t) = \sin 2\pi t + 2\cos 4\pi t$ 进行理想抽样，为了能从抽样信号中恢复原始基带信号，试确定针对该基带信号进行理想抽样的抽样间隔。

13. 根据抽样定理确定如下三个信号的抽样频率和抽样间隔，以保证能从抽样信号中恢复原始信号。

(1) $g(t) = \mathrm{sinc}(200t)$；

(2) $g(t) = \mathrm{sinc}^2(200t)$；

(3) $g(t) = \mathrm{sinc}(200t) + \mathrm{sinc}^2(200t)$。

14. 对正弦信号 $g(t) = \sin(\pi t)$ 进行均匀抽样，针对 $T_s = 0.25\ \mathrm{s}$，$T_s = 1\ \mathrm{s}$，$T_s = 1.5\ \mathrm{s}$ 三种抽样间隔分别给出对应的抽样信号表达式 $g_s(t)$。

15. 模拟基带信号采用 A 律 13 折线特性进行编码，若模拟信号的一个抽样值是 -1668Δ，请确定对应的 PCM 码组。

16. 某抽样信号量化值为 445Δ，按 A 律 13 折线压缩特性编成 8 位二进制折叠码，请确定输出的折叠码，并计算量化误差。

17. A 律 13 折线压缩特性编码器，抽样信号的量化值是 298Δ，求编码器输出的折叠二进制码，并计算量化误差。

18. 某通信系统采用 A 律 13 折线压缩特性对语音信号进行编码，最小量化间隔为 Δ，编码器输出的折叠二进制码为 01010011。试问：该折叠码在接收端被接收后，译码器输出的是多少个量化单位？

第 3 章　通信基本技术

设计通信系统时，为了提高信号传输的有效性和可靠性，往往需要采用多方面的技术，本章将对一些比较基本的通信技术进行介绍，包括多路复用技术、调制技术、交换技术、通信协议与网络体系结构、网络路由技术以及移动通信多址接入技术等。

3.1　时分复用与复接

多路复用是通信系统提高信道传输效率的重要手段之一，在通信技术的发展过程中，应用最多的多路复用技术有频分复用（FDM）和时分复用（TDM）两种。频分复用多路通信方式用于模拟通信系统，如模拟的载波通信系统。时分复用多路通信方式用于数字通信系统，如 PCM 通信系统。随着通信系统的数字化发展，目前广泛应用的是时分复用技术。

在第 1 章的 1.3.6 节里我们已经了解了时分复用的概念。所谓时分复用，就是采用时间分割的方法，将信道在时间上分成若干片段（称为时隙），让数字化的语音、数据或视频等多路信号在一个传输信道上分时地独立传输，每一路信号都占用分配给自己的时隙独立传输，各路信号之间在时间上互不交叠，因此传输过程中相互之间不会造成干扰，接收端只要保证与发送端同步，就可以不受干扰地解调出自己的信号。

数字通信系统的时分复用原理可以用图 3-1 进行比较直观地解释。输入的多路模拟信号经低通滤波器（LPF）进行带宽限制，低通滤波器输出信号的最高频率低于 f_m。低通滤波器的输出送给抽样电路对信号抽样。多路输入信号的抽样是分时的，各路抽样信号都送入同一条通路的保持电路，这就完成了多路信号的合路。由于多路信号是分时的，因此在一条通路上进行处理也不会造成干扰。保持电路的作用是将抽样信号电平保持一段时间，使后面的量化编码电路有足够的时间完成处理。编码后形成的多路数字信号经信道传输到

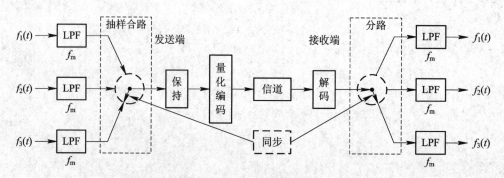

图 3-1　时分复用原理示意图

接收端，接收端在同步信号的控制下分别对多路数字信号进行解码，解码后的信号变换成发送端的量化电平信号（即将数字信号变换成了模拟信号），再经分路器分别送给对应各路的低通滤波器，低通滤波器将量化电平信号平滑后，还原出原始模拟信号。

多路信号抽样之后经过复用器合路为一路串行信号，在对多路信号抽样的一个循环周期内，抽样过程自然地将各路抽样信号放入相互独立的不同时隙，经过保持和量化编码后，在一个抽样周期内形成的各路信号的有序数据排列就构成了时分复用的一个数据帧，这个数据帧就是时分复用技术在信道中传输数据的基本单位，每一帧的时间长度正好是一路模拟信号的抽样周期。这样形成的数据帧，实际传输时还需要加上数据帧的帧头、帧尾标志和其他的控制信息，使网络设备能够识别一帧数据的开始和结束。图 3-1 只是一个便于理解的原理示意图，实际中数据帧形成的过程可能是不同的，比如可能先将各路数据数字化之后再合并成一路，进而再按照规定的格式形成数据帧。

数字复接是一种采用时分复用方法提升传输效率的技术，这里说的时分复用即同步时分复用。干线传输时需要将各路低速率数字信号合并成一路高速率数字信号，以充分利用干线网的传输带宽，数字信号的合并需要采用数字复接技术。

时分复用建立在抽样定理的基础上，信号数字化之后，数字信号在时间上是离散的，每一个数字信号在信道上传输时只占有有限的时间片段，相邻的数字信号之间都有时间间隔存在，可以利用这些时间间隔传输其他用户的数字信号，从而可以应用时分复用技术在一个信道上传输多个用户的多路数字信号。

在数字通信系统中，应用时分复用技术将若干路低速率数字码流汇成一路高速率数字码流的过程称为数字复接（Digital Multiplexer），被复接的数字信号可以是数字的电话信号，也可以是其他同速率的数字信号。

在应用复接技术的数字通信系统中，首先是将一定路数的数字信号复接成一个标准的数据流（称为基群或一次群），然后再将基群数据流应用数字复接技术合并成更高速率的数据流，基群复接后形成二次群，二次群复接后形成三次群，三次群复接后形成四次群，等等。五次群以下，国际上已形成两种准同步数字体系（Plesiochronous Digital Hierarchy，PDH）标准，一种以 1.544 Mb/s 为基群速率，低次群到相邻高次群以 3～5 倍的数据速率递增，采用这个准同步数字体系的国家有北美各国和日本等；另一种以 2.048 Mb/s 为基群速率，低次群到相邻高次群以 4 倍的数据速率递增，采用这个准同步数字体系的国家有欧洲各国和中国等。

随着光纤传输系统的普及，数字通信系统的传输容量得到大幅度提升，目前四次群以上的数字通信传输已普遍采用同步数字体系（Synchronous Digital Hierarchy，SDH）标准，该标准源于美国贝尔通信研究所提出的同步光网络（Synchronous Optical Network）数字体系标准，后来由 ITU-T 正式建议为国际标准，命名为同步数字体系。SDH 第一级的数据速率为 155.52 Mb/s，记为 STM-1，称为一级同步传输模式，STM 是 Synchronous Transfer Mode 的缩写。4 个 STM-1 按字节同步复接得到 STM-4，数据速率为 622.08 Mb/s。4 个 STM-4 同步复接得到 STM-16，其数据速率为 2488.32 Mb/s。表 3-1 列出了上述几种数字体系标准的数据速率关系。

表 3-1　标准数字复接体系的数据速率关系

标准体系 群号	欧洲、中国(2 Mb/s 体系)		北美、日本(1.5 Mb/s 体系)	
	数据速率/(Mb/s)	路数	数据速率/(Mb/s)	路数
基群	2.048	30	1.544	24
二次群	8.448	30×4＝120	6.312	24×4＝96
三次群	34.368	120×4＝480	32.064	96×5＝480
四次群	139.264	480×4＝1920	97.728	480×3＝1440
五次群	564.992	1920×4＝7680	397.200	1440×4＝5760
STM-1	155.520			
STM-4	155.520×4＝622.080			
STM-16	622.080×4＝2488.320			

3.1.1　数字复接方法

　　数字复接有三种方法：按位复接、按字复接和按帧复接。按位复接就是各路数字信号依次取一位(1 bit)进行复接。按字复接就是各路数字信号依次取一个字节(8 bit)进行复接。按帧复接就是各路数字信号依次取一帧进行复接。按位复接操作比较简单，但是不利于信号交换。按字复接有利于信号交换，但要求有较大的缓冲存储器容量。按帧复接的最大好处在于不破坏原信号的帧结构。

　　图 3-2 以两路低次群复接成一路高次群为例解释了数字复接的基本过程，图 3-3 给出了复接系统的简化原理框图。图中码速调整的功能是把各路输入的数字信号的频率和相位进行必要的调整，使其形成与本机定时信号完全同步的数字信号。

低次群A

低次群B

复接后的高次群C

图 3-2　按位复接示意图

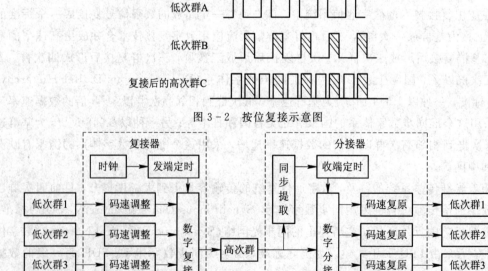

图 3-3　数字复接系统原理框图

3.1.2　数字复接的同步

复接过程中首先需要将信道划分成均匀的时隙，其次是要将不同的信号放入不同的时隙，这些处理都对通信系统收发两端的时钟同步提出了很高的要求，只有收发两端保持足够精确的同步，才能使收发两端保持协调一致地工作，从而保证接收端准确接收发送端所发送的数字信号。时钟频率的任何误差或相位抖动都可能使发送端与接收端不同步，从而造成数据传输错误。

数字复接的同步包括位同步与帧同步两个方面。位同步就是时钟同步，是指收发两端的时钟频率必须同频、同相。实现位同步的一种方法是发送端将时钟频率隐含在所发送的码型信号中，接收端从接收信号中提取发送端的时钟频率，然后对比调整自己的时钟，使之与发送端时钟保持同步。帧同步指的是收发两端以数据帧为单位对齐，这样接收端就可以区分出每一帧的头部和结尾，从而正确区分出各路信号。为了确保接收端与发送端保持帧同步，数字通信系统在每一帧的固定位置上都会加入具有特定码型的帧同步码，接收端通过识别帧同步码来判定每一帧的开头和结尾，进而根据各路信号在一帧中的位置排列区分各路信号。

为了向接收端提供同步信息，发送端在复接的过程中会加入同步码和通信系统的业务信号指令码。业务信号指令码也叫信令，用于通信过程的建立、控制和网络管理。由于在传输用户数据的同时需要插入同步码、信令码等额外的信号，故高次群的数据速率都要比低次群数据速率的整倍数高出一些。以我国应用的 2 Mb/s 复接体系为例，基群的数据速率是 2.048 Mb/s，按 4 个基群复接成一个二次群，其数据速率应该是 8.192 Mb/s，但实际的二次群数据速率是 8.448 Mb/s，三次群和四次群等情况相似，多出的数据就是由同步码、信令码等信号形成的。

3.1.3　PCM30/32 路系统的时隙分配与基群帧结构

PCM30/32 路系统是基于脉冲编码调制（PCM）信号和时分复用技术的一种传输系统。根据 ITU-T 建议标准（G.732）的规定，整个 PCM30/32 路系统每帧分成 32 个时隙，分别记为 TS_0，TS_1，…，TS_{31}。其中 TS_1 到 TS_{15} 和 TS_{17} 到 TS_{31} 共 30 个时隙用于用户数据传输，每一个用户分配一个时隙传输，TS_0 用于传输帧同步码，TS_{16} 用于传输信令码。由于一帧共有 32 个时隙，而实际用于用户话路数据的只有 30 个时隙，因此称为 PCM30/32 路系统。PCM30/32 路系统的每一个时隙传输 8 位码（对应模拟信号的一个抽样点码组），一帧共含 $8 \times 32 = 256$ 位码，一帧总时长是 125 μs。每个时隙的时长是 3.91 μs，一位码的时长是 488 ns。

语音信号的抽样频率是 $f_s = 8$ kHz，抽样间隔是 125 μs，故每帧的时间长度就是 125 μs。每一抽样的量化信号编成一个 8 位的二进制码组，每一个抽样点的编码正好放入一个用户时隙中传输，所以每一用户话路的数据速率为 64 kb/s，帧同步码和信令码的传输速率也是 64 kb/s，因此 PCM30/32 路系统基群的总速率是 2048 kb/s。

一个用户话路需要的信令码是 4 位，一个时隙能放入的二进制码是 8 位，因此一个

TS$_{16}$ 时隙只能传送两个话路的信令码，30 个话路的信令码需要 TS$_{16}$ 传送 15 次。所以，信令码传送周期不同于用户话路传送周期。为此，在帧结构中引入了复帧的概念，一个复帧包含 16 帧，其中 15 个帧的 TS$_{16}$ 用于传输信令，一个帧的 TS$_{16}$ 用于传输复帧同步信号，复帧的时长是 2 ms。上述这种时隙分配决定了 PCM30/32 系统的基群帧结构，如图 3 - 4 所示。

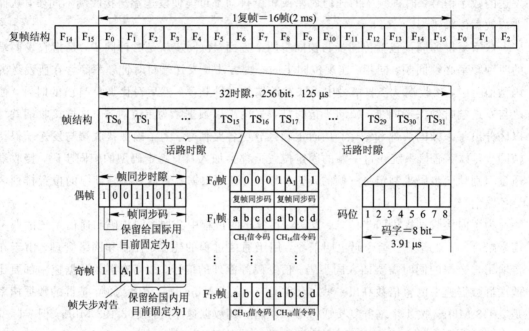

图 3 - 4　PCM30/32 路系统基群帧结构

一种采用单片集成编解码器的 PCM30/32 路系统方案如图 3 - 5 所示，图中的 LPF 为低通滤波器，A/D 表示模拟/数字变换器，D/A 表示数字/模拟变换器。码型变换的作用是

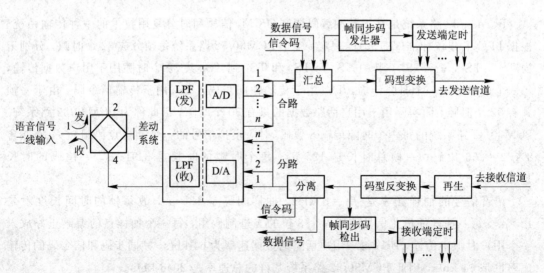

图 3 - 5　单片集成编解码器方案 PCM30/32 系统方框图

将合成后的数据码转换成适合信道传输的码型。该方案有 30 个单路编解码器，每个编解码器单独对一路语音信号编码，而后将 30 个编码器输出汇接成基群信号送入信道传输。用户语音采用二线制工作，但系统收发采用四线制，所以在用户二线制语音传输和系统端机之间加了一个二/四线制转换器，即图中的差动系统。通过二/四线转换器，1、2 端接 PCM 系统端机发送端，用户语音信号经放大、低通滤波和 A/D 变换后送给汇总电路。在汇总电路里，用户语音编码后的 PCM 码、帧同步码、信令码和来自其他设备的数据信号码按PCM30/32 系统的帧结构排列成帧，形成基群信号，然后再经码型变换送入信道传输。

接收端从信道接收信号后，首先对信号整形和再生，经过码型反变换恢复原来码型，由分离电路将 PCM 码、信令码、帧同步码、数据信号进行分离，分离出的用户语音数据再经过解码、分路后得到对应不同用户的 PCM 信号，每一路 PCM 信号再经过低通滤波恢复出模拟语音信号，模拟语音信号放大后经差动系统送和二线制用户线送至用户。

3.2　调 制 与 解 调

在通信系统中，为了实现有效的通信传输，需要将信源输出的消息信号变换成与传输信道相匹配的形式，变换方法有多种，调制是最常用的变换方法。

3.2.1　概述

调制是通信系统发送端对消息信号的一种转换，也就是将消息信号转换成适合在信道中传输的形式。具体做法是以消息信号作为调制信号去控制载波的某一参数，使载波的该参数按照调制信号的变化规律而变化。载波是一种未受调制的周期性电磁振荡，可以是正弦波，也可以是非正弦波，如周期性矩形脉冲序列。在无线和移动通信中应用的载波一般是正弦波。正弦载波信号可以由有源器件（如晶体管）、电感器和电容器组成的振荡器（即LC 振荡器）产生，也可由能够等效为 LC 振荡器的其他器件产生，如晶体振荡器等。调制过程的作用就是将消息信号装载到载波上，利用载波信号的传输将消息信号携带到通信系统的接收端，接收端收到信号后进行与发送端相逆的处理，从载波上取下消息信号，这个过程称为解调。

根据不同的应用需要，调制有多种方式。按照载波是脉冲序列还是连续波，可以将调制分为脉冲调制和连续波调制两大类。根据消息信号是模拟信号还是数字信号，可以将调制分为模拟调制和数字调制。用模拟信号调制脉冲序列，称为模拟脉冲调制，如本章前面讲到的脉冲幅度调制就属于模拟脉冲调制。用模拟信号调制连续波，称为模拟连续波调制。用数字信号调制脉冲序列，称为数字序列调制。用数字信号调制连续波，称为数字连续波调制。模拟连续波调制通常称为模拟调制，数字连续波调制通常称为数字调制。在大多数场合，特别是无线和移动通信十分普及的今天，调制一般指的是连续波调制，并且作为载波的连续波是正弦波。这里也主要介绍连续波调制，包括模拟调制与数字调制。

在连续波调制的通信系统中，载波是一种未受调制的正弦电磁信号，我们知道正弦信号具有振幅、频率和相位三个基本参数，调制就是用调制信号控制载波信号的某一个参数并且使该参数按照调制信号的变化规律而变化的过程。载波经调制信号调制后的输出信号称为已调信号，已调信号载有调制信号（即消息信号）的全部信息。

调制的作用有以下三个方面：

第一，调制可以实现消息信号的多路复用传输。消息信号一般是基带信号，其频率都处于最低频率为 0 或接近 0 的低频段，并且频谱相互重叠。为防止相互干扰，基带信号的直接传输需要分时传输，传输效率低。另外，一般的传输信道带宽也都大于消息信号的带宽，直接传输基带信号也不能充分利用信道带宽。为提高传输效率和信道利用率，主要的办法是多路复用。调制就是实现多路复用的一项主要技术，将不同的基带信号调制到不同频率的载波上，实现多路信号在同一信道上传输，但各路已调信号占用不同的频带，从而不会相互干扰，而且可以充分利用信道带宽，提高了传输的效率。在接收端，只要使用不同的滤波器就可以将各路信号分开，然后解调恢复重建原来的消息信号。

第二，提升通信系统的抗干扰能力。自然的或人为产生的各类干扰大多处于较低的频率范围，所以很容易对基带信号产生影响。调制将基带信号从低频搬移到了较高的载波频率上，离开了容易受到干扰的频率范围，自然抗干扰能力提高了。同时，调频和调相两种调制方法本身就有抗幅度干扰的能力，传输过程中受到幅度干扰时，只要采用限幅措施就可以消除干扰。另外，调制过程还可以采用一些特殊的技术来扩展信号带宽以进一步提升抗干扰性能，这称为扩展频谱通信，简称扩频通信，扩频通信是无线通信中的一项重要技术，具有抗干扰能力强、抗衰落能力强的优点。衰落是指无线通信中因无线信道传输特性随机变化而引起信号强度随机起伏的现象。

第三，提升天线辐射效率。天线是无线通信系统中的一个重要单元，主要功能是将在电路中传导的电流信号转换为在空间辐射传播的电磁波信号。或者反过来，将在空间传播的电磁波信号转换为在电路中传导的电流信号。辐射效率是天线的一个主要参数，辐射效率高表示能高效地将传导电流能量转化为辐射电磁波。为了提升天线的辐射效率，需要天线的尺寸同电磁波信号的波长接近，比如半波（二分之一波长）天线，或者 $\lambda/4$（四分之一波长）天线等。这样，由于基带信号频率很低，无线传输就需要设计很大尺寸的天线来增加辐射效率，这一般是不实际的。采用调制的办法，将基带信号变换为高频率的信号（称为射频信号）进行无线传输，就容易设计小尺寸的高辐射效率天线。比如频率为 100 kHz 的基带信号，根据无线电信号频率 f、波长 λ 与传播速度 v 之间的关系：

$$v = f\lambda$$

自由空间的电磁波速度为 $v=3\times10^8$ m/s，可以算出电磁波的波长是 $\lambda=3000$ m，如果采用 $\lambda/4$ 天线，则天线尺寸为 750 m，制造这样的天线显然不现实。假如用调制的办法将基带信号调制到 100 MHz 载波上，则 100 MHz 电磁波信号的波长为 $\lambda=3$ m，这时的 $\lambda/4$ 天线尺寸就是 0.75 m，这种尺寸的天线实现起来就没有困难了。

下面分别介绍模拟调制和数字调制。模拟调制分为幅度调制和角度调制两大类。这两类调制的已调信号具有完全不同的频谱特点，因此应用上也有较大的不同。

3.2.2　模拟幅度调制

假定正弦载波由下式定义：

$$c(t) = A_c\cos(2\pi f_c t + \varphi_c) \tag{3-1}$$

式中，A_c 为载波振幅，f_c 为载波频率，φ_c 是载波信号的初相位。用 $m(t)$ 表示调制信号（消息信号）。为叙述方便，假定载波信号的初相位 φ_c 是 0。这时幅度调制（Amplitude

Modulation，AM，简称调幅）就定义为载波 $c(t)$ 的振幅随调制信号 $m(t)$ 线性变化的过程。
调幅信号 $s(t)$ 可用下式表示：

$$s(t) = A_c[1 + k_a m(t)]\cos(2\pi f_c t) \tag{3-2}$$

式中 k_a 是常数，称为调幅指数。一般载波振幅 A_c 和调制信号 $m(t)$ 的单位都用伏特（V），
这时调幅指数 k_a 的单位就是 V^{-1}。

从式（3-2）可以看出，调幅就是将调制信号乘以调幅指数 k_a，然后加上一个单位直流
信号，再同载波信号相乘。图 3-6 示出了调幅的过程和两种不同调幅指数情况下的已调信
号波形，图中 $A_c = 1\ V$。

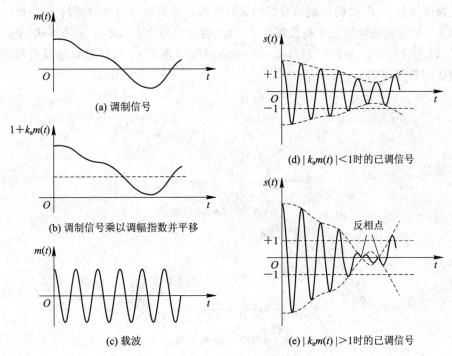

图 3-6　调幅过程示意图

在调幅信号中，与调制信号 $m(t)$ 有关的信息仅存在于包络中，包络定义为已调信号
$s(t)$ 的振幅，即 $A_c|1 + k_a m(t)|$。容易看出，要求 $s(t)$ 的包络同调制信号 $m(t)$ 的形状相
同，k_a 的选择需要满足：

$$|k_a m(t)| < 1,\ 对所有 t 成立 \tag{3-3}$$

该条件获得满足就能确保函数 $1 + k_a m(t)$ 总为正值，这时式（3-2）中 AM 信号的包络仅由
$A_c[1 + k_a m(t)]$ 表示。如果调幅指数 k_a 过大，使得 $|k_a m(t)| > 1$，此时载波就过调制了，
会造成 $1 + k_a m(t)$ 过 0 点时载波反相，使已调信号产生失真，如图 3-6(e)所示。

下面来看调幅信号的频谱。令 $m(t) \rightleftharpoons M(f)$，傅里叶变换 $M(f)$ 是调制信号 $m(t)$ 的
傅里叶变换，也就是调制信号 $m(t)$ 的频谱。由式（3-2）并应用如下欧拉公式和傅里叶变
换关系式：

$$\cos(2\pi f_c t) = \frac{1}{2}\left[e^{j2\pi f_c t} + e^{-j2\pi f_c t}\right]$$

$$e^{j2\pi f_c t} \rightleftharpoons \delta(f - f_c)$$

$$m(t)\mathrm{e}^{\mathrm{j}2\pi f_c t} \rightleftharpoons M(f - f_c)$$

得到调幅信号 $s(t)$ 的傅里叶变换如下：

$$S(f) = \frac{A_c}{2}[\delta(f - f_c) + \delta(f + f_c)] + \frac{k_a A_c}{2}[M(f - f_c) + M(f + f_c)] \quad (3-4)$$

式中的 $\delta(f)$ 为频域冲激函数。

假设调制信号 $m(t)$ 的频率范围是 $-W \leqslant f \leqslant W$，如图 3-7(a)所示。信号调制中一般载波频率远大于消息信号带宽，即 $f_c > W$，这时调幅波的频谱 $S(f)$ 如图 3-7(b)所示。整个频谱由两部分组成，一部分是被 $A_c/2$ 加权、出现在 $\pm f_c$ 处的频域冲激函数，另一部分是被变换到 $\pm f_c$ 处的调制信号的频谱，频谱幅度为调制信号频谱的 $k_a A_c/2$ 倍。在正频率轴上，调幅信号频谱处于载波频率 f_c 以上的部分称为上边带(Upper Sideband)，而对称的 f_c 以下的部分称为下边带(Lower Sideband)。从图 3-7 可以形象地看出调制对基带信号频谱的搬移作用。

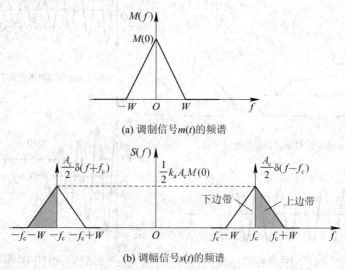

(a) 调制信号 $m(t)$ 的频谱

(b) 调幅信号 $s(t)$ 的频谱

图 3-7 调制信号与已调信号频谱的比较

从图 3-7(b)所示的频谱，可以得出以下三点结论：

(1) 调制使调制信号 $m(t)$ 频谱中从 $-W$ 到 0 的负频率部分出现在了正频率轴上。只要 $f_c > W$，就会出现这个结果。

(2) 条件 $f_c > W$ 可以确保上、下边带不会交叠。

(3) 对于正频率部分，调幅信号的最高频率分量等于 $f_c + W$，最低频率分量等于 $f_c - W$。这两个频率之差就定义了调幅信号的传输带宽 B_T，这个带宽恰好是调制信号带宽的两倍，即

$$B_T = 2W \quad (3-5)$$

总结上面的介绍，可以得到调幅需要满足以下两个参数条件：

(1) 载波频率 f_c 必须大于调制信号 $m(t)$ 的最高频率分量 W，即 $f_c > W$，其中 W 称为调制信号 $m(t)$ 的带宽。若此条件不满足，则已调信号的上、下边带会混叠，从而在接收端也不能很好地解调。实际上一般满足 $f_c \gg W$。

(2) $|k_a m(t)| < 1$ 对所有 t 成立。这个条件确保 $1 + k_a m(t)$ 总为正值，否则会出现过

调制，造成已调信号的包络失真。

例 3 – 1　以单频正弦波作为调制信号，分析单频调制中各信号的频谱，并计算已调信号的基本参数。

解　按题意，调制信号 $m(t)$ 是一个单一频率的正弦波，见图 3 – 8(a)，该信号可由下式表示：

$$m(t) = A_m \cos(2\pi f_m t)$$

式中，A_m 和 f_m 分别为正弦调制信号的振幅和频率。正弦载波的振幅为 A_c，频率为 f_c，见图 3 – 8(c)。对应的 AM 已调信号为

$$s(t) = A_c [1 + \mu \cos(2\pi f_m t)] \cos(2\pi f_c t) \tag{3-6}$$

式中

$$\mu = k_a A_m$$

μ 称为调制因子，无量纲。如前所述，为避免过调制造成包络失真，要求 $|k_a m(t)| < 1$，由此推得调制因子 μ 必须小于 1。图 3 – 8(d)给出了 $\mu < 1$ 时已调信号 $s(t)$ 的示意图。

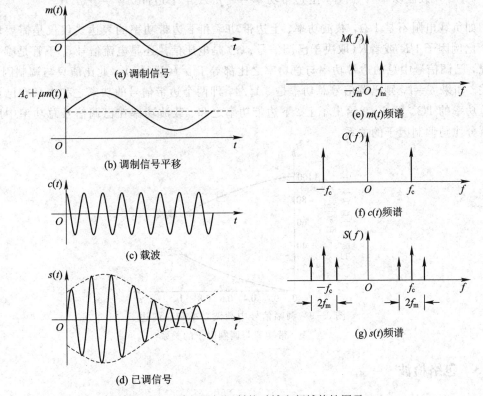

(a) 调制信号
(b) 调制信号平移
(c) 载波
(d) 已调信号
(e) $m(t)$频谱
(f) $c(t)$频谱
(g) $s(t)$频谱

图 3 – 8　单频调幅调制的时域和频域特性图示

令 A_{max} 和 A_{min} 分别表示已调信号包络的最大值和最小值，由式(3 – 6)得到

$$\frac{A_{max}}{A_{min}} = \frac{A_c(1 + \mu)}{A_c(1 - \mu)}$$

因此有

$$\mu = \frac{A_{max} - A_{min}}{A_{max} + A_{min}}$$

应用三角恒等式将式(3-6)的 $s(t)$ 展开，展开后的 $s(t)$ 为

$$s(t) = A_c \cos(2\pi f_c t) + \frac{1}{2}\mu A_c \cos[2\pi(f_c + f_m)t] + \frac{1}{2}\mu A_c \cos[2\pi(f_c - f_m)t]$$

所以，$s(t)$ 的傅里叶变换为

$$S(f) = F[s(t)] = \frac{A_c}{2}[\delta(f - f_c) + \delta(f + f_c)] +$$

$$\frac{\mu A_c}{4}[\delta(f - f_c - f_m) + \delta(f + f_c + f_m)] +$$

$$\frac{\mu A_c}{4}[\delta(f - f_c + f_m) + \delta(f + f_c - f_m)]$$

所以，单频正弦波调制的调幅信号频谱由处于 $\pm f_c$、$f_c \pm f_m$ 和 $-f_c \pm f_m$ 的冲激函数组成，如图 3-8(g) 所示。实际上，不论调幅信号 $s(t)$ 是电压信号还是电流信号，$s(t)$ 加在 1 Ω 电阻上的平均功率都由三个部分组成，分别是

$$载波功率 = \frac{1}{2}A_c^2，上边带功率 = \frac{1}{8}\mu^2 A_c^2，下边带功率 = \frac{1}{8}\mu^2 A_c^2$$

如负载电阻不是 1 Ω，载波功率、上边带功率和下边带功率的表达式仅仅是需要增加一个比例因子 $1/R$ 或者 R（取决于已调信号 $s(t)$ 是电压信号还是电流信号）。不管是哪一种情况，已调信号中总的边带功率与总功率之比都等于 $\mu^2/(2 + \mu^2)$，此比值只与调制因子 μ 有关。如果 $\mu = 1$，则已调信号总功率是 $3A_c^2/4$，即两个边带信号的功率之和也只有已调信号总功率的 1/3。图 3-9 给出了上、下边带功率之和、载波功率在已调信号总功率中所占的百分比与调制因子的关系。

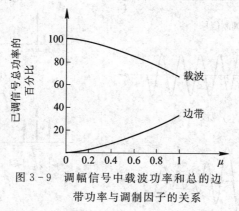

图 3-9　调幅信号中载波功率和总的边
带功率与调制因子的关系

3.2.3　包络检波

调幅信号的解调可以采用包络检波的方法，具体地说，可以用一种称为包络检波器的电路实现。图 3-10(a) 给出了一种由二极管、电阻和电容组成的包络检波器电路，利用二极管的单向导电性对调幅信号进行包络检波，解调出调制信号。这种包络检波器的工作原理如下所述。

当输入信号处于正半周的时候，二极管是正向偏置的，因此二极管导通，对电容 C 快速充电到输入信号的峰值电压。当输入信号进入负半周下降到低于电容的充电电压值后，二极管变成反向偏置，这时二极管截止，对电容 C 的充电停止，电容 C 开始通过负载电阻

R_L 缓慢放电。放电过程持续到输入信号的正半周到来。当输入信号再次进入正半周，并变得大于电容两端的电压时，二极管再次进入正向偏置并导通，重新开始对电容 C 充电。

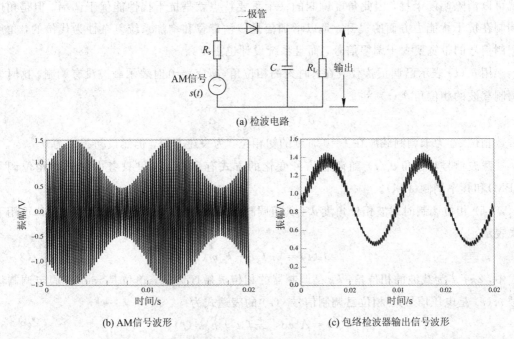

(a) 检波电路

(b) AM信号波形　　　　　　　　　(c) 包络检波器输出信号波形

图 3 - 10　　包络检波原理图

电路正常工作时，上述过程重复进行，电容 C 上的电压跟随输入信号的包络变化，因此这个电路的输出信号就是输入信号的包络。上面的叙述假定二极管是理想的，正向偏置时表现为一个较小的电阻 r_f 向负载提供电流，而反向偏置时的电阻无穷大。同时还假定加到包络检波器上的调幅信号是由内电阻为 R_s 的电压源提供的。充电时间常数 $(r_f + R_s)C$ 必须远小于载波周期 $1/f_c$，即

$$(r_f + R_s)C \ll \frac{1}{f_c}$$

这样就可以保证电容 C 快速充电，从而使二极管正向偏置时能跟踪输入信号电压达到正的峰值。另一方面，放电时间常数 $R_L C$ 必须足够长，以确保电容能在输入信号的两个正峰值之间通过负载电阻 R_L 缓慢放电。但放电时间常数也不能太长，否则电容器电压就跟不上输入调制信号波形的最大变化率。鉴于上述分析，放电时间常数需要满足

$$\frac{1}{f_c} \ll R_L C \ll \frac{1}{W}$$

式中，W 为消息信号带宽。只要满足这个条件，电容电压即检波器输出就几乎能跟踪 AM 波形的包络变化，从而实现对调幅信号的包络检波。

3.2.4　模拟角度调制

1. 角度调制的概念

用调制信号调制正弦载波的频率或相位的过程就是角度调制。角度调制时载波信号的

相位角随调制信号的变化而变化，而载波的振幅则保持恒定。由于各种人为的或自然的干扰一般都是直接影响信号的振幅，而对于恒定振幅的角度调制信号而言，只要对信号限幅就可以消除幅度干扰，因此角度调制的一个重要特点就是抗干扰性能优于调幅。但是角度调制在抗干扰能力方面的提升，是以增加信号传输带宽和增加系统复杂性为代价的，角度调制信号的带宽要大于调幅信号，而且系统设计也更复杂。

用 $\theta_i(t)$ 表示已调正弦载波在 t 时刻的相位角，$m(t)=0$ 时表示载波没有调制，这时未调制载波的相位角 $\theta_i(t)$ 为

$$\theta_i(t) = 2\pi f_c t + \varphi_c$$

常数相位 φ_c 为未调制载波在 $t=0$ 时刻的初相位，为表述方便，仍然设初相位为 0。

载波信号相位角 $\theta_i(t)$ 随调制信号变化的方式有多种，这里只考虑常见的相位调制（PM）和频率调制（FM）。

（1）相位调制时载波相位角度 $\theta_i(t)$ 随调制信号 $m(t)$ 线性变化，相位变化规律可用下式表示：

$$\theta_i(t) = 2\pi f_c t + k_p m(t) \tag{3-7}$$

式中，$2\pi f_c t$ 为载波的相位角；k_p 是调制器的相位灵敏度因子，单位是 rad/V（假定调制信号 $m(t)$ 是电压信号）。相位已调制信号 $s(t)$ 的表达式为

$$s(t) = A_c \cos[2\pi f_c t + k_p m(t)] \tag{3-8}$$

（2）频率调制时载波频率 $f_i(t)$ 随调制信号 $m(t)$ 线性变化，频率变化规律可用下式表示：

$$f_i(t) = f_c + k_f m(t) \tag{3-9}$$

式中，f_c 是未调制载波的频率；k_f 是调制器的频率灵敏度因子，在调制信号 $m(t)$ 为电压信号的情况下，k_f 的单位是 Hz/V。将式（3-9）对时间积分，并乘以 2π，得到相位角 $\theta_i(t)$ 随调制信号变化的表达式为

$$\theta_i(t) = 2\pi \int_0^t f_i(\tau)d\tau = 2\pi f_c t + 2\pi k_f \int_0^t m(\tau)d\tau \tag{3-10}$$

调频信号 $s(t)$ 的表达式为

$$s(t) = A_c \cos\left[2\pi f_c t + 2\pi k_f \int_0^t m(\tau)d\tau\right] \tag{3-11}$$

2. 频率调制信号与相位调制信号之间的关系

从调相信号的表达式（3-8）和调频信号的表达式（3-11）看出，可以将调频信号看作是用 $\int_0^t m(\tau)d\tau$ 替换调相信号表达式（3-8）中的 $m(t)$ 所产生的调相信号。换句话说，就是可以这样产生调频信号：首先将消息信号 $m(t)$ 对时间 t 积分，然后将积分后的信号作为相位调制器的输入，这时调制器的输出就是调频信号，如图 3-11(a) 所示。

反过来，调相信号可以看作是由 $dm(t)/dt$ 产生的。所以，产生调相信号，可以先求调制信号 $m(t)$ 对时间 t 的微分，然后用微分后的信号输入到频率调制器，如图 3-11(b) 所示。

(a) 用相位调制器产生FM信号的原理　　　　(b) 用频率调制器产生PM信号的原理

图 3-11　频率调制与相位调制关系图示

由此可以看出，频率调制和相位调制是相互关联的，这就意味着我们可以从频率调制中推断出相位调制的性质，反过来也可以从相位调制中推断出频率调制的性质。

3.2.5　数字调制技术

在基带信号传输中，输入的数字序列是离散的 PAM 波形，这种波形只能在低通信道（比如同轴电缆、双绞线等）中传输。那么，如果是要求在带通信道（比如无线信道和卫星信道）中传输数字信号该怎么办呢？

对于这种类型的应用，通常的做法是用数字序列对正弦载波进行调制，使正弦载波的振幅、相位或频率随着消息信号数据流的变化而变化，以此将数字的消息信号流加到正弦载波上进行传输，这就是数字调制技术。

下面介绍三种基本的数字调制技术，即幅度键控（Amplitude Shift Keying，ASK）、相移键控（Phase Shift Keying，PSK）和频移键控（Frequency Shift Keying，FSK）。

1. 二进制数字调制

给定一个输出二进制符号 0 和 1 的消息信号源，调制过程就是用这个消息源输出的符号 0 和 1 去控制正弦载波的振幅、相位或者频率这三个参数之一，使该载波参数在两个数值之间进行转换，载波参数的这两个取值分别表示 0 或者 1。在这个调制过程中，0 和 1 就像两个电键开关一样地控制着载波参数的变化，所以就形象地将数字调制称为键控。

具体而言，考虑正弦载波

$$c(t) = A_c \cos(2\pi f_c t + \varphi_c) \tag{3-12}$$

式中，A_c 是载波的振幅，f_c 是载波的频率，φ_c 是载波的初相位。给定载波 $c(t)$ 的这三个参数，就有三种不同的二进制调制方法，分别称为二进制幅度键控、二进制相移键控和二进制频移键控。

二进制幅度键控（Binary Amplitude Shift Keying，BASK），就是用消息信号源输出的 0 和 1 两个符号去控制载波信号的振幅，根据消息源输出的是 0 或者 1，让载波信号的振幅在两个可能的取值之间转换，用这两个振幅值分别代表 0 和 1，而载波的频率和相位保持不变。二进制相移键控（Binary Phase Shift Keying，BPSK），就是在 0 和 1 两个符号的控制下，让载波信号的相位在两个可能的相位取值（比如 0 和 π）之间转换，这两个可能的相位值分别代表 0 和 1，而载波信号的振幅和频率保持不变。二进制频移键控（Binary Frequency Shift Keying，BFSK），就是在 0 和 1 两个符号的控制下，让载波频率在两个可能的取值之间转换，这两个可能的频率值分别代表 0 和 1，而载波信号的振幅和相位保持不变。

可以看出 BASK、BPSK 和 BFSK 分别是模拟信号振幅调制、相位调制和频率调制的特殊情况，也就是调制信号为数字信号的情况。这一方面说明了模拟调制技术与数字调制技术的紧密关系,同时也告诉我们 BASK、BPSK 和 BFSK 三种调制产生的已调信号都是带通信号。为了便于比较,图 3-12 示出了三种基本形式的二进制调制过程的几种波形,包括二进制符号序列及其对应波形、BASK 波形、BPSK 波形和 BFSK 波形,图中省略了大家熟悉的正弦载波信号的波形。

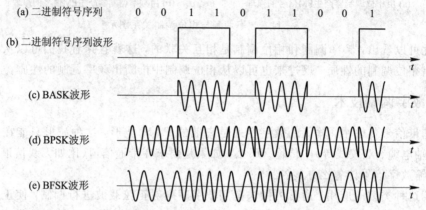

图 3-12　三种基本形式的二进制已调信号

在有关模拟通信的文献中,正弦载波 $c(t)$ 都定义成式(3-12)的形式,而在关于数字通信的文献中,通常又假设载波 $c(t)$ 在一个比特符号持续期间具有单位能量。在这里,为了分析方便,我们取

$$A_c = \sqrt{\frac{2}{T_b}} \tag{3-13}$$

式中,T_b 为比特符号的持续时间。这时,可以将载波信号写成如下的等价形式:

$$c(t) = \sqrt{\frac{2}{T_b}} \cos(2\pi f_c t + \varphi_c) \tag{3-14}$$

2. 二进制幅度键控

二进制幅度键控(BASK)是 20 世纪初无线电报最早使用的一种数字调制方法,假设作为调制信号的二进制符号序列 $b(t)$ 定义为

$$b(t) = \begin{cases} \sqrt{E_b}, & \text{二进制符号为 1 时} \\ 0, & \text{二进制符号为 0 时} \end{cases} \tag{3-15}$$

同模拟调制的情况相似,这里的数字调制也可以用乘法器实现。用式(3-14)的正弦载波与二进制符号序列 $b(t)$ 相乘,为了便于表述,令 $\varphi_c = 0$,则可以得到 BASK 信号的表达式为

$$s(t) = \begin{cases} \sqrt{\frac{2E_b}{T_b}} \cos(2\pi f_c t), & \text{二进制符号为 1 时} \\ 0, & \text{二进制符号为 0 时} \end{cases} \tag{3-16}$$

当二进制符号序列出现符号 1 时,发射信号能量为 E_b;当二进制符号序列出现符号 0 时,发射信号能量为 0。假设二进制符号序列中符号 1 和符号 0 出现的概率相等(数字通信系统一般是这样设计的),这时,我们可以将平均的发射信号能量表示为

$$E_{av} = \frac{E_b}{T_b} \tag{3-17}$$

式(3-15)和式(3-16)说明，BASK 信号可以用有两个输入信号的乘法器产生，一个输入是式(3-15)表示的开关信号，该信号就是调制信号；另一个输入则是正弦载波信号

$$c(t) = \sqrt{\frac{2}{T_b}}\cos(2\pi f_c t)$$

图 3-12(c)绘出的是对应图 3-12(a)输入二进制符号序列的 BASK 波形，可以看出 BASK 波形的明显特点是包络变化。所以，BASK 信号解调的最简单的方法就是包络检波，这与模拟振幅调制是一样的。

3. 相移键控

相移键控属于角度调制，角度调制具有抗干扰能力强的优点，是一种在实际中广泛使用的调制方法。

1) 二相移键控(BPSK)

二进制相移键控简称二相移键控(BPSK)，是最简单的相移键控(PSK)调制，用一对信号 $s_1(t)$ 和 $s_2(t)$ 分别代表二进制符号序列的符号 1 和 0，这两个信号可以用下面的式子定义：

$$s_i(t) = \begin{cases} \sqrt{\dfrac{2E_b}{T_b}}\cos(2\pi f_c t), \ i=1 \ 对应二进制符号 1 \\ \sqrt{\dfrac{2E_b}{T_b}}\cos(2\pi f_c t + \pi) = -\sqrt{\dfrac{2E_b}{T_b}}\cos(2\pi f_c t), \ i=2 \ 对应二进制符号 0 \end{cases} \quad (3-18)$$

式中，T_b 为一个比特符号的持续时间，$0 \leqslant t \leqslant T_b$，$E_b$ 为每比特的发射信号能量，参见图 3-12(d)所示的 BPSK 波形。在式(3-18)的定义中，正弦信号 $s_1(t)$ 和 $s_2(t)$ 的差别只是一个 π 弧度的相移，这样的信号称为反相信号。

从式(3-18)可以看出，BPSK 与 BASK 有一点重要的不同：在 BPSK 中，已调信号 $s(t)$ 的包络是恒定的，包络值为 $\sqrt{2E_b/T_b}$。BPSK 信号的解调不能用包络检波，而是需要采用下面将要介绍的相干检波方法。

BPSK 调制的实现包括非归零电平编码器和乘法器两个部分，如图 3-13(a)所示。非归零编码器实现对输入二进制序列的电平转换，采用极性编码的形式，将二进制序列的符号 1 和 0 分别用恒定幅度的电平 $\sqrt{E_b}$ 和 $-\sqrt{E_b}$ 表示。乘法器将用电平编码的二进制波形与振幅为 $\sqrt{2/T_b}$ 的正弦载波 $c(t)$ 相乘，生成 BPSK 信号。

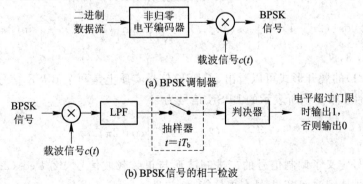

(a) BPSK调制器

(b) BPSK信号的相干检波

图 3-13　BPSK 信号的调制和相干检波

在通信系统的接收端，BPSK 接收机的基本构成包括四个部分，即乘法调制器、低通滤波器(LPF)、抽样器和判决器，如图 3-13(b)所示。乘法调制器将接收的 BPSK 信号与本地产生的相干载波相乘，这里的相干载波是一个与发送端载波同频同相的射频信号。接在乘法调制器后面的低通滤波器用以滤除乘法器输出信号中的倍频分量(即 $2f_c$ 附近的频谱分量)以上的高频谐波，只让低频分量通过。抽样器对低通滤波器的输出进行均匀抽样，抽样时间点为 $t=iT_b$，$i=0,\pm1,\pm2,\cdots$。判决器(Decision Making Device)将低通滤波输出的抽样值同接收机设定的门限电平进行比较，每经过时间间隔 T_b 比较一次，抽样电平超过门限时，判决器输出符号 1，否则输出符号 0。

图 3-13 示出的 BPSK 接收机称为相干接收机，其加到解调器中乘法调制器输入端的正弦参考信号与发射机调制器中所用的载波是相干的，即同频同相。除了要求与载波相干之外，接收机还需要精确地知道每一个二进制符号占据的时间间隔，以确保抽样和判决在时间上与所传输的符号同步。

2) 四相移键控(QPSK)

数字通信的一个重要目标是高效利用信道带宽，实现消息信号的传输。多进制调制是一种主要的高效传输方法，四相移键控(Quadrature Phase Shift Keying, QPSK)就是实现多进制调制的一种常用方法。

四相移键控本质上属于多进制调制，但四相移键控可以用二进制相移键控的方法实现，即 QPSK 信号可以由两路 BPSK 调制信号合路实现。

在 QPSK 调制中，用正弦载波的 4 个等间隔相位之一代表一个要传输的消息符号，比如 $\pi/4$、$3\pi/4$、$5\pi/4$ 和 $7\pi/4$ 等。针对这些相位取值，可以定义如下的发射信号：

$$s_i(t)=\begin{cases}\sqrt{\dfrac{2E}{T}}\cos\left[2\pi f_c t+(2i-1)\dfrac{\pi}{4}\right],0\leqslant t\leqslant T,\ i=1,2,3,4\\0,\text{其他时间}\end{cases} \quad (3-19)$$

式中，E 是每个符号中发射信号的能量，T 是符号持续时间。4 个等间隔相位值的每一个都对应于一个两位的二进制码组。例如，我们可以选择上述一组相位来表示一组双比特格雷码(Gray Encode)二进制码组：10、00、01 和 11。注意，这里的符号持续时间(即每个两位码组的持续时间)是一个比特持续时间的两倍，即

$$T=2T_b \quad (3-20)$$

应用三角恒等式，在 $0\leqslant t\leqslant T$ 时间段内将发射信号展开，得到

$$s_i(t)=\sqrt{\dfrac{2E}{T}}\cos\left[(2i-1)\dfrac{\pi}{4}\right]\cos(2\pi f_c t)-\sqrt{\dfrac{2E}{T}}\sin\left[(2i-1)\dfrac{\pi}{4}\right]\sin(2\pi f_c t) \quad (3-21)$$

式中，$i=1,2,3,4$。

从式(3-21)的展开形式可以看出，QPSK 信号实质上是两个 BPSK 信号之和，并且这两项具有正交性。第一项所表示的 BPSK 信号为

$$\sqrt{\dfrac{2E}{T}}\cos\left[(2i-1)\dfrac{\pi}{4}\right]\cos(2\pi f_c t)$$

这个 BPSK 信号定义了调制信号的二进制波形与正弦载波信号 $\sqrt{2/T}\cos(2\pi f_c t)$ 的乘积，这一部分在符号持续时间 T 上具有单位能量，并且

$$\sqrt{E}\cos\left[(2i-1)\frac{\pi}{4}\right]=\begin{cases}\sqrt{\dfrac{E}{2}},\ i=1,4\\[2mm]-\sqrt{\dfrac{E}{2}},\ i=2,3\end{cases} \tag{3-22}$$

由此得到这个二进制波形的幅度等于 $\pm\sqrt{E/2}$。

第二项表示另一个 BPSK 信号为

$$-\sqrt{\frac{2E}{T}}\sin\left[(2i-1)\frac{\pi}{4}\right]\sin(2\pi f_c t)$$

与第一项不同，第二项定义了调制信号的二进制波形与另一个正弦载波 $\sqrt{2/T}\sin(2\pi f_c t)$ 的乘积，这一项的正弦载波同第一项的正弦载波有 $\pi/2$ 的相位差，因此两个载波是正交的。第二项在每个符号持续时间内也具有单位能量，并且

$$-\sqrt{E}\sin\left[(2i-1)\frac{\pi}{4}\right]=\begin{cases}-\sqrt{\dfrac{E}{2}},\ i=1,2\\[2mm]\sqrt{\dfrac{E}{2}},\ i=3,4\end{cases} \tag{3-23}$$

所以，第二项表示的二进制波形振幅也等于 $\pm\sqrt{E/2}$。式(3-22)和式(3-23)定义的两个二进制波形具有相同的符号持续时间宽度 T。

表 3-2 给出了标号 i、双比特格雷码码组与 QPSK 相位的对应关系。

表 3-2　QPSK 相位对应二位码组与标号 i 的关系

标号 i	QPSK 信号相位/弧度	双比特格雷码码组
1	$\pi/4$	10
2	$3\pi/4$	00
3	$5\pi/4$	01
4	$7\pi/4$	11

根据上面的分析，可以画出 QPSK 信号产生过程的框图，如图 3-14(a)所示。为产生 QPSK 信号，首先要用非归零电平编码器将输入的二进制符号序列变换成极性码。图中，非归零电平编码器输出的二进制波形用 $b(t)$ 表示。二进制符号 1 和 0 分别用 $\sqrt{E_b}$ 和 $-\sqrt{E_b}$ 表示，$E_b=E/2$。用一个多路复用分配器（由一个串/并变换器组成）将 $b(t)$ 的二进制波形分成两路，$b(t)$ 的偶数比特和奇数比特各分一路。这两路二进制符号波形分别记为 $a_1(t)$ 和 $a_2(t)$。$a_1(t)$ 和 $a_2(t)$ 的振幅都是根据表 3-2 确定的（这取决于要发送的双比特格雷码）。分成两路的二进制波形 $a_1(t)$ 和 $a_2(t)$ 分别用于调制一对正交载波，即 $\sqrt{2/T}\cos(2\pi f_c t)$ 和 $\sqrt{2/T}\sin(2\pi f_c t)$，因此调制输出的是一对正交的信号。调制完成后，两路正交的 BPSK 信号相减产生 QPSK 信号输出。

接收机中对 QPSK 信号的解调过程如图 3-14(b)所示。接收机由同相(I)支路和正交(Q)支路组成，接收到的 QPSK 信号同时送给同相和正交两个支路，每个支路都由一个乘

法调制器、一个低通滤波器、一个抽样器和一个判决器组成。在理想条件下，接收机的 I 和 Q 支路分别独立地对 $a_1(t)$ 和 $a_2(t)$ 两个分量进行解调。分别解调后将这两个支路的输出送给一个复用器(由并/串变换器组成)，复用器将两路信号合并，输出就是原始的二进制符号序列。

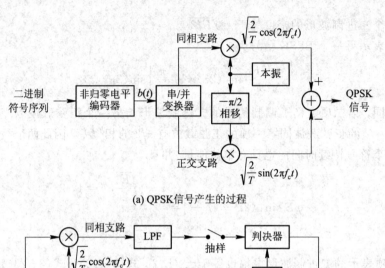

(a) QPSK信号产生的过程

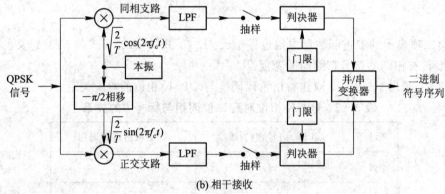

(b) 相干接收

图 3-14　QPSK 信号产生与相干接收原理框图

4. 二进制频移键控

　　频移键控最简单的情况就是二进制频移键控(BFSK)。二进制频移键控就是用消息信号源输出的 0 和 1 两种符号控制载波信号，使载波信号频率分时地发送两种不同频率，但载波信号的振幅和发送每一种频率的持续时间恒定。所以，二进制频移键控实际上相当于是分时发送一对载波频率不同的信号，用这一对信号的不同频率来分别表示 0 和 1 两种符号。典型的正弦波信号对如式(3-24)，信号波形与发送二进制符号序列的对应关系如图 3-15所示。

$$s_i(t) = \begin{cases} \sqrt{\dfrac{2E_b}{T_b}} \cos(2\pi f_1 t), & 符号\ 1\ 对应\ i=1 \\[3mm] \sqrt{\dfrac{2E_b}{T_b}} \sin(2\pi f_2 t), & 符号\ 0\ 对应\ i=2 \end{cases} \tag{3-24}$$

式中，E_b 为发射信号每一比特的能量。从式(3-24)可以看出。BFSK 调制信号也可以看成是两个不同载波频率的幅度键控信号之和。如果频率 f_1 和 f_2 的选择使两者的频率差等于比特时间宽度 T_b 的倒数，这时的 BFSK 信号是一种连续相位信号，其相位总是保持连续，即便是在符号转换的时刻(这时载波频率同步转换),相位也是保持连续的。

在图 3 - 15 中,输入的二进制符号序列为 0011011001,图(a)是输入的二进制符号序列,图(b)是对应二进制符号序列的非归零电平编码波形,图(c)是对应的 BFSK 信号波形,图(d)和图(e)分别是对应两个载波频率的调幅波形。图中 BFSK 信号波形具有相位连续的特点,这是采用模拟信号调频电路实现的输出波形。

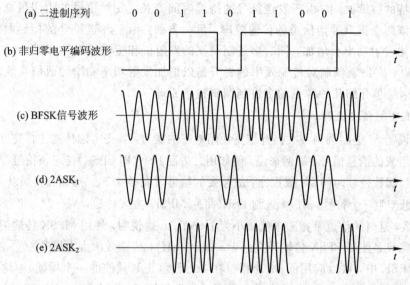

图 3 - 15　二进制频移键控的波形图

二进制频移键控可以采用模拟信号调频电路实现,也可以采用图 3 - 16 所示的键控法实现。模拟调频法产生的 BFSK 信号相位是连续的,键控法产生的 BFSK 信号相位是不连续的。在图 3 - 16 所示的键控法中,两个独立的载波信号发生器在输入二进制符号序列的控制下以开、关的方式输出,二进制序列为 1 时开关 1 打开,输出载波 1;二进制序列为 0 时开关 2 打开,输出载波 2。将两路信号都送给一个相加器实现合路,相加器的输出就是 BFSK 信号。

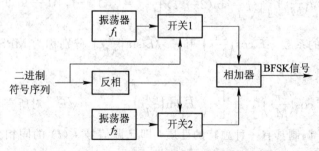

图 3 - 16　键控法 BFSK 调制器框图

BFSK 信号的解调有非相干和相干两种。非相干解调就是包络检波,从图 3 - 15(c)和(d)可以很明显地看出,采用包络检波就可以获得 0 和 1 符号序列。相干解调也在前面介绍过,只是这里由于是两个载波,非相干解调和相干解调都要将接收信号分成两路分别进行解调,得出数字序列后再合并起来才是原来发送的数字符号序列。

5. 多进制数字调制

在多进制（如 M 进制）调制中，每一次发送 M 个可能的符号 $s_1(t)$，$s_2(t)$，…，$s_M(t)$ 之一，每个符号发送的持续时间为 T。一般 $M=2^m$，其中 m 为整数。比如，对于二进制调制的情况，$M=2$，$m=1$，$2=2^1$；对于四进制调制的情况，$M=4$，$m=2$，$4=2^2$；而对于八进制调制的情况，$M=8$，$m=3$，$8=2^3$，等等。在此条件下，符号持续时间 $T=mT_b$，T_b 为一个比特的持续时间，由于发送符号的持续时间变长，发射信号的占用带宽会减小，因此多进制调制会提升通信信道的传输效率。另一方面，由于发送符号的持续时间变长，发射机的平均发射功率会增加，同时多进制调制的发射机和接收机设计都要比二进制的情况复杂。所以，多进制调制对传输效率的提升是以增加发射功率和增加通信系统复杂性为代价的。下面简单介绍几种常见的多进制调制技术原理。

1）M 进制相移键控

为了说明 M 进制调制方案提升带宽使用效率的能力，首先考虑传送比特宽度为 T_b 的二进制序列组成的消息信号。举例来说，假如用二进制 PSK（即 BPSK）传送该信号，由于需要的信道带宽与比特持续时间 T_b 成反比，故需要的信道带宽是 $1/T_b$。然而，假如以 m 比特分为一组，一组产生一个符号，用 M 进制 PSK（简称 MPSK）方案传送，$M=2^m$，符号持续时间为 mT_b，那么，这时的信道带宽需求就减小为 $1/(mT_b)$。这说明，使用 MPSK 传输消息信号，所需要的带宽只是使用 BPSK 传输带宽的 $1/m$（$m=\mathrm{lb}M$），传输效率大大提升。

在 MPSK 中，可以应用的 M 个相位在 2π 弧度（正弦载波的一个周期）中均匀分布，这 M 个离散的相位分别对应于 M 个发射符号，这个规律可以用如下的相位调制信号表示：

$$s_i(t)=\sqrt{\frac{2E}{T}}\cos\left(2\pi f_c t+\frac{2\pi}{M}i\right)，i=0,1,\cdots,M-1,0\leqslant t\leqslant T \qquad (3-25)$$

式中，E 为信号每一个发送符号的能量，f_c 为载波频率。应用熟知的三角恒等式，将式（3-25）展开成两项之和，得到

$$s_i(t)=\left[\sqrt{E}\cos\left(\frac{2\pi}{M}i\right)\right]\left[\sqrt{\frac{2}{T}}\cos(2\pi f_c t)\right]-$$

$$\left[\sqrt{E}\sin\left(\frac{2\pi}{M}i\right)\right]\left[\sqrt{\frac{2}{T}}\sin(2\pi f_c t)\right]，i=0,1,\cdots,M-1,0\leqslant t\leqslant T \qquad (3-26)$$

式（3-26）中离散的系数 $\sqrt{E}\cos\left(\frac{2\pi}{M}i\right)$ 和 $-\sqrt{E}\sin\left(\frac{2\pi}{M}i\right)$ 分别称为 MPSK 信号 $s_i(t)$ 的同相分量和正交分量。因为

$$\left\{\left[\sqrt{E}\cos\left(\frac{2\pi}{M}i\right)\right]^2+\left[-\sqrt{E}\sin\left(\frac{2\pi}{M}i\right)\right]^2\right\}^{1/2}=\sqrt{E}，对所有 i 成立 \qquad (3-27)$$

所以得到，MPSK 调制具有一种独特的性质，即已调信号 $s_i(t)$ 的同相分量和正交分量是相关的，即，不论 M 取何数值，已调信号的离散包络对所有的 M 值都保持恒定数值 $\sqrt{E}$。前面介绍的 QPSK 是 MPSK 在 $M=4$ 时的具体例子。

根据式（3-27）的结果，再结合 MPSK 同相分量和正交分量都是离散的这一事实，就会得到一种非常有用的 MPSK 几何图形——信号矢量图。为便于说明，所构建的图形是二维的，水平轴和垂直轴分别由下面的两个正交函数定义：

$$\varphi_1(t) = \sqrt{\frac{2}{T}} \cos(2\pi f_c t),\ 0 \leqslant t \leqslant T \tag{3-28}$$

$$\varphi_2(t) = \sqrt{\frac{2}{T}} \sin(2\pi f_c t),\ 0 \leqslant t \leqslant T \tag{3-29}$$

上面的系数因子 $\sqrt{2/T}$ 使 $\varphi_1(t)$ 和 $\varphi_2(t)$ 所表示的发送信号在持续时间间隔 T 上是单位能量的。在此基础上，可以将同相分量 $\sqrt{E}\cos\left(\frac{2\pi}{M}i\right)$ $(i=0,1,2,\cdots,M-1)$ 和正交分量 $-\sqrt{E}\sin\left(\frac{2\pi}{M}i\right)$ 表示为二维图上的点的集合，如图 3-17 所示（图中取 $M=8$）。这样的图称为信号矢量图。为了使图像清晰，通常在信号矢量图中只画出矢量信号的端点，这时的信号矢量图就成为矢量信号的端点分布图，一般将这种矢量信号的端点分布图称为星座图。

图 3-17 中对应于 8 个信号点的 3 bit 序列采用的是 Gray 编码，前面讲到，Gray 编码的好处是相邻的码组只有一位发生变化，因此在信号从星座图中的一个信号点变化到相邻信号点时只有一个 bit 发生变化（0 变为 1，或 1 变为 0）。这减少了电路的操作，从而减少了电路出现错误的机会，提高了传输的可靠性。

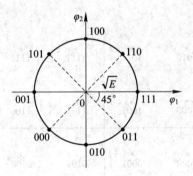

图 3-17　8PSK 信号矢量图

信号矢量图完整、深刻和清晰地总结了 MPSK 的几何描述，从图 3-17 可以得到以下几点结论：

（1）MPSK 在几何上可以由 M 个均匀分布在半径为 $\sqrt{E}$ 的圆上的信号点表示。

（2）图中的每一个信号点，对应式（3-25）给定的一对指标值 i 的信号 $s_i(t)$。

（3）从原点到每个信号点的距离平方等于信号的发送能量。

2）M 进制正交幅度调制

接下来，假设去掉描述 M 进制 PSK 调制特性限制条件的式（3-27），那么，形成 M 进制调制信号的同相分量和正交分量就成为相互独立的信号。具体地说，新的已调信号具有如下的数学表达式：

$$s_i(t) = \sqrt{\frac{2E_0}{T}} a_i \cos(2\pi f_c t) - \sqrt{\frac{2E_0}{T}} b_i \sin(2\pi f_c t), \tag{3-30}$$
$$i=0,1,\cdots,M-1,\ 0 \leqslant t \leqslant T$$

式中同相分量的电平参数 a_i 和正交分量的电平参数 b_i 对所有 i 取值都相互独立。这种新的调制方案称为 M 进制正交幅度调制（Quadrature Amplitude Modulation，QAM）。

M 进制 QAM(简称 MQAM)可以看成是 M 进制幅度键控和 M 进制相移键控的组合。实际上，从分析式(3-30)可以看出，MQAM 包括两种特殊情况：

(1) 如果令 $b_i = 0$，则式(3-30)中的已调信号 $s_i(t)$ 就简化为

$$s_i(t) = \sqrt{\frac{2E_0}{T}} a_i \cos(2\pi f_c t),\ i = 0,\ 1,\ \cdots,\ M-1$$

此式就是一个 M 进制幅度键控(MASK)的表达式。

(2) 如果令 $E_0 = E$，并且

$$(Ea_i^2 + Eb_i^2)^{1/2} = \sqrt{E}，对所有 i 成立$$

则式(3-30)的已调信号 $s_i(t)$ 简化为 MPSK。

图 3-18 给出了 $M = 16$ 时 MQAM 的星座图，图中每一个信号点都由一对参数 a_i 和 b_i 定义($i = 1, 2, 3, 4$)。在这里，我们看到信号点均匀地分布在一个矩形的栅格内。这种矩形形状的信号矢量图，证明了 MQAM 的同相分量和正交分量彼此独立。而且，从图 3-18 可以看出，与 MPSK 不同，MQAM 中不同的信号点具有不同的能量电平。注意，星座图中的每一个信号点对应一个特定的 4 比特码，由 4 个 bit 构成。图 3-18 中应用的仍然是 Gray 编码，所以不论是从星座图的水平方向看，还是从星座图的垂直方向看，相邻的信号点都只有一位码不同。

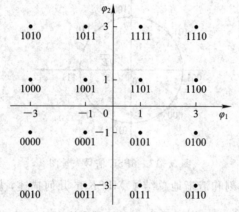

图 3-18　Gray 编码的 MQAM 信号矢量图($M = 16$)

3) M 进制频移键控

对于 M 进制频移键控(MFSK)，图像会非常不同于 MPSK 和 MQAM。具体地说，对于固定的 n 值，MFSK 发射信号定义如下：

$$s_i(t) = \sqrt{\frac{2E_0}{T}} a_i \cos\left[\frac{\pi}{T}(n+i)t\right],\ i = 0,\ 1,\ \cdots,\ M-1,\ 0 \leqslant t \leqslant T \quad (3-31)$$

M 个发射信号持续时间都等于 T，能量都等于 E_0。相邻发射信号的载频频率间隔等于 $1/(2T)\,\mathrm{Hz}$，式(3-31)中的信号对不同的指标 i 是正交的，即它们满足条件

$$\int_0^T s_i(t)s_j(t)\mathrm{d}t = \begin{cases} E,\ i = j \\ 0,\ i \neq j \end{cases} \quad (3-32)$$

最后需要说明的一点是，不论 M 取何值，MPSK 和 MFSK 的包络都是恒定的。因此，这两种 M 进制调制方案都可以应用于非线性信道。但 MQAM 只能应用于线性信道，因为在 MQAM 中，对不同指标 i(决定具体的发射信号点)，包络变化是离散的。

3.3　交　换　技　术

在第 1 章里我们已经对交换技术在通信网中的作用有了初步的认识,这里对交换技术的基本原理和类型作进一步的介绍,使大家对交换技术有一个框架性的了解。

交换就是转接,最早就是将电话的主叫方和被叫方通过人工转接的方式在电路上连接起来,建立主、被叫之间的通话线路。人工完成这项工作的大致过程如下:主叫方提起话筒,拨号通知话务员,话务员接到主叫的呼叫,询问主叫要通话的被叫方是哪里,然后根据获得的被叫方信息查看被叫方线路是否空闲,如果空闲则将主叫线路通过插线的方式与被叫方线路连接,主、被叫连接起来之后双方即可通话,通话结束后告知话务员,话务员拆断连线,至此,这次电话交换就算结束了。显然,人工交换的效率是很低的。

之后出现的步进制交换机和纵横制交换机都是早期的机电制自动交换机。自动交换的基本实现过程同人工交换的操作过程类似,只是由设备根据主叫用户的电话拨号来控制电磁继电器和接线器执行相应的动作,效率大大提高。但早期的机械式交换机体积大,制作复杂性高,而且可靠性差。

20 世纪 60 年代出现的程控交换机,是一种基于计算机系统的、利用存储程序方式构成控制系统的交换机。程控交换机的转接操作全部由计算机程序自动控制,无需人工介入,改变系统操作时也只需要改变程序指令,不需要修改设备,在设计和使用方面都具有很大的灵活性。所以,以计算机技术为基础的程控交换技术的出现,不仅大大提升了交换操作的效率和网络可靠性,也使得交换网络能够适应通信网络规模不断扩大、用户对网络服务质量要求不断提升的发展状况。

计算机技术和计算机网络的发展,使得数据交换越来越成为交换技术的重要方面。首先,计算机网络本身是数据交换网络,而且随着社会和经济的发展,对网络数据容量、质量和实时性数据传输的要求不断提高。其次,传统的电话网络也都已经数字化,电话网传输的已经不是模拟语音,而是数字化后的语音数据,并且传统的语音通信网络的每一个节点都是由计算机系统或者嵌入式计算机系统为基础制作的,这样语音通信网络实质上已经成为一种计算机通信网络。第三,传统的有线电视广播网络也已经完成了数字化、光纤化和双向互联传输的升级改造,并且该网络的每一个节点也都是以嵌入式计算机为基础建设的。以上通信网三个方面的发展说明,不仅传统的计算机网络在传输数据,而且电话通信网络和有线电视网络都已经成为类似于计算机网络的数据通信网。通信网络的这种发展就成为后来三网融合的技术基础。实际上,目前的电信网、电视网和计算机网络具有完全一样的功能,这就是三网融合的功能。

传输和交换是各类信息传输网络的两项主要技术,并且,交换技术也是随着网络技术的发展和社会需求的发展而发展的。这里对交换技术作简要的介绍,分为电话交换技术和数据交换技术,从中也可以看出交换技术与网络技术发展的某些关系。

3.3.1　电话交换技术

1. 程控交换的基本概念

电话交换是多个输入线和多个输出线之间进行直接转接,从而直接形成信息传输的物理线路，因为交换后直接形成了电路连接，所以这种交换也叫电路交换。

电话网是最早出现的语音传输网络，电话交换技术也是最早出现的交换技术。电话交换技术经历了人工交换、机电式交换、电子交换和存储程序控制式电子交换（即程控交换）的发展过程。上述这些交换方式都具有一个共同的特点，就是为两个通话用户形成一条独享的通信电路，这条电路在两个用户通话期间不能被其他的用户使用，直到这对用户的通话结束之后，被占用的电路资源才能释放出来为其他用户使用。这种特点使电路交换方式具有通信实时性好的优点，但同时也造成了电路资源利用率低的缺点。

程控交换技术是存储程序控制交换技术的简称，程控交换机就是用存储程序控制的交换机，程序需要运行在计算机上，因此程控交换机是以计算机为基础的。程控交换机工作时，计算机的中央处理器根据预先编制的程序来控制交换机的整个交换过程。程控交换机的基本构成框图如图 3-19 所示，主要包括话路部分和控制部分，话路部分的主要功能是实现电路转接，控制部分的主要功能是控制电路转接的过程。

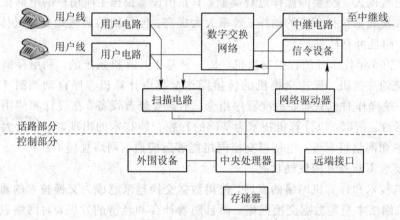

图 3-19 程控交换机的基本结构

在交换机的话路部分，用户终端一般是电话机，用户电路是程控交换机连接用户终端设备的接口电路，其主要功能包括为用户设备提供电源、实现用户信号的数字化与 PCM 编码、为用户终端提供振铃信号等。数字交换网络也叫接续网络，是话路系统的核心，其总的功能是在中央处理器的控制下，由网络驱动器驱动实现电路的转接，以建立所需要的通话通路。中继电路是交换网络与中继线之间的接口电路，中继线实现同其他交换机或远距离传输设备的连接。中继电路有模拟和数字两种，模拟中继电路连接的是模拟中继线，数字中继电路连接的是数字中继线。随着通信数字化的发展，模拟中继线的使用越来越少。扫描电路用于获取线路状态信息，有用户线扫描电路和中继线扫描电路两个部分。用户线扫描电路用于监视用户线状态、获取用户的摘机或挂机等动作信息。中继线扫描电路用于获取中继线状态信息。扫描电路获取线路的状态信息后，送给控制部分作进一步的处理，如转接或断开。信令设备包括信号音发生器、话机双音多频（DTMF）信号接收器、局间多频互控信号收发器和其他信令部件等。信号音发生器产生拨号音、振铃音、忙、回铃音等信号。双音多频信号携带用户发出的被叫号码信息。局间多频互控信号收发器用于不同交换机之间的信息传递。

控制部分就是一台计算机，包括中央处理器、存储器、外围设备和远端接口。中央处理器控制整个交换机的运行、管理、监测和维护。存储器存储运行程序和各种运行数据，包括用户的注册信息和业务信息。外围设备包括显示与打印设备、维护终端等。远端接口用于实现分散控制情况下同远端设备的互联。

2. 电话交换的呼叫接续过程

以下是一个交换局内完成一次正常通话时，程控交换机的呼叫处理过程。

(1) 假设开始用户处于空闲状态，扫描电路周期性地对用户线扫描。

(2) 主叫用户摘机后，扫描电路立即检测到用户摘机的状态信号，立即向主叫用户送拨号音，并准备接收用户拨号。

(3) 交换机收到主叫拨号后，停送拨号音。对收到的号码进行数字分析，并判断被叫号码是属于本局、出局还是长途等。对于局内呼叫，根据分析结果检查被叫用户是否空闲。

(4) 若被叫用户空闲，则向被叫用户振铃，提醒被叫用户有电话呼入，同时将被叫用户标记为忙状态，表示被叫线路被占用。

(5) 向主叫用户送回铃音，同时监视主、被叫用户状态。

(6) 被叫用户摘机应答，停止振铃音和回铃音，建立主、被叫通话线路，开始通话，同时启动计费。

(7) 通话结束，主叫或被叫挂机，扫描电路检测到挂机信号，停止计费，释放通话线路。

3. 数字交换网络原理

1) 时隙交换

对于 PCM 数字电话系统，语音信号采样频率是 8 kHz，每一秒采样 8000 个点，每一个采样点按 8 位(bit)编码，因此每一话路的数据速率是 64 kb/s。将多路数字语音数据复用在一起形成帧，每一帧包含 30 路电话数据和两路信令数据，一路语音的 8 位数据(即一个采样点的编码数据)只占其中的一个时隙，所以数字电话网络必须按照 8000 帧/秒的速率对语音数据进行交换和传输，即需要 125 μs 的时间完成一次交换。

数字交换是通过时隙交换实现的，时隙交换就是将输入复用线上的一个时隙 TS_i(对应一路电话)按照要求在输出复用线上的另一个时隙 TS_j 输出，每个时隙传送 8 位的语音数据码。时隙交换的示意图如图 3-20 所示，图中将输入复用线上的时隙 TS_2 交换到输出复用线的 TS_5 上，将输入复用线上的时隙 TS_5 交换到输出复用线的 TS_2 上。也就是将输入复用线时隙 TS_2 的内容交换到输出复用线的 TS_5 上，将输入复用线时隙 TS_5 的内容交换到输出复用线的 TS_2 上。

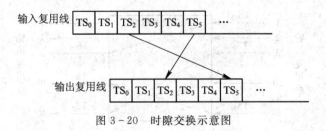

图 3-20　时隙交换示意图

　　时隙交换一般是采用随机存储器构成的时间接线器(也叫 T 接线器)来实现的。利用随机存储器实现话路时隙交换的原理如图 3-21 所示,存储器的单元数同要交换的时隙数对应,每个存储单元都是 8 位,对应存储一个时隙的 8 位数据码。在写入电路的控制下,输入复用线的上 TS_i 时隙的数据写入随机存储器对应的第 i 存储单元,如输入复用线上 TS_1 时隙的数据写入随机存储器对应的 1 单元,依次类推。存储器的内容每隔 125 μs 刷新一次,即刷新频率是 8000 Hz。在读出电路的控制下,在输出复用线不同时隙的时间读出不同存储单元的内容,就可以达到时隙交换的目的。比如在输出复用线时隙 TS_2 的时间读存储器 TS_5 单元的内容,就等于将输入复用线 TS_5 的数据交换到了输出复用线的 TS_2 上。同样,在输出复用线时隙 TS_5 的时间读存储器 TS_2 的内容,就实现了将输入复用线 TS_2 的数据交换到输出复用线 TS_5 上。

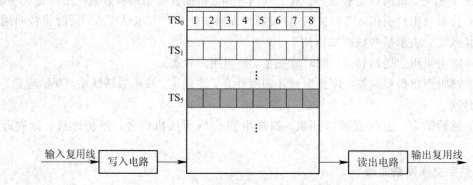

图 3-21　时间接线器工作原理示意图

　　上述数据顺序存入和利用存储器的读出实现数据交换的方式称为读出控制方式。也可以在写入时按照交换的要求,将输入数据存入对应要交换的单元,而在读出时顺序读出,这种实现交换的方式称为写入控制方式。

　　2)空分交换

　　空分交换也叫复用线交换,指的是多条复用线之间的语音数据交换。时隙交换可以完成一条输入复用线和一条输出复用线之间的时隙交换,假如输入复用线和输出复用线都是多条,也就是需要交换的容量比较大,这时就需要采用空分交换。空分交换是利用一种称为空间接线器的设备来实现的,空间接线器也称为 S 接线器。

　　图 3-22 给出了空分交换的示意图,图中共有 N 条输入复用线和 N 条输出复用线。假设将输入复用线 1 上时隙 TS_{20} 的数据交换到输出复用线 3 上,则时隙也一定是 TS_{20}。将输入复用线 N 上 TS_2 的数据交换到输出复用线 20 上,则时隙也同样是 TS_2;将输入复用线 3 上时隙 TS_2 的数据交换到输出复用线 N 上,同样时隙也一定是 TS_2。

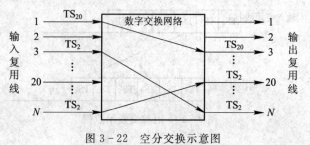

图 3-22　空分交换示意图

　　由于空分交换是完成不同复用线之间的"空间交换"，即在 N 条输入复用线中选择一条与一条输出复用线接通，并要将入线和出线之间的时隙匹配，所以空间接线器是由一个 $N \times N$ 的交叉接点矩阵和 N 个控制存储器(Control Memory, CM)构成的，并且空分交换也分为输入控制方式和输出控制方式两种。

　　图 3-23 给出了一种输入控制方式 S 接线器示意图。图中每一条输入复用线都配置一个控制存储器(CM)，CM 存储各个时隙的语音数据将要交换到哪一条输出复用线的信息，对于 PCM30/32 系统来说，一个 CM 就有 32 个存储单元，这 32 个存储单元分别对应 32 个时隙。图 3-23 中，为输入复用线 PCM_0 配置的控制存储器是 CM_0，为输入复用线 PCM_1 配置的控制存储器是 CM_1。

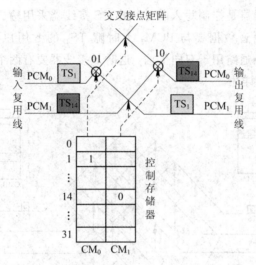

图 3-23　输入控制方式 S 接线器示意图

　　图 3-23 中的交叉接点矩阵，在控制存储器的控制下执行输入复用线和输出复用线之间的语音数据交换。假设输入复用线 PCM_0 上时隙 TS_1 的语音数据要交换到输出复用线 PCM_1 上去，当 PCM_0 的 TS_1 到来时，查询 CM_0 的对应时隙为 1 的单元，存储内容为 1。因此，在 CM_0 的控制下交叉接触点 01 闭合，输入复用线 PCM_0 的 TS_1 中的语音数据直接传送到输出复用线 PCM_1 的 TS_1 中，这样就完成了输入复用线 PCM_0 和输出复用线 PCM_1 之间的语音数据交换。同样在 TS_{14} 时隙，CM_1 控制交叉接点 10 闭合，将 PCM_1 的 TS_{14} 中的语音数据送至 PCM_0 的 TS_{14} 中。

　　可以看出，S 接线器中一个交叉接点的一次闭合只能交换一个时隙的语音数据，也就是将一个时隙的语音数据从一条复用线交换到另一条复用线上，即实现一个时隙数据在不同复用线之间的交换。所以对于多条复用线的多时隙交换，交叉接点就需要频繁地闭合来完成。就是说，由于需要交换的是以时分方式传输的语音数据，空分接线器实质上也是以时分方式工作的，只不过要交换的时隙数据来自不同的输入复用线，或者要送往不同的输出复用线。

　　3) 数字交换网络

　　从上面的介绍看出，T 接线器可以实现一条复用线上不同时隙之间的数据交换，S 接线器可以实现一个时隙在多条复用线间的交换。数字交换网络就是由时间接线器和空间接线器的不同组合而构成的用于实现数字交换的网络设备，这样构成的数字交换网络可以是 TST 数字交换网络，也可以是 STS 数字交换网络。TST 数字交换网络就是两侧为 T 接线器、中间一级为 S 接线器的交换网络，这种交换网络在数字交换机中使用比较普遍。STS 数字交换网络就是两侧为空间接线器、中间一级为时间接线器的交换网络。

在 TST 交换网络中，输入侧 T 接线器完成输入复用线上的时隙与 S 接线器内部时隙的交换，输出 T 接线器则完成 S 接线器内部时隙与输出复用线时隙之间的交换。S 接线器完成输入复用线与输出复用线之间的交换。图 3-24 给出了一种 TST 网络示意图，图中输入和输出复用线均为 4 条，$PCM_0 \sim PCM_3$ 是 4 条输入复用线，$PCM'_0 \sim PCM'_3$ 是 4 条输出复用线，所以中间 S 级交换的交叉接点为 4×4 的矩阵，输入端 T 接线器采用时钟写入控制读出，输出端 T 接线器是控制写入时钟读出，S 接线器采用输出控制方式。如果 PCM_0 上时隙 TS_2 的 a 用户语音数据要与 PCM_3 上时隙 TS_{31} 的 b 用户语音数据进行交换，则 TST 网络需要建立两条通路用于双向传输，这时 S 接线器要有两个内部时隙完成交换。具体的交换过程这里不再详述。

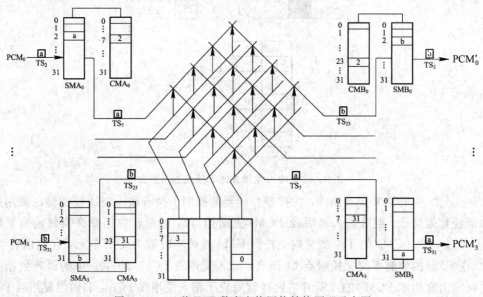

图 3-24　一种 TST 数字交换网络结构原理示意图

3.3.2　数据交换技术

1. 概述

由于主要的通信网络都已经是数字化的，各种信源输出的消息都是以数字化的数据方式在网络上传输的，因此，语音、图像、各类文件以及视频等多媒体消息，在通信网络上都表现为传输的数字信号。另一方面，随着社会的发展，人们对电信业务的需求也在不断发展，由以往对单一业务需求向语音、数据、视频和多媒体等综合业务需求发展。同时，光纤通信技术的快速进步和光纤接入的逐渐普及，也为通信传输提供了足够的带宽，可以满足各类业务数据在同一网络里传输时对带宽的需求。上述这些发展有效地推进了电话网、有线电视网和计算机互联网等不同信息网络的融合，这同时也有力地推进了数据交换技术的发展。目前在不同网络里使用的交换技术主要有电路交换、报文交换、分组交换、ATM 交换、局域网交换和 IP 交换等。

在通信技术中，统计时分复用、物理信道与逻辑信道等都是很重要的概念。

统计时分复用（Statistical Time Division Multiplexing, STDM）也叫异步时分复用，是一种根据用户实际需要动态分配线路资源的时分复用方法。只有当用户有数据要传输时才给它分配线路资源，当用户暂停发送数据时，空闲的线路传输能力可以分给其他用户使用。

相对于异步时分复用，第 1 章的 1.3.6 节和本章的 3.1 节介绍的时分复用（TDM）也称为同步时分复用。在同步时分复用技术中，多个用户在同一时间里共享一条物理传输线路，将不同用户的数据按照一定的格式组合在一起构成数据帧，每一个用户的数据固定占用一帧中的一个时隙，帧数据周期性地沿物理线路传输，因此用户数据也是以帧为周期占用固定时隙传输的。这种传输只需要接收端与发送端保持同步就可以无误地接收发给自己的数据，而不需要发送端对发送的数据增加目的地址，这样既减小了开销，也减小了接收端的处理。如图 3-25 所示，某用户的数据用时隙 TS_2 传输，通信过程中固定占用该时隙，接收方每一次只需要同步地从 TS_2 中提取数据即可。

图 3-25　同步时分复中用户占用固定时隙

对于统计时分复用，一条传输线路同样按时间周期划分成帧的形式，一帧也划分成多个时隙来传送用户数据。但与同步时分复用不同的是，统计时分复用中的用户数据不再固定占用各帧中的固定时隙，而是由网络根据用户的请求和网络的资源情况动态分配时隙。这时，为了区分不同的用户数据，需要对用户数据加上标记，如目的地址或逻辑信道标识。统计时分复用中接收端依据数据的目的地址或逻辑信道标识接收发送给自己的数据。如图 3-26 所示是统计时分复用分组传输方式，按用户数据到达交换节点的先后依次占用资源，同时不同用户数据由不同用户标识区分。

图 3-26　统计时分复用中用户不占用固定时隙

在时分复用传输技术中，不管是同步时分复用还是统计时分复用，整个传输信道都是划分成时隙，再由时隙按照一定的结构组成帧送到网络上传输。

时隙为数据传输提供了物理条件，所以将一个时隙叫作一个物理信道。由于整个传输信道划分成了许多时隙，因此就形成了许多物理信道。另外，每个时隙可以分给不同的用户用作数据传输，也可以用作网络控制信号（或信令）的传输，为了区分不同的数据，我们对不同的数据加上不同的编号（或编码），从而在网络上形成了不同的比特流，我们将这种在时隙内发送比特流构成的信道称为逻辑信道。

逻辑信道又分为业务信道和控制信道，用于传输用户数据的逻辑信道称为业务信道，用于传输网络控制信息的逻辑信道称为控制信道，不同的逻辑信道用不同的逻辑信道编号（或编码）来标识。

下面对不同的数据交换技术进行简要的介绍。

2. 电路交换

用于数据交换的电路交换技术也就是电话交换机的程控交换技术，数据交换的过程也是先建立物理连接，而后在固定的物理电路上进行数据传输，数据传输结束后拆除电路，释放电路资源。电路交换适合电话和高速传真业务。电路交换的物理电路是固定的，用于数据传输时的优点是实时性好、传输带宽固定、数据传输无抖动，适用于速率固定的数据业务。

电路交换具有电路资源独占的特点，在用于数据交换网络时存在严重的缺点，具体包括以下几个方面：

（1）电路利用率低。由于数据传输时建立的物理电路是独占的，数据传输的空闲时段也无法为其他用户使用，因此降低了电路利用率。

（2）不适用于突发数据传输。由于电路交换有电路建立和释放的过程，有可能电路建立和释放的时间比数据传输的时间还要长，这会使得网络利用率降低。现代通信网中经常有突发性的数据传输，这使得电路交换不再适用。

（3）电路交换是在数据的发送方和接收方之间建立一条唯一且固定的物理传输通路，由于电路交换存在呼损，因此当电路资源不够或者接收方不能接收时，传输电路就无法建立。

上述这些缺点决定了电路交换不适合用于突发的数据业务，以后发展的数据传输技术都是基于分组和存储转发的特点，这种传输方式具有适应突发数据的特点。

3. 报文交换

报文交换（Message Switching）是最早发展起来的一种存储转发机制的数据交换技术，是基于电报技术发展起来的一种数据传输方式。这里所指的报文，包括报文的正文和报文的数据头，报文的正文就是用户数据，而报文的数据头包括需指明的发送者地址（源地址）和接收者地址（目的地址）及各种控制信息。报文交换的特点是每一次存储和转发都是一份完整的报文（Message），而不管报文有多长。

所谓存储转发机制，就是当报文数据传送到交换机时，交换机会将接收的报文数据暂时保存在自己的存储器中，并对报文数据头进行分析，找到报文数据的目的地址，而后再根据当时传输线路的状况动态分配合适的物理链路，将报文数据经分配的物理链路传送给下一个交换节点，下一个节点也做同样的处理。如此将报文数据逐个节点下传，一直传送到目的地。报文在每一个节点上的转发，都是根据当时的网络环境决定的，有空闲链路则向下一节点传送，无空闲链路则等待，直到有空闲链路。

可以看出，报文交换与电路交换完全不同，报文交换不需要建立专用的物理电路，当有数据要发送时，只需将要发送的报文数据加上源地址和目的地址信息，封装成一个数据包作为网络传输单位。封装后的报文整体传给交换节点设备存储下来，交换节点设备检查报文的目的地址后，根据网络环境，在适当的时间选择一条合适的链路将报文整体发送给下一个交换节点，下一个交换节点也接收完整的报文，存储并检查报文的目的节点地址，然后再根据网络环境选择一条合适的空闲链路将数据整体发送给下一个网络节点。就这样经过多次存储转发，直到将报文数据送到目的节点。

报文交换的主要优点是采用了存储转发的方式，每一次只传送一段链路，而不是一开始就在收发双方之间建立一条固定的物理通路(一般来说一条物理通路包含许多段链路)，而且在每一个节点向下一节点传送时都会根据网络情况选择空闲的链路。这种传送方式使同一条线路可以为不同用户共享，提高了传输线路的利用率。在接收方设备不可用时(如用户忙或未开机)，节点也可以暂时保存报文，直到用户可以接收报文时再转发。

报文交换的缺点主要是对交换节点的存储空间和处理能力要求比较高。实际的报文大小不同，有的报文可能很大，如遇多份报文排队发送的情况，则需要节点有较大的存储空间和处理能力。

4. 分组交换

分组交换(Packet Switching)与报文交换的存储转发工作机制基本相同，但分组交换不是将报文整体传送，而是将要传送的报文分割成较小的数据块，再由数据块加上分组头构成固定格式的数据分组(Packet)，然后以数据分组为单位，使用存储转发机制完成数据传送。分组头包括用户数据的源地址、目的地址和数据分块的编号等信息。不同的数据分组分别通过网络传送到目的地址，目的地址的接收设备收到这些数据分组后，将这些数据分组按照编号顺序重新编排成原始的文件交给接收端应用软件。应用分组交换技术的通信网称为分组交换网。

分组交换技术的优点有如下几个方面：

(1) 传输线路利用率高。分组交换采用存储转发机制，属于统计时分复用传输技术，用户发送数据时才分配线路资源，无数据传输时线路资源为其他用户使用，因此线路资源利用率高。这不同于电路交换中线路资源为用户独占的情况。

(2) 可以适应不同类型数据终端之间的通信。因为采用存储转发的工作机制，所以为不同代码、不同同步方式甚至不同速率的终端之间的通信提供了灵活性。

(3) 传输可靠性高。一方面，每一个数据分组都是独立选择传输路径的，每一个传输节点上都有多条可选的通路，数据分组可以避开故障点传输。另一方面，分组交换机具有差错校验和流量控制功能，可以实现逐段的差错控制，确保传输质量。

分组交换的缺点主要有传输时延大、传输效率低和协议控制复杂等几个方面。传输时延大是存储转发机制固有的缺点，而且不同的数据分组可能会产生不同的传输时延，出现时延抖动，有时会出现数据分组到达接收端的顺序不同于发送时的顺序，因此接收端要对接收的数据分组重新排序。传输效率低是因为每一个数据分组都需要额外增加分组头等开销。而电路交换的同步时分复用则没有这些问题。但随着光纤传输的普及，传输带宽资源愈加丰富，网络技术也不断完善，网络传输时延大和传输不稳定的问题已经得到了很好的解决，在分组网络上完成数据的实时高质量传输已经不是问题。

分组交换有数据报(Datagram)分组交换和虚电路(Virtue Circuit)分组交换两种。

1）数据报分组交换

数据报分组交换是一种无连接的数据交换。在数据报分组交换中，一个数据分组称为一个数据报。数据报分组交换在传输数据报时不需要收发双方建立固定的传输通路，传输过程中各数据报是相互独立传送的，互不影响。数据报在传输过程中分别进行路径选择，各个数据报可能经过不同的路径到达接收端，也可能不按分组顺序到达接收端，接收端收到全部的数据报后，再按照编号顺序重新组合成完整的数据文件呈现给用户。数据报分组交换的特点如下：

（1）网络始终处于准备好的状态，通信电路没有建立和释放连接的过程，通信效率较高。

（2）每个节点都可以根据网络环境灵活地选择路由，可以有效避开网络拥塞的部分和故障节点。

（3）一个完整的数据文件可能会分成多个数据分组，每一个数据分组的分组头都需要包含详细的目的地址，因此编码开销较大，降低了信道利用率。

（4）每个数据分组独立选择路由传输，因此数据分组可能不会按照顺序到达接收端，接收端需要对数据分组按照编号重新排序。

2）虚电路分组交换

虚电路分组交换是一种面向连接的数据交换方式，这里的连接指的是在收发用户开始通信之前建立的一种逻辑上的连接（称为虚电路），一条虚电路由多个逻辑信道连接而成，一旦建立虚电路连接，用户发送的数据分组将由该路径顺序通过网络传送到接收端，当传输完成之后，网络清除连接。分组交换的虚电路不同于电路交换的物理连接，电路交换的物理连接为收发双方建立了一条独享的传输信道，只有等双方的通信结束并释放信道后，这条独享的信道才能分给其他用户使用。分组交换的虚电路不是独享的，如果传输过程中有空闲，则这条虚电路的空闲时间可以分配传输其他用户的数据。虽然虚电路不是独享的，但虚电路传输分组数据时是按照顺序进行的，不会打乱分组数据的顺序，因此在接收端就不需要对数据分组进行重新排序。

根据虚拟连接的实现方式，虚电路又分为呼叫虚电路和永久虚电路。

呼叫虚电路是通过呼叫请求建立虚电路，呼叫虚电路对数据分组的传送分为三个阶段：呼叫建立虚电路连接阶段、在虚电路上交换传输数据阶段和虚电路拆除阶段。在发送数据之前，虚电路数据交换先在收发两端之间建立一个逻辑连接，而后再通过这个逻辑连接传送数据分组，所有数据分组沿相同路径按顺序转发到接收端，通信结束后再将该逻辑连接拆除。

永久虚电路是用户和网络运营商根据协议建立的，不管是否通信都一直存在，因此永久虚电路只有数据传输阶段，没有呼叫建立和虚电路拆除阶段。

从上面的描述可以看出，虚电路分组交换像电路交换一样，通信双方需要建立连接，与电路交换不同的是，虚电路分组交换的连接是虚拟连接（所以称为虚电路），这个虚拟连接不是一个独占的物理线路，而是一条物理线路在逻辑上复用为多条逻辑信道。虚电路分组交换的特点如下：

（1）虚电路的路由选择仅仅发生在虚电路建立的时候，一旦虚电路建立起来，数据传输过程中路由不再改变，从而减少了节点的处理任务。

（2）所有数据分组在传输过程中遵循同一条路由，分组将以原有的顺序到达目的地，所以分组传输的时延小，接收端不需要对接收分组重新排序。

（3）一旦建立了虚电路，数据分组头就不再需要加入详细的目的地址，只需要有逻辑信道号就可以将数据分组传送到目的地址，从而减少了数据分组的编码开销。

分组交换网络的基本构成主要包括分组交换机、分组终端、非分组终端（如电话机）、分组拆装设备和网络管理中心等，如图 3-27 所示。

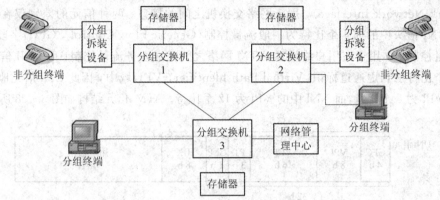

图 3-27　分组交换网络基本构成

分组交换机（Packet Switch，PS）是分组交换网络的核心，主要功能包括：完成端到端用户数据传输的路由选择和流量控制，提供分组交换网络的基本业务和补充业务，基本业务包括交换虚电路和永久虚电路。分组终端和非分组终端都是用户设备。分组终端（Packet Terminal）如计算机、智能终端等，可以直接向网络输出分组数据，可以通过一条物理线路连接分组网络，通过建立多条虚电路同时与多个网络用户通信。非分组终端（如电话机、传真机等）需要通过分组拆装设备连接到分组交换网络上，分组拆装设备负责将来自非分组终端的字符信息组装成分组数据送到网络上，在接收端再将分组数据还原成原来的字符信息送给非分组终端。一个分组拆装设备可以同时连接多个终端，来自不同终端的数据组装成分组数据后由分组头中的标识信息区分，然后经过一条线路送到分组网络上。分组交换网络上的分组终端之间、非分组终端之间、分组终端与非分组终端之间都可以进行通信。

5. ATM 交换

上面介绍的电路交换和分组交换是现代通信网络中较早广泛应用的两种交换方式。电路交换适用于语音等实时性业务，分组交换适用于对实时性要求不高的数据业务，这两种业务的网络也是相互独立的。随着应用需求的发展，需要一个网络能够同时提供语音、数据、图像和视频等各种业务，即综合业务，这就产生了综合业务数字网。在综合业务环境下，不同业务对网络的要求不同，电路交换和分组交换都不能满足综合业务环境下的使用要求，因此提出了 ATM 交换技术。ATM 交换技术是一种融合了电路交换和分组交换优点的新型交换方式。

ATM（Asynchronous Transfer Mode）的意思是异步转移模式，这是一种面向连接的高速交换和多路复用技术，该技术以固定长度的、称为信元的数据分组为基本单位进行数据传输。转移模式指电信网所使用的信息传递方式，即复用、传输和交换技术等。异步指的是异步时分复用，即 ATM 交换网络的信元是按统计时分复用方式传送的，不是按固定时隙传送的,信元传输没有周期性。

　　信元是 ATM 交换所特有的数据分组,是固定长度的数据块。不同类型的业务数据,在接入 ATM 交换网络时,都被分割成信元,每个信元的总长度都是 53 字节,其中信头 5 字节,有效信息载荷 48 字节。信头包括各种控制信息,有效信息载荷就是用户数据。有两种格式的 ATM 信元,一种是用户-网络接口信元,简称为 UNI(User Network Interface),用于用户设备和 ATM 交换机之间的接口;另一种是网络节点接口信元,简称为 NNI(Network-Network Interface),用于网络交换机之间的接口。两种信元的差别仅在于信头不同,UNI 信头中的前 4 个比特为一般流量控制(Generic Flow Control ,GFC)字段,称为一般流量控制域,用于在用户终端和 ATM 网络之间完成业务流量控制;而 NNI 信头中的对应 4 个比特加到虚通道标识(Virtual Path Identifier,VPI)域中,因此 UNI 信元地址路由域中的 VPI 为 8 个比特,而 NNI 中的 VPI 为 12 个比特。ATM 信元结构如图 3-28 所示。

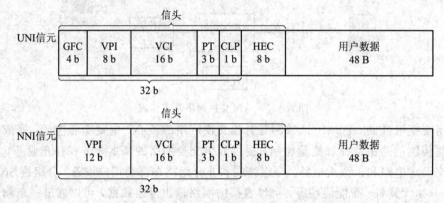

图 3-28　ATM 信元结构

信头各部分说明如下所述。

　　(1) GFC:一般流量控制,占 4 比特,只用于 UNI 接口。

　　(2) VPI:虚通道标识,其中 NNI 为 12 比特,UNI 为 8 比特。在一个接口上将若干个虚通路集中起来组成一个虚通道(VP),并以虚通道为网络管理的基本单位。

　　(3) VCI(Virtual Channel Identifier):虚信道标识,16 比特,标识虚通道内的虚信道,VCI 与 VPI 组合起来标识一个虚连接。

　　(4) PT(Payload Type):净荷类型,3 比特,指示信元中的载荷类型。

　　(5) CLP(Cell Loss Priority):信元丢失优先级,1 比特,用于拥塞控制,1 表示该信元为低优先级,0 表示该信元为高优先级。当网络出现拥塞时,首先丢弃低优先级信元。

　　(6) HEC(Header Error Control):信头差错控制,8 比特,用来检测信头中的错误,并可以纠正信头中 1 比特的错误。ATM 交换只检测信头的差错,净荷部分的差错交给接收终端处理。HEC 还被用于信元定界,利用 HEC 字段和它之前的 4 字节的相关性可识别出信头位置。

　　ATM 交换结合了电路交换和分组交换的优点。电路交换是面向连接的交换,具有实时性好、时延和时延抖动小的优点,但信道利用率低。分组交换采用存储转发和共享信道的统计复用方式,信道利用率高,但时延和时延抖动大。ATM 采用了虚电路分组交换,同时具有电路交换面向连接和分组交换存储转发、共享信道的优点。在传输数据之前,交换机先在收发两端之间建立虚连接,包括虚通道连接(Virtual Path Connection,VPC)和虚信道连接(Virtual Channel Connection,VCC)。之后收发双方在建立的虚连接上直接传递数据,保证了传输实时性。当双方无数据传送时,空闲的虚信道可以为其他用户使用。

虚通道(VP)是在给定的参考点上面,具有相同虚路径标识符的一组路径,虚信道(VC)是 ATM 网络链路端点间的一种逻辑连接关系,也就是在两个端点间传送 ATM 信元的通路,一个 VP 上可以建立多个 VC。ATM 中信元的复用、交换、传输都是在虚路径上进行的,VC 和 VP 的关系如图 3-29 所示,图中的物理传输媒介即为传输线路。不同的 VP、VC 是利用它们各自的 VPI 和 VCI 进行区别的。ATM 网中不同用户的业务信元就是在不同的 VP、VC 中完成传送的。

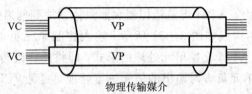

图 3-29 VC、VP、传输媒介三者关系示意图

VC 是具有相同虚信道标识(VCI)的一组 ATM 信元的逻辑集合,换句话说,凡具有相同 VCI 的信元都在同一逻辑信道上传送。VP 是一束具有相同端点(Endpoint)的 VC 链路。

若干 VC 信道可能共享一条 VP 路径,因此 ATM 交换方式就有两种,图 3-30(a)示出了需要同时进行 VP 和 VC 交换的情况,图 3-30(b)示出了只需要进行 VP 交换的情况。对于 VP 交换,其内部包含的所有 VC 将捆绑在一起选择相同的路由,穿过交换节点后并不拆散。相应地,VP 链路内的每个 VCI 的值将保持不变。而 VP/VC 交换则不同,一个进入交换节点的 VP 中的某 VC 将被交换到另一输出 VP 中去,不但 VPI 值发生了改变,而且对应的 VCI 的值也将被更换。

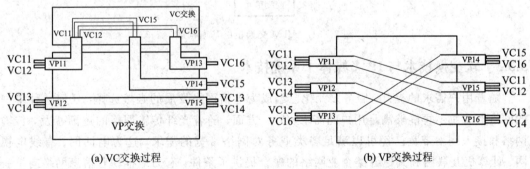

图 3-30 虚信道(VC)交换和虚通道(VP)交换示意图

ATM 交换的特点可以总结如下:

(1) ATM 支持综合业务。ATM 综合了电路交换和分组交换的优点,既具有电路交换处理简单的特点,支持实时业务和数据透明传输,又具有分组交换的特点,支持可变比特率业务,对链路上传输的业务采用统计时分复用。所以 ATM 支持语音、数据、图像和视频等综合业务。

(2) 采用统计时分复用。传统的电路交换采用同步时分复用,每路信号占用的时隙是固定的。ATM 保留了时隙的概念,但是采用统计时分复用方式,取消了同步时分复用中帧的概念，在 ATM 时隙中实际上存放的是信元。

（3）以固定长度的信元为传输单位，响应时间短。ATM 信元的固定长度（53 字节）较分组交换的数据分组长度要小，这样可以降低对交换节点内部缓冲存储器容量的要求，减小信元在缓冲区中排队的时延，从而保证了实时业务对短时延的要求。

（4）采用面向连接并预约传输资源的工作方式。ATM 采用的是虚电路形式，同时在呼叫过程中向网络提出传输所希望使用的资源。考虑到业务具有波动的特点和网络中同时存在多个连接，网络预分配的通信资源小于信元传输时的峰值速率。

（5）在 ATM 网络内部取消逐段链路的差错控制和流量控制，而将这些工作推到了网络边缘。ATM 运行在误码率较低的光纤传输网络上，同时预约资源保证了网络中传输的负载小于网络的传输能力，ATM 将差错控制和流量控制放到网络边缘的终端设备完成。

ATM 交换机的基本构成如图 3 - 31 所示，输入控制单元负责对输入信元进行处理，将输入信元转换为适合 ATM 交换单元处理的形式，即将比特流转换成信元流，实现 VPI/VCI 转换等。输出控制单元负责对输出的信元进行处理，实现 VPI/VCI 转换，并使其成为适合在线路上传输的形式，即将信元流转换成比特流等。交换单元在输入端口和输出端口之间提供高速稳定的数据通道，即端口间的内部路径，支持多个输入端口到多个输出端口之间的并行交换。交换单元根据路由标签选择交换路径，将输入信元交换到所需的输出路径上去。控制单元对交换机的资源进行管理，对运行状态进行监督和控制，并完成运行、维护、管理功能。

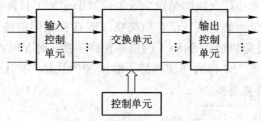

图 3 - 31　ATM 交换机的基本构成

3.3.3　软交换技术与 IP 多媒体子系统技术

随着用户需求的提升，服务多元化已经成为电信网络发展的必然选择，任何一种单一的网络形式都不再能够满足用户的需求。另一方面，随着光纤传输网络的逐渐普及，传输网络和接入网络带宽已经可以满足各类业务对网络带宽的需求，这为电话网、有线电视网、计算机互联网和其他各类企业网络的融合提供了条件，有力地推动着信息网络向下一代 IP 化的统一多媒体网络平台演进。这种网络技术的发展和用户需求的提升，促进了固定网络与移动网络的不断融合和多种接入方式并存，并由此提出了下一代网络（Next Generation Network，NGN）的概念。软交换与 IP 多媒体子系统（IP Multimedia Subsystem，IMS）就是在这种环境下提出的、适应向下一代网络演进需求的新型信息交换技术。

软交换与 IMS 的设计理念是一致的，都是基于 IP 交换实现网络控制与承载的分离，两种技术在功能实现上也有重叠。由于两种技术分别由不同的组织提出，提出的时间和背景不同，初期的侧重点也不同，因此各有优势。软交换技术提出较早，是根据固定电话网络与 IP 交换网络的融合需求而提出的，虽然能提供多种接入方式，但对固定网络与移动网络的融合考虑不足。IMS 技术是根据移动网络与 IP 网络的融合而提出的,因为提出较软交换稍晚,所以既继承了软交换的基本设计思想,又在体系架构和功能设计上考虑得比较完善。IMS 的主要优势是体系架构可以支持移动性管理,在宽带用户的漫游管理和多媒体业务提供能力方面考虑全面,在提供会话型多媒体业务方面的能力和标准化方面也明显优于软交换。

软交换和 IMS 都遵循了 NGN 网络架构分层和功能分离的基本思想,软交换实现了传统程控交换机网络控制与承载的分离,IMS 则进一步实现了网络控制与业务提供的分离,并且实现了固定网络与移动网络的统一控制。从这个意义上讲,IMS 是传统网络向 NGN 演进的更高阶段。

另一点要说明的是,不论是软交换还是 IMS,它们都只是定义了一种适合下一代网络的设计思想和基本的网络体系结构,这对于实际网络的设计者具有非常重要的指导意义。但是,这种网络体系结构只是一种参照框架,实际设计网络时则需要考虑具体的基础条件和应用需求。所以,在实际应用中,针对不同的用户或不同的应用环境,同样是基于软交换技术或基于 IMS 网络架构,但具体网络的模块划分和功能设计是不同的。

下面对这两项技术进行简单介绍。

1. 软交换技术

为了认识软交换的体系结构,下面从分析电话交换机开始。从通信网络层次划分的角度将图 3-19 的程控交换机画于图 3-32,图中根据程控交换机所执行的功能,将其划分成四个功能层次。

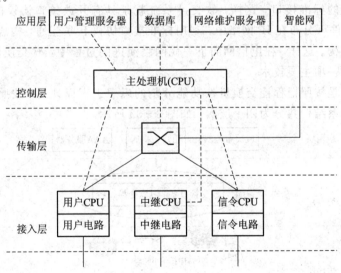

图 3-32 传统程控交换机的分层次图示

(1) 应用层:也叫业务层,主要功能是提供网络的管理与维护、用户管理和业务提供。业务提供嵌入到交换机的软件与硬件中,提供基本业务与补充业务。

(2) 控制层:具体讲就是实现呼叫控制功能,由主处理机和呼叫处理软件组成,提供呼叫处理与交换控制功能。

(3) 传输层:由 64 kb/s 的电路交换矩阵构成,提供媒体的承载连接功能(即交换功能),程控交换机转接的媒体就是语音。

（4）接入层：主要有如下三个方面的接入。

① 由用户处理机和用户电路组成用户接入网关，用于接续用户终端设备。

② 由中继处理机和中继电路组成网关，用于接续外部网络。

③ 由信令处理机和信令电路组成 No.7 信令网关，提供 No.7 信令链路与 No.7 信令网接续。

程控交换机的主处理机与用户终端、中继器、信令设备等从处理机之间的通信协议是由制造商制定的，对运营商和其他的第三方都不开放，用户不能修改。

程控交换机的上述四个层次是按照交换机的功能划分出来的，在实际的程控交换机中，这四个层次在物理上处于一个封闭体内，支持这四个功能层次的软硬件互相牵制，各功能层之间没有开放的互联标准接口。这种一体性的结构不仅使得网络组织不够灵活，也使得运营商不能独立开发新的业务。传统的程控交换机的业务提供是设备提供商在设计交换机时就确定了的，运营商若想修改或增加某种业务，软硬件都需要修改，这样的工作只能交给设备制造商，显得非常不灵活。程控交换机的这些特点，决定了其不能适应运营商在新的竞争环境下的业务发展需要。

为了满足用户对新业务的发展需求，后来在网络中增加了一些新的节点设备，专门用于为各交换机提供新业务，这些节点设备组成了智能网。智能网的出现实现了业务提供与传统程控交换机的分离，这在一定程度上为运营商提供了开展新业务的灵活性，但这些新业务仍然是基于电路交换的。

随着传输网络 IP 化发展，提出了以 IP 网络为基础、能提供开放多媒体业务的软交换技术。软交换技术将应用、控制、传输和接入四个功能层面完全分离，并在这四个功能层面之间引入开放的标准接口。这样，软交换系统就是具有开放接口协议的网络部件的集合，这些网络部件可分布在 IP 网络中，利用标准接口协议互联互通，构成一个开放标准、分布式的体系结构。这样，在电信网向下一代网络演进的过程中，软交换成为了用于取代传统程控交换的一项主要技术。

软交换系统是按照把程控交换机按功能分割的思想进行设计的，按照层次划分方法，软交换系统的体系结构共分为四个层次，如图 3-33 所示。

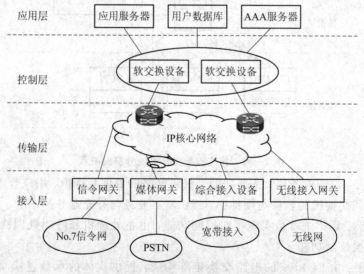

图 3-33　软交换系统的体系结构

（1）接入层的主要功能是将各类用户（固定用户、移动用户、窄带用户和宽带用户）连接至网络，是各种类型网络或用户终端接入到软交换网络的入口。信令网关完成 No.7 信令网与 IP 网络之间的信令转换。媒体网关完成 PSTN 网络与 IP 网络之间的媒体流转换，提供协议分析、语音编解码、回声抑制等。综合接入设备（Integrated Access Device，IAD）提供语音、数据业务的综合接入。无线接入网关完成移动通信网到 IP 网络的媒体流转换。

（2）传输层也叫承载层，这是整个网络的核心层。传输层是一个基于 IP 的分组交换网络，主要功能是采用分组技术为业务媒体数据流和控制信息数据流提供统一的传输平台，将信令和媒体数据流转换为适合在 IP 核心网络上传输（如将语音数据转换为 IP 分组数据）的数据后选路送至目的地址。

（3）控制层是软交换的核心控制设备，主要功能是提供呼叫和承载控制，控制层设备主要包括软交换设备和路由服务器。控制层的软交换设备完成基本的实时呼叫控制和连接控制功能，执行呼叫建立、维持和释放过程，通过传输层的 IP 传输网与处于接入层的各类网关设备通信，根据应用层已经定义的业务流程，控制媒体网关完成呼叫。

（4）应用层也叫业务层，主要功能是向用户提供各类增值业务，完成业务提供和网络管理。应用层设备主要包括用户数据库、应用服务器、AAA（Authentication、Authorization、Accounting，验证、鉴权、计费）服务器等。应用层可在呼叫建立的基础上提供额外的增值业务、多媒体业务以及运营支撑。

对软交换网络可以总结出如下几个方面的特点：

（1）基于 IP 分组网络进行数据传输。各种接入方式通过不同的网关将信息转换为统一的媒体格式（IP 分组数据包）进行传输与处理，以此实现不同网络的融合。

（2）业务与呼叫控制分离。传统的 PSTN 网络中，交换、呼叫控制和业务提供都是由交换机完成的，这不利于网络的维护、升级和新业务的开发。软交换将业务与呼叫控制分离，这为网络维护、网络升级和业务开展、增加新业务都带来了很大的灵活性。

（3）业务与接入分离。软交换网络中，用户的数据接入和网络的业务提供分成了两个独立的层面，用户可以自己配置自己的业务特征，并且不需要关心网络的承载形式和终端的类型。

（4）网络结构开放。软交换具有清晰的网络层次结构，网元之间使用了标准的协议接口，便于灵活组网和网络升级。

（5）能快速提供新业务。软交换网络中，软交换设备与服务器之间有标准的协议接口，因此可以提供开放的业务生成接口，从而第三方业务开发商就可以根据技术的发展和市场的需要快速生成各种新业务。

2. IP 多媒体子系统技术

IP 多媒体子系统（IMS）和软交换都是基于软交换的思想发展起来的技术，其核心思想类似，所以它们的基本技术架构也有相似之处，IMS 网络主体架构分为应用层、会话控制层、承载控制与接入层等四个层次，如图 3-34 所示。

（1）承载控制与接入层。这两层主要提供用户接口和控制承载资源的功能。支持的接入方式包括 GPRS（General Packet Radio Service，通用分组无线业务）、UMTS（Universal Mobile Telecommunication System，通用移动通信系统）、WiFi、LAN、WLAN、xDSL（Digital Subscriber Line，数字用户线）等。承载资源的控制功能主要包括网络接入配置功能(NACF)、链接会话位置存储功能(CLF)、策略与计费规则功能(PCRF)、策略决策功能(SPDF)、接入-资源接纳控制功能(A-RACF)等功能实体。IMS 系统接入层充分考虑到了移动接入条件下的可靠性和稳定性。相对应的，软交换系统首先支持的是各种有线网络接入方式，如 ISDN、DSL 和 LAN 等接入方式。

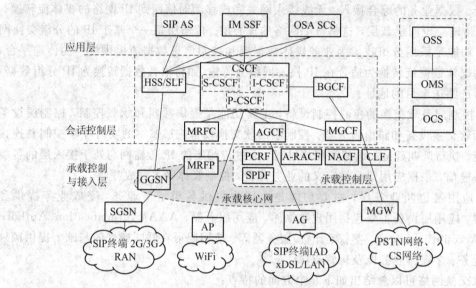

图 3-34　IMS 网络架构

在承载控制层，IMS 系统与软交换系统相同，都是基于 IP 网络的业务承载方式。不同的是 IMS 系统要求承载网络基于纯粹的 IPv6 网络，而软交换系统没有限制，既可基于IPv4，也可以基于 IPv6。但是，考虑到网络现状和网络互联互通，很多设备商的 IMS 系统都兼容 IPv4。

(2) 应用层。应用层是 IMS 体系结构最上面的一层，用于为用户提供各种增值业务，包括传统的智能业务和第三方开发的增值业务。应用层的核心网络实体是应用服务器(AS)，IMS 应用服务器有三种类型，即开放业务接口业务能力服务器(OSA SCS，也叫OSA 业务能力服务器)、IP 多媒体业务交换功能(IM SSF)、会话初始协议服务器(SIP AS)。OSA SCS 充当 OSA 业务服务网管角色，给第三方开发提供接口；IM SSF 实现 IMS对传统智能网业务的良好继承；SIP AS 主要完成基于 SIP 协议的业务。

(3) 会话控制层。IMS 系统的会话控制层是整个 IMS 体系结构的核心，主要完成用户号码分析、呼叫注册和路由选择。IMS 系统的会话控制层比软交换系统更为复杂，网元更多，这为 IMS 系统提供了更加灵活和更加多元化的网络能力，便于实现移动网与固定网的融合。软交换系统的控制层功能主要通过软交换机实现。

会话控制层的主要网元包括呼叫会话控制功能(CSCF)、接入网关控制功能(AGCF)、出口网关控制功能(BGCF)、媒体网关控制功能(MGCF)、IMS 媒体网关功能(MGW)、归属用户服务器(HSS)、多媒体资源功能控制器(MRFC)和媒体资源功能处理器(MRFP)等。

网元 CSCF 主要完成同用户业务相关的网络呼叫控制、路由管理、注册、鉴权、网络管理与计费等功能，该网元又分成 P-CSCF、I-CSCF 和 S-CSCF 三个功能实体，分别称为代理(Proxy)呼叫会话控制功能、咨询(Interrogating)呼叫会话控制功能和服务(Serving)

呼叫会话控制功能。P-CSCF 是用户接入归属网络的第一个连接点，是所有 IMS 用户与 IMS 网络连接的入口和出口。I-CSCF 是用户从接入网络到归属网络的第一个切入点，完成两个功能：一是在用户注册时通过查寻 HSS /SLF，查找到 S-CSCF 并把注册消息转发到 S-CSCF；二是呼叫时作为被叫域的入口，接入 IMS 网络。S-CSCF 是多媒体模块的核心，是完成呼叫接续控制功能的真正网元，用户注册鉴权、分析会话建立时的主被叫用户标识、呼叫路由、触发业务到应用服务器等，这些都是由 S-CSCF 网元完成的，其他网元则是辅助 S-CSCF 进行这些工作。

IMS 网络结构中还包含网络运营的维护支撑模块，包括运营支撑子系统（OSS）、操作维护子系统（OMS）和在线计费子系统（OCS）三个部分。

IMS 与软交换在设计理念上是一致的，都遵循了下一代网络的网络架构分层和功能分离的基本思想，都是基于 IP 实现控制与承载的分离，在功能实现上也有重叠。但 IMS 是从支持移动性管理出发提出的，其体系结构可以支持移动性管理。并且，IMS 在软交换实现控制与承载分离的基础上进一步实现了控制与业务的分离，这使得 IMS 的体系结构比软交换更适合下一代网络。所以业界认为软交换是传统网络向下一代网络演进的初级阶段，而 IMS 则是更高阶段，业界认为 IMS 是未来融合网络的最好解决方案。

IMS 采用 SIP 作为唯一的会话控制协议。SIP 协议是端到端的应用协议，与接入方式无关，3GPP、ITU-T 对 SIP 进行了扩展，使其能满足移动性和 QoS 要求。

参考图 3-34，IMS 中的功能实体简介如下：

（1）呼叫会话控制功能实体（Call Session Control Function，CSCF）：CSCF 是 IMS 网络的核心，主要负责多媒体呼叫会话过程中的信令控制，支持 SIP 协议处理和 SIP 会话。在基于 IP 的网络结构中完成用户接入、认证授权、会话路由和业务触发等功能。

（2）归属用户服务器（Home Subscriber Sever，HSS）：HSS 是签约用户的主数据库，存储所有签约用户及其相关业务的信息数据，包括用户身份、注册信息、接入参数、位置信息、鉴权参数等，其功能类似于传统移动通信网络中的归属位置寄存器（Home Location Register，HLR）。HSS 的功能包括移动管理、呼叫/会话建立支持、用户安全信息的生成、用户身份认证、业务认证等。在一个归属网络中可以有不止一个 HSS，这依赖于用户的数目、设备容量和网络的架构。

（3）签约用户定位功能（Subscriber Location Function，SLF）：用来确定用户签约地的定位功能，也就是当网络中存在多个独立可寻址的 HSS 时，由 SLF 确定用户数据存放在哪个 HSS 中。

（4）多媒体资源功能控制器（Media Resource Function Controller，MRFC）：控制在 MRFP 中的媒体流资源，翻译来自 AS 和 CSCF 的信息（如会话标识符），并相应地对 MRFP 进行控制，产生费用记录等。

（5）多媒体资源功能处理器（Media Resource Function Processor，MRFP）：提供 MRFC 需要的资源，混合输入的媒体流（如用于多方会议），发出多媒体流（如用于多媒体广播），处理多媒体流（如语音编码转换、媒体分析）等。

（6）媒体网关控制功能（Media Gateway Control Function，MGCF）：使 IMS 用户和

CS 用户之间可以进行通信的网关。所有来自 CS 用户的呼叫控制信令都指向 MGCF,它负责进行 ISDN 用户部分(ISUP)或承载无关呼叫控制(BICC)与 SIP 协议之间的转换,并且将会话转发给 IMS。类似地,所有 IMS 发起到 CS 用户的会话也经过 MGCF。

(7) 媒体网关(Media Gateway,MGW):在 MGCF 控制下,提供 CS 网络和 IMS 之间互通时的编码转换和信号处理等功能。

(8) 出口网关控制功能(Border Gateway Function Controller,BGCF):负责选择与 PSTN(或 CS 域)接口点的出口位置。所选择的出口既可以与 BGCF 处在同一网络,又可以是位于另一个网络。如果这个出口位于相同网络,那么 BGCF 选择媒体网关控制功能(MGCF)进行进一步的会话处理;如果出口位于另一个网络,那么 BGCF 将会话转发到相应网络的 BGCF。

(9) 应用服务器(Application Sever,AS):为 IMS 提供各种业务逻辑的功能实体。

(10) 通用分组无线业务(GPRS):包括 GPRS 服务支持节点 SGSN(Serving GPRS Support Node)和网关 GPRS 支持节点 GGSN(Gateway GPRS Support Node)。SGSN 连接无线接入网 RAN 和分组核心网,执行 PS 域控制和提供服务处理功能。GGSN 是移动网的边界,提供与外部分组数据网(如 IMS 网和 Internet)之间的连接。

下面介绍一下 IMS 技术所具有的一些特点:

(1) 与接入的无关性。虽然 IMS 技术最初是为移动通信网设计的,但从向下一代网络演进的需要出发,IMS 网络技术还是与接入技术无关的,这就确保了对固定网络(如 PSTN、ADSL、Internet 等)与移动网络(如 WiFi、蜂窝移动通信网等)融合(Fixed Mobile Convergence,FMC)的支持。

(2) 统一的业务触发机制。与传统的 PSTN 交换机不同,IMS 系统将控制与业务分离,IMS 的核心控制部分不实现具体业务,全部业务都由业务应用平台实现,IMS 核心控制部分只负责业务触发,无论是来自移动网络的接入还是来自固定网络的接入,都可以应用 IMS 中定义的业务触发机制实现统一触发。

(3) 开放的业务环境。IMS 提供标准的业务开发接口,屏蔽了网络协议的复杂性,从而允许第三方根据自己的需要灵活地开发新业务。

(4) 一致的业务归属能力。在 IMS 网络中,所有信令都由归属网络处理,业务环境也由归属网络提供,而与用户当前所处的位置以及所使用的接入设备形式无关。而在传统的电路(CS)域和分组(PS)域网络中,业务能力均同用户当前所在的设备有关。

(5) 采用统一的 SIP 协议进行控制。SIP 是一种简洁高效的会话初始协议,可扩展性和适应性都很好,使 IMS 能够灵活方便地支持广泛的 IP 多媒体业务,并且便于实现固定网络与移动网络的融合。

3.4 通信协议与网络体系结构

3.4.1 概述

通信是在网络平台上实现的,通信的双方信息交换就如同人与人之间的信息交流一样，必须要有相同的语言和双方都能够接受的交流规则，比如一个人要与他的外国朋友写信，首先必须使用一种对方也能看懂的语言，其次还要知道对方的地址，这样才能将信件发出去。同样，网络设备之间的通信，也需要使用双方都能够看懂的语言，这种语言在网络技术里叫作通信协议，其次网络设备也要知道彼此的网络地址。有了通信协议和网络地址，网络设备之间就可以实现信息交流。通信协议就是通信的双方为便于相互理解而约定的规则的集合。

在信号数字化之后，各种通信设备都成了数字化的设备，其共同的特点是这类设备都是以计算机为核心进行设计和制造的。不论是通信终端设备、交换设备、路由设备，还是移动通信的基站设备等，其中都嵌入了一个专用的计算机系统，也就是平时说的嵌入式系统。这样，传统意义上的通信实质上就变成了不同计算机设备之间的数据传输，也就是计算机数据通信，通信的过程都是在物理传输线路和交换设备构成的网络平台上实现的，不同设备之间的通信都必须使用通信协议（Protocol）。

为了使通信网中的两台设备能够相互理解对方发送的消息，就需要事先建立一些双方必须共同遵守的约定，这些约定包括数据格式、同步方式、数据传输速率、传送步骤、检错和纠错方式以及控制字符等，实现这种约定的规则的集合就是通信协议，也叫操作规程。

在讨论网络体系结构的时候，我们将发送或接收信息的硬件或软件进程称为实体。在网络分层体系结构中，每一层都由一些实体组成，实体既可以是软件实体（如一个进程），也可以是硬件实体（如输入/输出芯片或者一个功能模块）。对等实体是指在网络体系结构中处于相同层次（Layer）的通信协议进程。通信协议就是指通信网络中对等实体之间交换信息时所必须遵守的有关规则约定的集合。网络体系结构（Network Architecture）简单地讲就是网络的框架结构或整体设计，它实际上包含了网络通信协议的分层结构、各层协议以及各层之间接口的集合。

由于通信网络一般是非常复杂的，处理这类复杂问题采用的方法是将一个整体复杂的问题划分为若干个比较容易处理的问题层次，明确定义层次结构、层次之间的相互关系以及各层所包含的服务，这就是分层体系结构方法。

具体来说，为便于理解和进行通信网络设计，一般是将通信网络按层次进行划分，也就是将一个复杂的通信网络按功能需求进行层次分割，规定每一层需要实现的功能，并在相邻层次间定义标准的接口。网络按功能分层之后，相邻的层次就可以定义固定的关系，即下层对相邻的上层提供服务（但屏蔽这种服务的实现方法），而相邻上层通过标准接口调用下层的服务，相邻层次之间的接口包括两相邻层之间所有调用和服务的集合。这样划分和规定之后，各层就可以独立地实现规定的功能，并且以后的修改和升级过程也是各层可以独立进行，从而可以避免不同分层之间的相互影响。

最典型的网络体系结构是由国际标准化组织（International Standards Organization，ISO）于 20 世纪 80 年代提出的开放系统互联（Open System Interconnection，OSI）模型，这个模型定义了异构计算机连接标准的框架结构。该模型将网络的体系结构分为 7 个层次，自下而上分别是物理层（Physical Layer）、数据链路层（Data Link Layer）、网络层（Network Layer）、传输层（Transport Layer）、会话层（Session Layer）、表示层（Presentation Layer）和应用层（Application

Layer），通信双方各层次之间的关系如图3-35所示。

图 3 - 35　OSI 网络体系结构参考模型及分层协议

　　不同的终端设备之间进行通信，实际上是它们的对等实体利用通信协议完成的，而通信的过程并不是直接将数据从一台设备的第 N 层直接传送到另一台设备的第 N 层，而是每一层都把数据连同该层的控制信息打包交给它的下一层，它的下一层把这些内容整体上看作数据，再加上本层的控制信息一起交给更下一层，依次类推，直到最下层。最下层是物理介质，实际的数据传输是通过物理层进行的。

　　按照 OSI 参考模型的层次划分，用户数据的传输过程如下：发送端用户将要发送的数据用发送进程发送给应用层，而后向下逐次经过表示层、会话层、传输层、网络层和数据链路层到达物理层，再经过物理介质传输到达接收端的物理层，由接收端的物理层接收之后，再向上传送，分别经过数据链路层等各层到达应用层，最后呈现给接收端用户。

　　发送进程将用户数据交给应用层的时候，应用层会加上本层的有关控制和标识信息再向下层传送，加上了控制和标识信息的用户数据由应用层传给表示层后，表示层也会加上自己的有关控制和标识信息再向下传送，依次类推，这一过程直到物理层，用户数据每经过一层，都要加上自己一层的控制和标识信息。在接收端，带有发送端各层控制和标识信息的用户数据是逐层向上传送的，并且每经过一层，对应各层的有关控制和识别信息将会被逐层剥去，直到最高的应用层，最后将用户数据送给接收进程，并呈现给用户。

　　ISO 的 OSI 参考模型对于初学者认识网络的分层设计思想很有意义，但 OSI 参考模型只是制定网络标准时的一种参照框架，实际设计网络体系结构和网络协议时则要考虑具体情况，协议的层次划分和各层的功能定义也不一样。比如 IEEE 802 局域网标准仅定义了物理层和数据链路层，X.25 协议只有物理层、数据链路层和网络层三层协议。

　　不同的通信网络具有不同的体系结构，其分层的数量、各层次的命名、不同层次所包含的内容和功能以及相邻层次之间的接口都可能不同。然而，在任何网络中，每一层都是为了向它的邻接上层（即相邻的高层）提供一定的服务而设置的，而且每一层都对上层屏蔽自己如何实现协议的具体细节。

　　层次化的网络体系结构，其优点在于每层实现相对独立的功能，层与层之间通过接口来提供服务，每一层都对上层屏蔽自己如何实现协议功能的具体细节，使网络体系结构做到与具体物理实现无关。层次结构允许网络所连接的主机和终端型号、性能等各不同，只要这些终端遵守相同的协议就可以实现通信。高层用户可以从具有相同功能的协议层开始进行互联，使网络成为开放式系统。开放就是遵守相同协议的两系统之间可以进行通信。因此层次化的网络体系结构便于系统的实现和系统维护。

3.4.2　开放系统互联参考模型

　　通过上一节的介绍，可以看出，在开放系统互联（OSI）参考模型中相互通信的节点具有相同的分层结构，同等层的功能相同，并且同等层按照协议实现对等层之间的通信。相邻的层之间通过标准接口进行通信，上一层通过接口使用相邻的下一层的服务，而下一层通过接口向相邻的上一层提供服务。一旦定义了相邻层之间的标准接口，各层之间的关系也就确定下来了，这样，不同层的功能设计和修改就可以独立地进行，只要层间的接口关系保持不变，某层的修改就不会对其他的层产生影响，从而为网络的设计和修改带来灵活性。

1. OSI 参考模型分层介绍

1）物理层

　　物理层的主要功能是规定物理接口的特性，包括机械的、电气的、功能的和规程的特性，所要定义的具体特性包括电压等级、电压转换时间、数据传输速率、最大传输距离、物理连接器等相关属性。目的是为通信传输提供合适的物理接口，利用物理传输介质（有线介质或无线介质）在两个数据终端设备之间形成一条物理传输通路，实现数据链路实体间透明的比特（bit）流传输。物理层不考虑比特流的结构。

　　物理层机械特性主要定义接口连接器的物理结构，规定连接器的尺寸、插针或插孔的数目和排列次序、位置安排、固定和锁定装置等。电气特性主要规定接口连线的电路特性，包括信号电平范围、阻抗、比特速率和最大传输距离等，有的标准也给出发送器和接收器的电气特性。功能特性主要对接口的各电路引脚信号做出确切的功能定义和相互之间的操作关系。按照功能不同，引脚信号线可分为数据线、控制线、定时线和接地线等四大类型。规程特性主要规定各引脚信号之间的关系、动作顺序以及维护和测试操作等。怎样建立和拆除物理层连接，是采用全双工还是半双工传输等都是物理层规定的。这里以 RS 232-C 为例说明物理层接口的具体内容，RS 232-C 在微型计算机的通信接口中广泛应用。

　　RS 232-C 是一种物理层接口技术标准，其中 RS 表示该标准是 EIA 制定的一种推荐标准（Recommended Standard），232 为标准编号，C 为版本号。RS 232-C 标准用于数据终端设备（Data Terminal Equipment，DTE）与数据通信设备（Data Communicate Equipment，DCE）之间串行二进制数据的交换接口。这里数据终端设备指的是各种联网的用户设备、计算机、工作站等。数据通信设备指的是为用户终端设备提供网络接口的传输网络端接设备，如调制解调器就是一种网络端接设备。DTE、DCE 和网络传输的连接关系如图 3 - 36 所示。

图 3-36 物理层设备连接示意图

下面简单介绍 RS 232-C 标准规定的物理接口特性。

(1) RS 232-C 接口连接器的机械特性。RS 232-C 并没有对连接器的结构和引脚数进行定义，因此导致在实际中出现了 DB-25、DB-15 和 DB-9 等不同类型的连接器，这些连接器的引脚定义也不相同。图 3-37 示出了 DB-25 和 DB-9 两种连接器的引脚定义，DTE 一侧采用针式结构(凸插头)，DCE 一侧采用孔式结构(凹插头)。下面的介绍以 DB-25 为例。

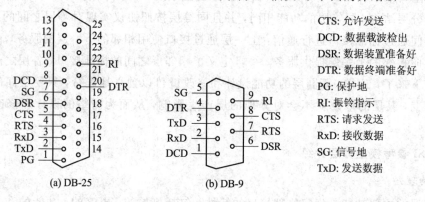

CTS: 允许发送
DCD: 数据载波检出
DSR: 数据装置准备好
DTR: 数据终端准备好
PG: 保护地
RI: 振铃指示
RTS: 请求发送
RxD: 接收数据
SG: 信号地
TxD: 发送数据

图 3-37 RS 232-C 连接器引脚分布图

(2) RS 232-C 的电气特性。规定电压 -3 V ~ -15 V 表示数字 1，电压 3 V ~ 15 V 表示 0。数据传输距离最大为 15 m，数据传输速率不大于 20 kb/s。

(3) RS 232-C 的功能特性。RS 232-C 引脚信号线共 20 条，包括数据线、控制线、定时线和地线，其余 5 条是未定义的或专用的。信号线的功能定义参见图 3-37 和表 3-3。常用的信号线有 10 根，分别如下所述。

表 3-3 DB-25 引脚功能定义

引脚序号	功能名称	表示符号	说　明
1	保护地	PG	设备外壳接地
2	发送数据	TxD	数据送 MODEM
3	接收数据	RxD	从 MODEM 接收数据
4	请求发送	RTS	在半双工时控制发送器的打开和关闭
5	允许发送	CTS	MODEM 允许发送
6	数据装置准备好	DSR	MODEM 准备好
7	信号地	SG	信号公共地
8	数据载波检出	DCD	MODEM 正在接收另一端发来的信号
9	空		

续表

引脚序号	功能名称	表示符号	说　明
10	空		
11	空		
12	接收信号检测 2		在辅助信道检测到信号
13	允许发送 2		辅助信道允许发送
14	发送数据 2		辅助信道发送数据
15	发送器定时		为 MODEM 提供发生器定时信号
16	接收数据 2		辅助信道接收数据
17	接收器定时		为接口和终端设备提供定时
18	空		
19	请求发送 2		连接辅助信道的发送器
20	数据终端准备好	DTR	数据终端准备好
21	空		
22	振铃	RI	振铃指示
23	数据速率选择		选择两个同步数据速率
24	发送器定时		为接口和数据终端提供定时
25	空		

• 联络控制信号线：

① 数据装置准备好（Data Set Ready，DSR）。该信号有效时（ON）表明 MODEM 处于可以使用的状态。

② 数据终端准备好（Data Terminal Ready，DTR）。该信号有效时（ON）表明数据终端处于可以使用的状态。

③ 请求发送（Request To Send，RTS）。当终端要发送数据时，使该信号有效（ON），用于表示 DTE 请求 DCE 发送数据，即向 MODEM 请求发送。换句话说，就是用这个信号控制 MODEM 进入发送状态。

④ 允许发送（Clear To Send，CTS）。该信号是对请求发送信号 RTS 的响应信号，用来表示 DCE 准备好接收 DTE 发来的数据，通知数据终端开始沿发送数据线 TxD 发送数据。

⑤ 接收线信号检出（Received Line Signal Detection，RLSD）。该信号用来表示 DCE 通信链路，告知 DTE 准备接收数据。当本地的 MODEM 收到由通信链路另一端（远地）的 MODEM 发送过来的载波信号时，使 RLSD 有效，通知数据终端准备接收，MODEM 从接收到的载波信号上解调出数字信号，沿接收数据线 RxD 送给数据终端。这根线也叫数据载波检出（Data Carrier Detection，DCD）线。

⑥ 振铃提示（Ringing，RI）。当 MODEM 收到交换机送来的振铃呼叫信号时，使该信

号有效,通知终端有呼叫。

• 数据发送与接收信号线:

① 发送数据(Transmitted Data,TxD)。数据终端通过 TxD 将串行数据发送到MODEM。

② 接收数据(Received Data,RxD)。数据终端通过 RxD 接收从 MODEM 传送过来的串行数据。

• 地线:

有两根地线,SG 和 PG,SG 用作信号地,PG 用作保护地。

(4) RS 232-C 的规程特性。规程特性描述在不同条件下各信号线呈现"接通"或"断开"状态的顺序关系。比如,只有当 DTE 和 DCE 均处于"接通"状态时两者才可以通信。以远程数据终端通过调制解调器与计算机之间的半双工通信为例,描述 RS 232-C 标准的规程特性(操作流程)如图 3-38 所示。

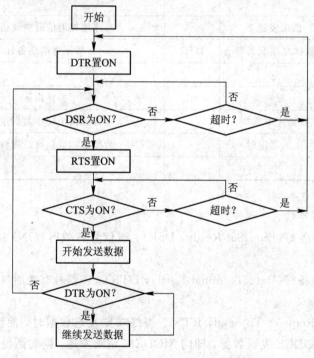

图 3-38　RS 232-C 规程特性示例

2) 数据链路层

数据链路层通过定义物理链路的使用规则为数据传输提供服务,用于对 IP 数据按帧格式进行封装,并实现两个相邻节点之间的通信,在两个相邻节点之间实现以数据帧为单位的数据传输。

链路是指通信网络中两个相邻节点之间的物理连接,也叫物理链路。有线通信时,链路就是两个相邻节点之间的物理线路,如电缆或光纤。无线通信时,链路指基站和终端之间电磁波传播的路径空间。水声通信时,链路指换能器和水声接收器之间传播声波的路径空间。对于通信网络中的两个通信终端之间的通信来说,从一方到另一方的通信通路一般是由多条链路串接而成的。在数字通信网络中,物理链路加上必要的通信规程,即通信协议，就形成了数据链路。通信规程用于控制数据在链路上的传输过程，包括数据链路的建立、拆除及对数据的检错、纠错等。数据链路也称为逻辑链路。

数据链路层为网络层相邻实体间提供传送数据的功能，包括帧同步、数据链路管理、数据流量控制、差错检测和校正等。数据信息在数据链路层是以帧为单位进行传输的，传送的数据以帧为单位编码，规定字符编码、信息格式，约定接收和发送过程，以及发送和接收速度的匹配，流量控制等。在一帧数据的开头和结尾附加以帧为数据单位的识别符，以保证数据帧传输和接收的正确性。例如，高级数据链路控制（High-Level Data Link Control，HDLC）规程的帧格式如图 3-39 所示。

帧起始标志	目的地址	控制字段	数据信息	帧校验序列	帧结束标志
8 bit	8 bit	8 bit	任意长	16 bit	8 bit

图 3-39　HDLC 帧的基本格式

数据链路连接是建立在物理连接基础上的，在物理连接建立以后，进行数据链路连接的建立和数据链路连接的拆除。通信前，通信的双方联系确认通信的开始，通信完成后，通信双方还要联系确认通信的结束。一次物理连接可以进行多次通信。因为物理层可能存在噪声和来自外界的干扰，所以数据在物理层传输可能会因为受到干扰而产生错误，因此数据链路层需要具备检测和校正数据错误的功能。

数据链路层为网络层提供的服务有以下三种：

（1）无应答、无连接服务。发送前不必建立数据链路连接，接收方也不作应答，出错和数据丢失时也不作处理。这种服务质量低，适用于线路误码率很低以及传送实时性要求高且对差错不甚敏感的业务（例如语音类的）信息传送。

（2）有应答、无连接服务。发送端数据链路层发送数据时直接发送数据帧。接收端收到数据帧并经校验确认正确后，向发送端数据链路层返回应答帧，确认传输正确，否则返回否定帧，这时发送端可以重发原数据帧。这种方式发送的第一个数据帧一般具有数据链路连接的作用。这种服务方式的实现和控制都较为简单，适用于一个节点的物理链路多或通信量小的情况。

（3）面向连接的服务。该服务方式一次数据传送分为三个阶段：数据链路建立、数据帧传送和链路拆除。这种方式的服务质量好，是 OSI 参考模型推荐的主要服务方式。

3）网络层

网络层的主要功能是为网络中的两台通信主机提供连通性和路径选择。进行通信的两个终端之间可能会经过很多个数据链路，也可能还要经过多个通信子网，网络层的任务是把数据分组从源节点传送到目的节点，因此网络层需要完成分组传送的路由选择、拥塞控制、网络互联等功能。网络层传输的数据单位叫数据包（Packet），数据包中封装有网络层包头，其中包含源节点和目的节点的网络地址。网络层中提供两种类型的网络服务，即无连接的数据报（Datagram）服务和面向连接的虚电路（Virtue Circuit）服务。TCP/IP 协议族中的 IP 协议（Internet Protocol，网际协议）是典型的网络层协议。

4）传输层

传输层是网络体系结构中高低层次之间衔接的一个接口层，也是网络体系结构中最核心的一层，传输层将实际使用的通信子网与高层应用分开。从传输层向上的会话层、表示层和应用层这三层也称为高层，它们都属于端到端的主机协议层，这三层的通信全部是在源主机与目标主机上的各进程间进行的。

传输层的主要功能包括：① 提供传输服务的建立、维护和连接拆除；② 将会话层传递给它的数据分割成更小的块再送到网络层；③ 定义错误校正服务。传输层的数据单位称为数据段(Segment)。传输层可以提供比网络层更可靠的端到端数据传输，更完善的检错和纠错功能。传输层之上的会话层、表示层、应用层都不包含任何数据传送的功能。TCP/IP协议族中的 TCP(Transmission Control Protocol，传输控制协议)和 UDP(User Datagram Protocol，用户数据报协议)是两个典型的传输层协议。

5）会话层

会话层是用户连接到网络的接口，用来建立、管理和终止两台通信主机之间的会话。会话层的基本功能是为表示层提供建立和使用连接的方法。会话是指收发双方两个用户进程之间的一次完整通信。会话层提供不同系统间两个进程建立、维护和结束会话连接的功能，提供交叉会话的管理功能，有一路交叉会话、两路交叉会话和两路同时会话等三种数据流方向控制模式。会话层协议的例子有 Apple Talk Session Protocol(ASP，苹果会话协议)和 X Window System(X 视窗系统)。

会话层与传输层之间的主要区别如下：

(1) 传输层负责产生和维持两个端点之间的逻辑连接，而会话层只是在传输层提供连接服务的基础上为用户提供一个接口。

(2) 传输层负责提供传输的可靠性，会话层没有这个要求。

6）表示层

表示层处理信息传送中数据表示的问题，确保一个系统应用层发出的消息能够被另一个系统的应用层看懂，因此要完成被传输数据表示的解释工作，包括数据转换、数据加密和数据压缩等。由于不同厂家的计算机产品经常使用不同的信息表示标准，例如在字符编码、数值表示、字符等方面存在着差异，因此表示层要完成信息表示格式的转换和信息表示标准的统一。转换可以在发送前，可以在接收后，也可以要求双方都转换为某种标准的数据表示格式。表示层确定所使用的字符集、数据编码以及数据在屏幕和打印机上显示的方法等。表示层提供标准应用接口所需要的表示形式。PICT、TIFF 和 JPEG 是表示层的图像通用标准，MIDI 和 MPEG 是表示层的语音和影像标准。

7）应用层

应用层是直接向终端用户提供应用的一层，即为用户访问网络提供接口，为应用进程提供访问 OSI 环境的手段，在实现应用进程相互通信的同时，完成一系列业务处理所需的服务功能。Telnet 和 HTTP 是应用层的协议。

应用进程使用 OSI 定义的通信功能，这些通信功能是通过 OSI 参考模型各层实体来实现的。应用实体是应用进程利用 OSI 通信功能的唯一窗口。它按照应用实体间约定的通信协议传送应用进程的要求，并按照应用实体的要求在系统间传送应用协议控制信息，有些功能可由表示层和表示层以下各层实现。

2. OSI 参考模型中的数据封装过程

OSI 参考模型中，在发送数据时，每个层次都要将上一层的协议数据单元(Protocol Data Unit，PDU)整体上作为一个数据块，然后以数据单元头的形式加上本层次的控制信息，一些层次还要将校验和等信息附加到数据单元的尾部，以此形成本层次的协议数据单元，该处理过程叫作封装。

用户计算机要发送数据（Data）时，首先将要发送的数据通过应用层的接口送给应用层。应用层在用户数据上加上应用层报头（Application Header，AH），形成应用层协议数据单元。这样封装之后，应用层将这个协议数据单元送到表示层。表示层将应用层送来的协议数据单元当作一个整体进一步封装，也就是在应用层协议数据单元的基础上再加上表示层报头（Presentation Header，PH）。而后表示层再将已封装的协议数据单元交给会话层。会话层、传输层和网络层也都进行类似的封装，分别加上会话层报头（Session Header，SH）、传输层报头（Transport Header，TH）和网络层报头（Network Header，NH）。而后网络层将封装好的协议数据单元交给数据链路层。在数据链路层，网络层送来的协议数据单元要加上数据链路层报头（Data link Header，DH）和数据链路层报尾（Data link Termination，DT）两个部分，这样在数据链路层封装形成的协议数据单元称为一个数据帧（frame），数据链路层将数据帧送给物理层传输。最后，物理层将收到的数据帧转化为比特（bit）流后在物理介质里传送。

当数据传输至接收端时，每一层读取相应的控制信息，去掉本层的控制头部和尾部（如果有的话）再向上一层传递，接收端这种解封的过程称为分用，分用的最后是应用层将用户数据呈现给用户。

OSI 对数据进行封装和分用的过程如图 3-40 所示。

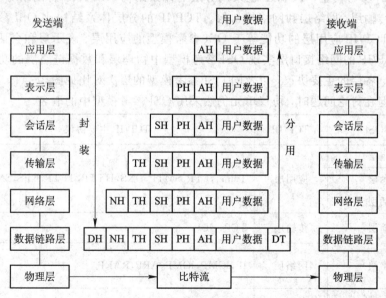

图 3-40　OSI 对数据进行封装和分用的过程示意图

数据封装后，每一层的协议数据单元都有不同的名字，一般物理层 PDU 叫"数据位（bit）"，数据链路层 PDU 叫"数据帧"，网络层 PDU 叫"数据包（Packet，也叫数据分组）"，传输层 PDU 叫"数据段（Segment）"，其他高层的 PDU 都叫数据。

上面的介绍引入了几个网络技术中的术语，如传输层包含报头的全部数据称为"段"，网络层包含报头的全部数据称为"数据包"，数据链路层包含报头的全部数据称为"帧"等。除了这些术语之外，在谈到协议分层的时候还经常使用术语"协议数据单元"，其英文缩写是 PDU(Protocol Data Unit)，PDU 是一个更通用的术语，它是指各层对等实体之间数据交换的数据块。例如，帧是 2 层协议数据单元(简写为 L2PDU)，IP 包可以说是 3 层协议数据单元(简写为 L3PDU)，段是 4 层协议数据单元(简写为 L4PDU)。

3.4.3　传输控制协议/互联网协议简介

1. TCP/IP 的分层体系结构

　　TCP/IP(Transmission Control Protocol/Internet Protocol)即传输控制协议/互联网协议。因特网(Internet)是一种将各种同构计算机及其网络和各种异构计算机及其网络互联起来以实现相互通信和资源共享的国际计算机互联网络，其中的各种同构或异构网络内部可能使用不同的协议，就像不同的民族使用不同的语言一样，要使这些网络之间能够通信就需要一种大家都能理解的语言，这就是因特网的 TCP/IP。TCP/IP 是针对因特网开发的一种网络体系结构和协议标准。TCP/IP 并不仅仅是指 TCP 和 IP 两个协议，而是一族协议，TCP 和 IP 只是这个协议族中的两个核心协议。TCP/IP 的通信方式是分组交换方式。

　　同因特网一样，TCP/IP 最早也是源于美国国防部 1960 年代末的 ARPA (Advanced Research Project Agency)网项目，并且随着因特网的发展而不断发展。经过多年的发展、补充和完善，到 1978 年 TCP/IP 在计算机互联网络领域基本上占据了主导地位。目前 TCP/IP 是计算机网络领域世界公认的工业标准。

　　对比 OSI 参考模型，TCP/IP 也采用分层的体系结构，TCP/IP 将网络分为四个层次，即应用层、传输层、网络层和网络接口层。TCP/IP 的分层体系结构比 OSI 参考模型少了三个层次。TCP/IP 应用层的功能等于 OSI 参考模型的应用层、表示层和会话层三个层次的功能。TCP/IP 的网络接口层实现 OSI 参考模型中物理层和数据链路层的功能。TCP/IP 的层次结构、各层的主要协议，以及同 OSI 参考模型的层次对比见图 3-41。虽然 TCP/IP 分层不同，但在讨论问题时，协议单元仍然采用 OSI 参考模型中的取名。

OSI	TCP/IP	TCP/IP 主要协议
7. 应用层	应用层	Telnet,FTP,SMTP,DNS,HTTP,TFTP,NFS,SNMP
6. 表示层		
5. 会话层		
4. 传输层	传输层	TCP,UDP
3. 网络层	网络层	IP,ICMP,IGMP,ARP,RARP
2. 数据链路层	网络接口层	可适用各种物理网络
1. 物理层		

图 3-41　TCP/IP 参考模型的分层、各层主要协议及其同 OSI 模型的对比

2. TCP/IP 各层功能

1) 网络接口层

网络接口层是 TCP/IP 的最低一层，主要功能是接收网络层送来的 IP 数据报，将 IP

数据报按帧格式进行封装，并通过物理网络传送出去；或者从物理网络上接收数据帧，从其中抽出 IP 数据报上传给网络层。

2) 网络层

网络层(Internet Layer)的主要功能是通过路由器实现不同网络之间的互联和提供主机间的数据传送能力。

TCP/IP 协议族中的 IP(Internet Protocol，网际协议)是典型的网络层协议。IP 的主要功能是数据报的寻址和路由。因特网使用 IP 寻址协议和 IP 路由协议(RIP、OSPF 等)传送数据报。正是这项功能将消息数据由发送端传递到接收端。图 3-42 示出了 IP 数据报(IPv4)的格式。

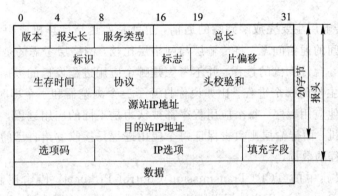

图 3-42　IP 数据报的格式(IPv4)

(1) 版本号(Version)：给出 IP 语言的版本，IPv4 是当前应用最普遍的 IP 数据报版本。

(2) 报头长(Header Length)：给出 IP 数据报报头的长度，以 4 字节为单位。

(3) 服务类型(Type of Service)：用于规定对本数据报的处理方式，语序有优先级。

(4) 总长(Total Length)：指整个 IP 数据报的长度(报头区＋数据区)，以字节为单位。利用报头长度字段和总长度字段就可以计算出 IP 数据报中数据内容的起始位置和长度。

(5) 标识(Identification)、标志(Flags)、片偏移(Fragment Offset)：控制 IP 数据报的分片和重组。

(6) 生存时间(Time to Live)：为了防止 IP 数据报因无法到达目的地而在网络中无休止地转发，该字段实际上控制网络中数据报的生命周期。

(7) 协议(Protocol)：表示数据报数据区数据的协议类型。

(8) 头校验和(Header Checksum)：用于保证数据报首部在传送中的正确性。

(9) 源站 IP 地址(Source Address)：产生消息数据源的 IP 地址。

(10) 目的站 IP 地址(Destination Address)：数据报目的地的 IP 地址。

(11) 数据(Data)：实际放置上层的协议数据单元(可以是一个 TCP 报文、UDP 报文等)。数据字段长度可以从 8 个字节到 65515 个字节。除用户字段外，IP 数据报结构中的其他部分都是业务开销，但却是必不可少的。

网络层其他协议有 Internet 控制报文协议 (Internet Control Message Protocol，ICMP)、地址解析协议(Address Resolution Protocol，ARP)和反向地址解析协议(Reverse

ARP，RARP），这些协议辅助 IP 更好地完成数据报的传送。具体包括如下三个方面：

（1）处理传输层的数据发送请求。收到传输层的数据发送请求之后，对传输层送来的数据段，网络层按照标准要求加入报头信息封装成 IP 数据包，然后将数据包传给网络接口层。

（2）处理来自网络接口层的数据包。网络层先检查输入数据包的目的地址是否属于本地，如果是本地数据，则去掉数据包的头，将数据部分（即传输层协议数据单元）送给传输层。假如该数据包不属于本地，说明该数据包还没有到达目的地，网络层则将该数据包转发出去。

（3）差错处理与传输控制。由 ICMP 协议处理数据传输中出现的差错等问题。

3）传输层

TCP/IP 的传输层主要完成端到端的通信，也就是发送端计算机应用程序到接收端计算机应用程序之间的通信问题。将传输层与网络层比较，网络层考虑的是将数据包从一台计算机传送到另一台计算机的过程，并不考虑是哪个应用进程发送的数据，也不管该数据应该发送给接收主机的哪个进程。比如说你打开了三个浏览器和一个即时消息应用程序，同时还打开了其他应用程序，每个应用程序都被认为是不同的应用进程，网络层只负责将数据发送到计算机，而传输层则负责保证每个应用进程只接收发给自己的数据，而不会接收发给其应用进程的数据。

TCP/IP 协议族中的 TCP（Transmission Control Protocol，传输控制协议）和 UDP（User Datagram Protocol，用户数据报协议）是两个典型的传输层协议，用于提供数据传输服务。TCP 是面向连接的传输协议，可以进行流量控制和拥塞控制。流量控制就是，当一台主机利用 TCP 发送数据时，接收主机可以控制发送端发送数据的速率，以防止数据速率过高而超出自己的处理和存储能力。TCP 的特点是数据传输可靠性高，适用于一次传输大量报文，且对实时性要求不是很高的情况。可靠的传输协议都是支持错误恢复的，TCP 在报头中有一个发送序号，根据该序号就可以确认是否有数据丢失，如果传输中出现了数据丢失，发送端会重复发送丢失的数据段。UDP 是面向无连接的传输协议，不支持拥塞控制。UDP 的特点是数据传输效率高，适用于对传输实时性要求高但对传输可靠性要求不高的情况。

表 3-4 给出了 TCP 与 UDP 最主要功能的比较。

表 3-4　TCP 与 UDP 比较

传输层功能	TCP	UDP
流量控制和窗口机制	是	否
面向连接	是	否
错误恢复	是	否
数据的分段与重组	是	否
数据的有序分发	是	否
通过端口号标示应用	是	是

TCP 与 TCP/IP 中的 IP 部分相配合可以完成一些基本的功能，主要功能如下：

（1）发送端将整体消息数据拆分成数据段，也叫报文段，接收端将收到的报文段组合成原始的整体消息数据。有些时候，一个消息数据文件整体较大，需要拆分成多个报文段才能传送，在接收端再组合起来，TCP 可以完成这项功能，但数据的拆分和重新组合都需要在网络的两端进行操作。

（2）确保可靠性。TCP 会等待接收端反馈收到消息数据的确认。假如传输过程中消息数据丢失了，或者传输中断了，TCP 就会重新发送这个报文段。图 3 - 43 示出了一个典型的 TCP 报文段格式。

图 3 - 43 中的序号就是指 TCP 报文段的"发送序号"。"发送序号"用于给出该报文段携带数据的第一个字节的序号；"确认序号"用于接收方对发送方发出数据的累积确认。这两个字段采用了确认机制来保证数据传输的可靠性。

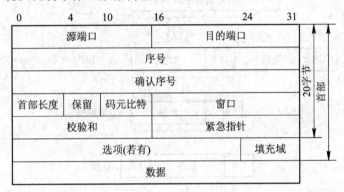

图 3 - 43　TCP 报文段的格式

4）应用层

应用层为用户提供一组访问 Internet 的高层应用协议，即应用程序，这些应用程序同传输层协议相配合，完成数据的发送和接收处理。每个应用程序都有自己的数据格式，所以应用层的一项重要功能是对用户数据进行格式化处理。常见的应用层协议有万维网的 HTTP 协议、电子邮件的 SMTP 协议、文件传输协议 FTP 等。

3. TCP/IP 的数据封装过程

TCP/IP 是目前大多数网络使用的标准与协议，这里以以太网中一台 PC 上的 Web 浏览器连接服务器、向服务器请求 Web 页面为例，说明数据的封装过程。当 PC 向服务器请求 Web 页面时，Web 服务器将包含页面的文件作为响应向 PC 发送数据，服务器为发送 Web 页面需要对数据进行封装，这个过程如图 3 - 44 所示。

（1）Web 服务器的应用软件将 Web 页面的内容（数据）和应用层报头（由 HTTP 协议构成）封装起来，这一步可以叫作数据准备。

（2）传输层（TCP）软件将应用层准备的数据分割成两个 TCP 数据分段（实际中可能是多个分段）。由于应用层准备的数据可能太大，故分成较小的分段后更适合网络传输。同时在每一个数据分段中添加传输层报头，形成传输层的 PDU 数据段。传输层的数据段包含 TCP 报头和应用层传下来的数据两个部分。

（3）网络层软件（这里就是 IP 软件）将传输层送来的数据段封装成数据包，该数据包具有一个包含目的地址和源地址的报头。目的地址使接收到该数据包的网络设备能够找到目的终端的路由，源地址使接收到该数据包的计算机知道向谁作出回应。网络层的数据包有 IP 报头和传输层传下来的数据两个部分。

（4）在网络层数据包的基础上，网络接口层又向数据包添加了报头和报尾。这里使用的是以太网 NIC(Network Interface Card)，因此添加的是包含目的 MAC 地址的以太网报头和报尾。网络接口层的数据结构称为帧，它包含以太网报头、报尾和网络层传送过来的数据三个部分。形成帧后，网络接口层将数据以比特流的形式送到物理传输介质（如双绞线、光缆）上传输。

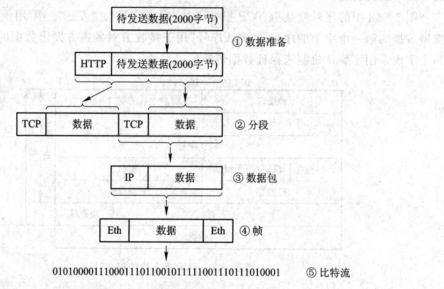

图 3 - 44　TCP/IP 数据封装过程

解封装的过程是上述封装过程的逆过程，有下面几个步骤：

（1）电信号从物理传输介质进入 PC 的 NIC，网络接口层根据以太网的协议标准将电信号翻译成比特流。接着分析以太网报头和报尾，提取其中数据域的内容（IP 数据包）传给网络层（IP 层）。

（2）网络层协议软件检查 IP 报头，提取其中数据域的内容（包含 TCP 分段）送给传输层。

（3）传输层协议（TCP）软件接收网络层数据后，分析数据包头的内容，提取出其中的数据段，再将数据段按顺序重组回最初的数据状态，一旦收到所有分段并完成数据重组，TCP 就会将全部数据传给应用层协议，本例即 HTTP，由应用层协议将数据交给应用程序，由应用程序完成显示等后续功能。

4. IP 地址原理

由于网络中的计算机（也称为主机）随时都可能被用户访问，因此需要拥有一个网上标识，因特网为每一台这样的主机规定了一个 32 位二进制数的标识，这个标识就是主机的 IP 地址，IP 地址是因特网上识别一台主机的唯一标识。

主机的 IP 地址由网络地址和主机地址两部分构成，分别称为网络 ID 和主机 ID。网络地址用来识别主机所在的特定网络，主机地址用来标识该网络中特定的主机。为确保主机地址的唯一性,其网络地址由因特网注册管理机构的网络信息中心分配,而主机地址则由网络管理机构负责分配。

每个 IP 地址是长度为 32 位的二进制数,为便于对 IP 地址的记忆,采用点分十进制表示法,就是将这个 32 位二进制数表示的 IP 地址分成 4 组,每组长度为一个字节,组与组之间用"."分开,并将每一组都写成十进制数。这样表示之后,4 组数据的每一组是 0～255 之间的一个十进制数。比如一个 32 位的 IP 地址"11001010011000110110000010001101",用点分十进制表示法写出来就是"202.99.96.141"。

IP 地址分为 A、B、C、D、E 五类,其中 A、B、C 三类为基本类,这三类是常用的地址,分别适用于大、中、小型网络。大型网络的特点是数量较少,但每一个大型网络拥有的主机多;小型网络的特点是数量很多,但每一个小型网络拥有的主机较少。D 类通常用于组播,E 类保留用于科学研究。五类地址的格式如图 3-45 所示,表 3-5 列出了 A、B、C 三种基本类的 IP 地址范围。

图 3-45 五类 IP 地址的格式

表 3-5 三种基本类的 IP 地址

基本类型	地址个数	主机 IP 地址范围	具体划分
A	16 777 214	1.0.0.1～126.255.255.254	N.H.H.H
B	65 534	128.1.0.1～191.254.255.254	N.N.H.H
C	254	192.0.1.1～223.255.254.254	N.N.N.H

注:N=Network(主机所在的特定网络),H=Host(主机)

A 类地址的第一个比特为 0,网络地址空间为 7 比特,主机地址空间为 24 比特。这样 A 类地址的网络地址空间范围是 1～127,其中 127 留作他用,一般可用的地址范围是 1～126,也就是允许有 126 个不同的 A 类网络,除去全"1"的和全"0"的,每个 A 类网络可以容纳的主机数为 $2^{24}-2=16\ 777\ 214$ 个。所以 A 类地址适合拥有大量主机的大型组织的网络。

B 类地址的前两个比特为 10,网络地址空间为 14 比特,主机地址空间为 16 比特,即

允许有 $2^{14}-2$ 个不同的 B 类网络，每个 B 类网络可容纳的主机数为 $2^{16}-2=65\ 534$ 个。B 类地址适用于中等大小的组织，如政府机构或国际型大公司。

C 类地址的前三个比特为 110，网络地址空间为 21 比特，主机地址空间为 8 比特，即允许有 $2^{21}-2$ 个不同的 C 类网络，每个 C 类网络能容纳的主机数是 $2^8-2=254$ 个。C 类地址适用于规模较小的组织，如小型公司。

D 类地址的前四位是 1110，不标识网络号。

E 类地址的前五位是 11110，也不标识网络号。

关于 IP 地址有以下几点需要注意：

(1) IP 地址只是主机的一种表示，不含有主机的任何地理位置信息。

(2) 当一台主机同时连接到两个网络上时(主机用作路由器时属于这种情况)，这台主机成为一台多地址主机，它将同时具有不同网络号的两个 IP 地址。

(3) 在因特网中，用转发器和网桥连接的多个局域网仍属于一个网络，这些局域网具有一个网络号。

(4) 当 IP 地址的主机地址部分全为 0 时，这时的 IP 地址称为网络地址，网络地址用来标识一个网段，如 A 类地址"1.0.0.0"、B 类地址"192.168.0.0"和 C 类地址"192.167.56.0"等都是单个网络的地址。

3.5　网络路由技术

路由是将数据分组(数据包)经过网络从发送者的计算机传送到接收者的计算机所经历的过程，而网络上执行这一操作过程的设备就是路由器。数据分组在传送的过程中要经过多个路由器的转发，为了使数据分组能够被路由器正确地接收和转发，就需要为接收和转发制定相应的规则，这个为接收和转发数据分组所制定的规则就称为路由协议。路由协议规定了网络中每一台路由器如何工作，也规定了整个网络如何作为一个系统进行工作的规则，使整个网络中的全部设备都能协调一致地完成各项操作。

图 3-46 给出了一种数据分组路由的示意图，如果计算机 1 要将数据分组发送给计算机 2，显然可以在网络上选择不同的路径，而选择哪一条路径是最优的(路径最短的)，则需要采用合适的路由算法来确定。如何根据给定的路由算法将数据从发送端传输到接收端，这是路由器要解决的主要问题。实际使用的路由方法有两类：集中式路由方法和分布式路由方法。

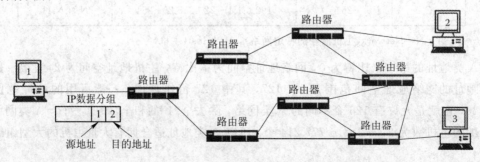

图 3-46　路由示意图

3.5.1 集中式路由方法

集中式路由(Centralized Routing)方法是一种转发与控制相分离的方法。具体来说，就是把路由的计算和路由信息的存储都交给了网络控制中心，通过路由表来指引交换机对数据分组的发送。

在集中式路由方法中，所有为一个数据分组的路由决策均由一台中心设备给出。电话交换网络是典型的集中式路由网络，一定区域内的所有电话终端都连接到一台交换机上，这台交换机就是网络控制中心，如图 3-47 所示。在星型拓扑网络中，所有分组都路由到中心设备，由中心路由设备确定如何将该分组发送到目的地址。中心路由设备会查找与其连接的所有设备，然后创建一个跟踪每台设备地址的列表，该表格用于查找每一台连接的设备以确定分组数据发送的路径。为保持路由表的有效性，中心路由设备需要经常对路由表进行更新维护。

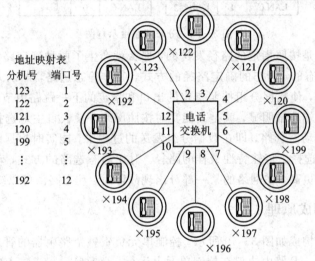

图 3-47 集中式路由示意图

集中式路由方法的主要优点是计算机资源和宝贵的网络容量都由一台中心设备来管理，只需要维护一个路由表就能跟踪整个网络，因此网络效率高。同时，集中式路由的这个优点也是其最大的缺点。假如中心路由设备出现了故障，整个网络就会陷于瘫痪。另外，集中式路由会造成网络管理不够灵活。随着网络规模的扩大，会有越来越多的设备连接到中心路由设备上，这可能会使集中式路由表变得很大，从而难以管理。而分布式路由方法则克服了这些缺点。

3.5.2 分布式路由方法

分布式路由方法(Decentralized Routing Scheme)中的路由表不是由一台中心路由设备来维护的(如图 3-48)，而是每一台路由器都有一个路由表，并且所有路由器共同维护路由表。分布式路由协议常见的有 RIP、OSPF、IS-IS 等。

分布式路由方法是目前应用最广的路由算法，其对各种状态的网络都有比较好的适应性。在分布式路由方法中，每个网络节点可以周期性地接收相邻网络节点提供的状态信息，与此同时，路由器也把本网络节点已经做出的路径选择决定进行周期性的发布，及时通知相邻的各网络节点，因此所有网络节点都会持续按照整个网络最新状态及时更新路由表。分布式路由方法是一种双向的动态选择机制，有效提升了路由选择的效率，进而提高了数据传输的速度。

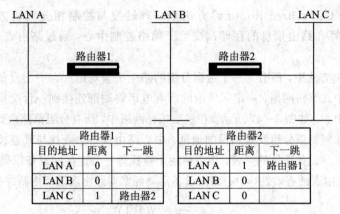

图 3-48　分布式路由示意图

　　如果数据分组是按照指定的路径发送的，那么就产生了两种确定路径的方式，一种是静态的，一种是动态的。静态的确定路径的方式，叫作静态选路，即以人工手动的方式在路由表中添加路由，使数据分组按照指定的出口和指定的下一跳路由节点发送。这种数据分组发送方式的弊端非常明显，就是不能实时按照网络环境去自主地选择路径。动态的确定路径的方式叫作动态选路，即在数据分组发送的过程中，能实时根据网络环境和线路的传输状态，自主地选择出传输特性最佳的路径。对比静态选路的方式，动态选路的传输效率和网络的稳定性更高，在网络的某一部分出现故障时，动态路由可以绕开故障点转发。

3.5.3　路由器构成原理

　　路由器的基本构成如图 3-49 所示。控制单元负责整个路由器的管理和操作控制，实现对路由表的维护，IP 路由协议在控制单元上运行。交换单元完成输入单元与输出单元的互联，按照控制单元的指令实现从输入接口到输出接口的数据交换。早期的交换单元采用共享总线结构或共享存储器结构。共享总线结构的交换能力受限于共享总线的带宽，一次只能处理一个数据分组，交换效率低下。共享存储器结构的性能较共享总线结构性能高，但处理速度受限于存储器的访问速度。高速路由器的整机吞吐量很大，交换单元一般采用纵横制交换结构，通过点到点的连接将需要通信的输入端口与输出端口连接起来，来自不同输入端的数据分组可以并行处理，所有端口都可以同时以最大速率交换数据，因此交换效率大大提升。输入接口是数据分组的物理链路接入点，主要完成对数据链路帧的分析，

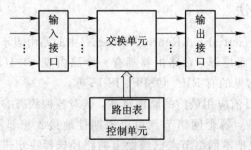

图 3-49　路由器的基本构成框图

不同类型的数据分组按照优先级调度转发，将控制数据包交给控制单元处理。输出接口的主要功能是对要转发的数据进行封装和对数据分组进行排队和缓冲管理。

3.6　移动通信多址接入技术

3.6.1　概述

　　移动通信是指移动通信终端之间或者移动通信终端与固定通信终端之间的通信，特点是通信的双方至少有一方处于运动状态。比如行进过程中的人通过手机进行通信，处于汽车、飞机等移动体上的通信设备所进行的通信等。人们最熟悉也是近几十年来发展最快的移动通信是蜂窝移动通信(Cellular Mobile Communication)。

　　蜂窝移动通信是面向公众服务的移动通信，需要服务的用户众多。为了满足众多用户的通信需要，移动通信运营商将要服务的区域划分成许多相互邻接的正六边形小区(Cell)，每一个小区安装一个无线基站用于中继处于该小区服务范围内的手机信号，手机信号经过基站转接后进入通信网络，从而实现远距离通信传输，如图3－50所示。图中MSC(Mobile Switching Center)表示移动交换中心，PSTN(Public Switching Telephone Network)表示公共交换电话网，也就是固定电话网络。

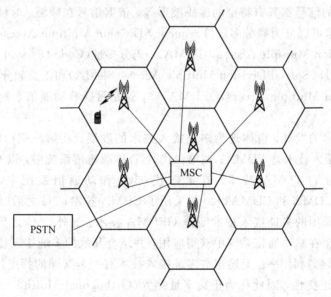

图 3－50　蜂窝移动通信系统示意图

　　一般情况下，一个基站小区中可能有多个用户在同时进行通信，因此这个小区的基站需要同时为多个用户提供服务，提供服务的前提是建立基站与多个用户间的无线信道连接。

　　移动通信与固定电话通信的基本不同在于，固定电话是通过一条固定的线路连接到交换机的，线路连接建立之后，通信的传播环境也就随之确定了，通信信号只有这一条建立的传输线路，没有其他通路，已建立的通信线路就决定了用户的通信地址。但移动通信是通过无线传播环境建立的，所有用户的信号在同一个无线环境中传播，信号传播过程中相互之间是混合在一起的，因此无线通信需要一种合适的方法来区分不同用户的无线信号连接，以在接收端消除不同用户信号之间的相互干扰。

如何同时为多个用户建立无线信道连接的问题，就是移动通信的多用户接入问题，也叫多址接入问题或多址连接问题。解决多址接入的方法就叫多址接入技术，多址接入技术是移动通信系统的一项基础技术。

多址接入问题主要包括两个方面：一是网络要为移动用户提供可供接入的无线信道资源；二是要使用户能够在基站发射的许多信号中识别出发送给自己的信号，同时基站在接收多个用户的信号时也要能够区分并分别解调出来。

可以看出，这里所讲的多址接入技术，同第 1 章讲到的多路复用技术有些相似，都是要使多路信号在可以共享的信道资源上传输，都是提高资源利用率的一种手段。但多路复用是在网络传输中应用的技术，强调的是充分利用信道资源的带宽。而多址接入技术是应用在移动通信网络的移动用户接入端，强调的是为每个用户动态分配无线资源，并且要求设计合适的信号特征，以便于接收端区分不同用户的信号。同时也可以看出，多址接入技术是以多路复用技术为基础的。

多址接入技术的基本原理，是利用为不同用户设计信号特征参数上的差异来区分不同的用户，它要求各信号的特征彼此独立或相关性尽可能小，以使多个用户间可以更好地区分。比如，使不同用户具有不同的发送信号频率，使不同用户的信号在出现时间上分开，或者使每个用户的信号都具有特定的编码波形等。依据信号在频域、时域和空域的不同特征，多址接入技术可以分为频分多址(Frequency Division Multiple Access，FDMA)、时分多址(Time Division Multiple Access，TDMA)、码分多址(Code Division Multiple Access，CDMA)、空分多址(Spatial Division Multiple Access，SDMA)和正交频分多址(Orthogonal Frequncy Division Multiple Access，OFDMA)等，这是目前移动通信系统中已经使用的多址接入技术。

移动通信技术的发展，也体现为多址接入技术的发展。在第一代(1G)移动通信系统中，典型的多址接入技术是 FDMA；在第二代(2G)移动通信系统中，以 GSM 为代表的移动通信系统采用了 TDMA 技术；在第三代(3G)移动通信系统中，三大主流标准 TD-SCDMA、WCDMA 和 CDMA2000 都采用了 CDMA 技术；3G 之后以及第四代(4G)移动通信系统主要采用的多址接入技术则是 OFDMA 技术。另外，3G 之后，随着智能天线的应用，SDMA 也在移动通信系统中获得应用，并结合其他的多址接入技术来进一步提升移动通信系统的频谱利用率。上述这些多址接入技术有一个共同的特点，就是为不同用户设计的信号具有正交性，因此称为正交多址接入(Orthogonal Multiple Access，OMA)技术。OMA 为小区内的每个用户分配了唯一的接入资源，这避免了用户间的相互干扰，并且因为每一个用户的信号都可以根据正交的接入特性而单独检测，从而使得接收机设计比较简单。然而，也正是由于多址接入的正交特性设计，使得移动通信频谱资源的利用率受到限制，很难进一步改进与提升。为了进一步提升频谱资源的利用率，在第五代(5G)移动通信技术发展的过程中，人们提出了非正交多址接入(Non-Orthogonal Multiple Access，NOMA)技术。

国际电信联盟(ITU)确定了 5G 的三大类应用场景，即应用于个人消费的互联网增强型移动宽带(enhanced Mobile BroadBand，eMBB)通信场景、应用于物联网的大规模机器类通信(massive Machine Type Communications，mMTC)场景、应用于高性能物联网的超可靠低时延通信(ultra-Reliable and Low Latency Communications，uRLLC)场景。我国面向 2020 年移动通信系统(IMT-2020)推进组根据 5G 的主要应用场景和不同的业务需求，归纳了四个 5G 的典型技术场景，即连续广域覆盖、热点高容量、低功耗大连接和低时延高可靠。可以看出，无论是国际上提出的 5G 三大应用场景，还是我国 5G 推进组归纳的四种典型技术场景，都要求 5G 必须具备海量连接的能力。

在正交多址接入技术中，能够接入的用户数同系统所具有的正交资源(比如频分多址的频率或时分多址的时隙)数成正比，一个资源上只能有一个用户的信号传输，可分配的接入资源数限定了可以接入的用户数，因此不可能满足 5G 海量连接的需求。采用非正交多址接入技术后，在同一个资源上可以传输多个用户的信号，并且不需要用户信号之间是正交的，因而大幅度地提高了频谱资源的利用率。由于一个资源上有多个非正交的用户信号同时接入，这时自然会导致在同一个资源上接入的不同用户之间产生相互干扰，但随着信号处理技术的不断进步，目前可以在接收机中采用先进的多用户联合检测信号处理方法，仍然能够解调出用户信号。

已经提出的非正交多址接入技术有十几种，较早提出并获得较多研究的有：非正交多址接入(NOMA，这是最早提出的一种，直接采用了非正交多址接入的名字)、稀疏码多址接入(Sparse Code Multiple Access，SCMA)、多用户共享接入(Multi-User Shared Access，MUSA)、图样分割多址接入(Pattern Division Multiple Access，PDMA)等。下面对正交多址接入技术和主要的非正交多址接入技术进行简要的介绍，有兴趣的读者可以查阅关于第五代移动通信技术的相关资料。

在使用正交多址接入技术的通信系统中，不同用户的信号之间是正交的，这使得接收机比较容易区分不同用户的信号，从而使接收机设计比较简单。比如在使用 FDMA 的通信系统中，只要在接收机的输入端设计合适的滤波器，就能将需要的用户信号选择出来。为了满足有效提升频谱利用率的要求，新的非正交多址接入技术要求使用更先进的信号处理方法来区分不同的用户信号，这使得通信系统的发射机和接收机设计会更加复杂。特别是为了不断降低通信系统对信号处理的时间延迟，以满足一些低时延的应用要求，需要系统设计采用更高性能的信号处理芯片、更高性能和更快捷的数字信号处理算法。所以，多址接入技术不断提升频谱利用率是以不断增加通信系统复杂性为代价的。

3.6.2　正交多址接入技术

正交多址接入技术是建立在信号分割与信号正交性原理基础上的，通过对信号进行分割或进行适当的波形设计，系统为通信的用户分配接入网络的资源，并确保同时接入网络的用户信号能够互不干扰，使得不同用户的信号之间具有正交的特性，从而通信系统能够区分并实现正确解调。

对两个信号的正交性有如下的定义：如果两个信号 $x(t)$ 与 $y(t)$ 在 $[0, T]$ 内满足

$$\int_0^T x(t)y(t)\mathrm{d}t = 0 \qquad (3-33)$$

则称信号 $x(t)$ 与 $y(t)$ 在 $[0, T]$ 内正交。两个信号正交也说明这两个信号之间是相互独立

的，或者说这两个信号是无关的，正交保证了在一起传播的信号之间不产生干扰，从而可以保证在接收端对两个信号的正确解调。

如果信号用向量表示，两个向量的正交则是指它们的内积（也叫点积）为 0，比如，两个 n 维向量

$$A = [a_1 \ a_2 \ \cdots \ a_n], \ B = [b_1 \ b_2 \ \cdots \ b_n]$$

正交，指的是两者满足

$$A \cdot B = [a_1 \ a_2 \ \cdots \ a_n] \cdot [b_1 \ b_2 \ \cdots \ b_n]$$
$$= a_1 b_1 + a_2 b_2 + \cdots a_n b_n = 0 \tag{3-34}$$

式中上标 T 表示矩阵（向量）的转置。

频分多址接入（FDMA）就是通过频率分割来区分不同用户的。在 FDMA 系统中，通信中的每个用户都被分配一个独享的频道，这个频道就是该用户的地址。FDMA 系统中不同用户分配的频道互不重叠，在接收端用滤波器就可以将不同用户的信号区分开来，因此可以做到不同用户之间的信号互不干扰。例如，假设 FDMA 系统有两个同时接入的信号为 $x(t)$ 和 $y(t)$，在接收机一端，对于接收信号 $x(t)$ 的接收机来说，输入端滤波器的输出信号就只有 $x(t)$，信号 $y(t)$ 则被滤波器滤除，因此信号 $y(t)$ 不会进入信号 $x(t)$ 的接收机。同样，接收信号 $y(t)$ 的接收机滤波器也会将 $x(t)$ 滤除，$x(t)$ 也不会进入信号 $y(t)$ 的接收机。这样，接收机就完成了对两个不同频率信号 $x(t)$ 和 $y(t)$ 的区分，使信号 $x(t)$ 和 $y(t)$ 之间不会产生干扰。

对应式（3-33），在信号 $x(t)$ 的接收机输入端，$x(t) \neq 0$ 但 $y(t) = 0$，所以式（3-33）的积分值为 0；在信号 $y(t)$ 的接收机输入端则是 $x(t) = 0$ 但 $y(t) \neq 0$，同样式（3-33）的积分也为 0，即信号 $x(t)$ 和 $y(t)$ 是正交的。

时分多址接入（TDMA）是建立在频分多址基础上的。在 TDMA 系统中，先将可用的频率分割成频道，然后再将每个频道划分成小的时间片，通信过程中一个用户分配占用一个时间片。可以看出，TDMA 系统中首先不同频道具有正交性，其次在一个频道中的多个用户信号之间也是正交的，因为它们在时间上不重叠，每一个时间片上只有一个用户的信号存在。这样一个频道上就可以同时传输多个用户的信号而不会相互干扰。

码分多址接入（CDMA）是基于伪随机码型分割信道的，所使用的不同伪随机码型之间具有正交性。码分多址接入的实现也需要先将可用频率划分成频道，进而在每个频道上为每一个通信的用户分配一个伪随机序列码，所分配的伪随机序列码就是该用户的通信地址。由于不同的伪随机序列之间是正交的，因此同一频道上的不同用户信号之间也是正交的。

下面介绍主要的正交多址接入技术。

1. 频分多址接入

早期的移动通信系统都是建立在频分多址接入（FDMA）技术基础上的，FDMA 系统是基于频率分割信道的。用户通信时，通信系统根据频率资源情况，为每个通信用户分配一个射频频带内的一个频道，频道号就表示用户通信时的地址。频道与用户是一一对应的关系，相邻频道之间都有一定的间隔 F_g，比如为 30 kHz，频道间隔保证了频道之间互不交叠，如图 3-51(a)所示。在 FDMA 系统中，用户通信时系统为其分配一个频道，通信结束后，用户释放所使用的频道，然后系统就可以将该频道分配给其他需要通信的用户，所以，

频道是共享的。

图 3 - 51(b)中，BS 表示基站，MS 表示移动台，基站向移动台方向的传输链路叫作正向链路，也叫下行链路；移动台向基站方向的传输链路叫作反向链路，也叫上行链路。正向链路与反向链路的分割，是实现双工通信的要求。所谓双工通信，指的是基站和移动台之间的双向传输通信。正向链路与反向链路分别在不同的频率上传输，这样实现的双工传输通信叫频分双工（Frequency Division Duplexing，FDD）通信。在频分双工 FDMA 系统（FDMA/FDD）中，正向链路占用较高的频带，反向链路占用较低的频带，正向链路与反向链路之间留有保护频带，防止正向链路与反向链路之间产生干扰。第一代移动通信系统是模拟的移动通信系统，都采用了 FDMA/FDD 技术。

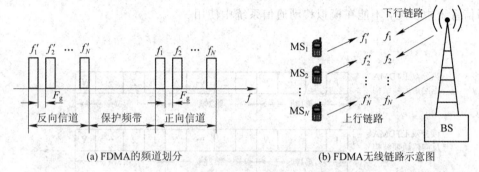

(a) FDMA的频道划分　　　　　　　　(b) FDMA无线链路示意图

图 3 - 51　FDMA 系统的频道划分与无线链路

2. 时分多址接入

时分多址接入（TDMA）是基于时间分割信道的，系统按时间划分成帧，每一帧再进一步划分成 N 个时间片，每一个时间片称为一个时隙（Time Slot，TS）。用户通信时，TDMA 系统为每一个通信的移动用户分配一帧中的一个时隙，这个时隙就是该用户这次通信时的地址。如图 3 - 52 所示，移动台 MS_1 分配了时隙 1，MS_2 分配了时隙 2，等等。分配给相邻用户的时隙互不交叠，所有用户都在分配给自己的时隙中传输数据，所以用户通信时互不干扰。图 3 - 52 所示是一个小区中多个移动台在所分配的时隙中分别向基站传输数据的情况，基站按照顺序同步地接收、处理和转发每一个用户的信号。通信结束后，用户释放所占用的时隙，然后系统就可以再将这个时隙分配给其他需要通信的用户。

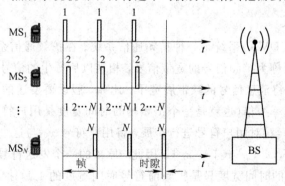

图 3 - 52　TDMA 系统前向信道与反向信道示意图

在 TDMA 系统中，正向链路和反向链路可以采用频分双工，也可以采用时分双工（Time Division Duplexing，TDD）。当 TDMA 系统采用频分双工传输时，称为频分双工

TDMA 通信系统(TDMA/FDD)。当 TDMA 系统采用时分双工传输时,称为时分双工 TDMA系统(TDMA/TDD)。TDMA/TDD 系统中正向链路与反向链路都在同一个频率上传输,但信道传输是分时的,也就是正向信道传输时关闭反向信道,反向信道传输时关闭正向信道。

图 3-53 示出了 TDMA 频分双工与时分双工的帧结构示意图,图中每一帧划分成 N 个时隙。对于频分双工的 TDMA 系统,正向信道与反向信道的频率不同,但帧结构相同,如图 3-53(a)所示。对于时分双工的 TDMA 系统来说,正向信道与反向信道都工作在同一个载波频率上,但帧结构则是在正向信道与反向信道间交替传输,如图 3-53(b)所示。可以看出,TDMA 系统需要严格的系统与移动终端同步,这种同步技术只能在数字化的移动通信系统中实现,不能在模拟移动通信系统中使用。

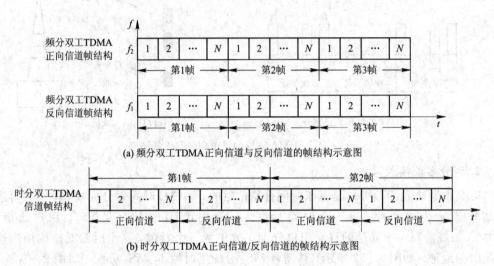

(a) 频分双工TDMA正向信道与反向信道的帧结构示意图

(b) 时分双工TDMA正向信道/反向信道的帧结构示意图

图 3-53　TDMA 系统的频分双工与时分双工帧结构

第二代移动通信系统 GSM 是典型的 TDMA/FDD 系统,该系统的一个载波在时间上分成时隙后,每 8 个时隙组成一个 TDMA 帧,也就是 GSM 系统的一个载波可以服务 8 个用户通信。

3. 码分多址接入

码分多址接入(CDMA)系统是一种扩频通信系统。在扩频通信系统的发送端,将窄带的消息信号乘以一个称为扩频信号的宽带信号,相乘以后产生的信号带宽远高于消息信号的带宽,其效果就是将消息信号的频带展宽了。比如,假设要发送的用户符号为 x_0,用一个速率为用户符号速率 4 倍(也就是一个扩频码的时间宽度是用户符号时间宽度的 1/4)的扩频序列[1,1,−1,−1]对用户符号进行扩展,将用户符号 x_0 与这个扩频序列相乘就得到扩频后的序列为 $[x_0, x_0, −x_0, −x_0]$。因此,原来的一个发送符号扩频后变成了 4 个符号。扩频后一个符号的时间宽度只是扩频前符号时间宽度的 1/4,扩频后符号的频谱就扩展为扩频前符号频谱的 4 倍。所以扩频后的信号传输速率就变成了扩频前符号传输速率的 4 倍,信号的频谱宽度也成为消息信号频谱宽度的 4 倍,即频谱扩展了。

用扩频的方法实现通信具有很大的优越性,最主要的就是可以大大提升通信传输的保密性和抗干扰能力,其次,CDMA 系统的容量也远高于 FDMA 和 TDMA 系统。

扩频信号是一种伪随机码序列,也就是具有某种随机特性的序列码,伪随机序列的一个编码信号称为一个码片,码片的速率一般比消息信号的速率高几个数量级。

扩频通信的理论依据是第 1 章介绍过的香农信道容量公式(1-1)。根据公式(1-1),当信噪比一定时,通过增大信道带宽可以提高信道容量,并且当信道噪声增加时(即信噪比下降时),可通过增加信道带宽来确保信道容量不变。扩频通信系统正是利用扩展序列来扩展消息信号的带宽,从而提升信道容量,进而达到提升系统抗干扰能力的目的。扩频通信系统有四种类型:直接序列扩频、调频扩频、跳时扩频以及混合扩频。CDMA 系统是一种直接序列扩频(Direct Sequence Spread Spectrum ,DS-SS)通信系统。

在 CDMA 系统中,每一个通信的用户会分配一个特有的伪随机码序列,这个伪随机码也就是用户的地址码,其通信的信道也是由地址码来表征的,地址码与信道号一一对应,如图 3-54 所示。CDMA 系统中任何两个用户的地址码之间都有很好的正交性,这种正交性使得接收机可以采用同一个地址码并执行一个时间相关操作来解调自己的信号,而其他用户的信号则表现为噪声。因此,CDMA 系统的所有用户可以同时且在同一个载波频率(或者说是频道)上完成通信。第二代移动通信系统 CDMA 是典型的码分多址接入系统,它是一种 CDMA/FDD 系统。

在 CDMA 系统中,扩频序列间的正交性直接影响不同用户间的干扰,这种干扰称为多址干扰。若不同用户使用的扩频序列之间是严格正交的,则没有多址干扰,实际上所产生的伪随机扩频序列不可能严格正交,所以多址干扰总是存在的。因此为 CDMA 系统设计正交性好的伪随机序列码就成为获得良好系统性能的关键,正交沃尔什函数就是一种获得正交伪随机序列码的方法。

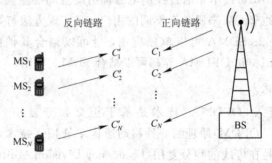

图 3-54 CDMA 通信原理示意图

正交沃尔什函数由正交沃尔什函数矩阵得到,正交沃尔什函数矩阵的递推关系如下:首先,正交沃尔什函数矩阵的初始值为

$$W_0 = [1]$$

然后利用递推关系

$$W_n = \begin{bmatrix} W_{n-1} & W_{n-1} \\ W_{n-1} & -W_{n-1} \end{bmatrix} \quad\quad (3-35)$$

就可以构造出不同大小的沃尔什矩阵,比如

$$W_1 = \begin{bmatrix} 1 & 1 \\ 1 & -1 \end{bmatrix}$$

$$W_2 = \begin{bmatrix} 1 & 1 & 1 & 1 \\ 1 & -1 & 1 & -1 \\ 1 & 1 & -1 & -1 \\ 1 & -1 & -1 & 1 \end{bmatrix}$$

按照这种方式递推下去，可以获得任意长度的伪随机序列。

由此产生的沃尔什函数矩阵 W_n，其行与行两两之间，或者列与列两两之间都是正交的，即行向量或列向量之间满足式(3-34)。如 W_2 的第一行与第二行满足

$$\begin{bmatrix} 1 & 1 & 1 & 1 \end{bmatrix} \begin{bmatrix} 1 \\ -1 \\ 1 \\ -1 \end{bmatrix} = 1 + (-1) + 1 + (-1) = 0$$

同样，第二列与第四列也是正交的，即

$$\begin{bmatrix} 1 & -1 & 1 & -1 \end{bmatrix} \begin{bmatrix} 1 \\ -1 \\ -1 \\ 1 \end{bmatrix} = 1 + 1 + (-1) + (-1) = 0$$

第二代移动通信系统(2G)中的 CDMA 系统就应用了 64×64 阶的沃尔什函数矩阵，伪随机序列码的长度是 64，可以用于在一个频道上区分 64 个不同用户。所以，在使用这种伪随机序列的 CDMA 系统中，一个频道可以容纳 64 个用户。

4. 空分多址接入

空分多址接入(SDMA)技术是通过控制电磁辐射的空间能量实现多址接入的，通过智能天线实现定向辐射的窄波束来服务于不同的用户，其实现方法与第 1 章讲到的空分复用是一样的，参见图 1-9。SDMA 可以单独应用，也可以结合其他的多址接入技术应用，FDMA、TDMA、CDMA 和 OFDMA 等都可以结合 SDMA 应用。

5. 正交频分多址接入

正交频分多址接入(OFDMA)技术是基于正交频分复用(Orthogonal Frequency Division Multiplexing，OFDM)原理的一种移动通信多址接入技术，其主要特点是无线频谱利用率高。OFDM 是在传统的频分复用(Frequency Division Multiplexing，FDM)基础上发展起来的。

OFDM 和 FDM 两者的基本思想都是将较宽的可用频谱划分为若干个比较窄的子带，每一个子带可以传输一个子载波，子载波的间隔就是子带的宽度。OFDM 和 FDM 都是将可用频谱划分成子带后，再根据用户需求将不同的子带分配给不同的用户用于消息传输。所不同的是，为了避免不同子带之间可能产生相互干扰，FDM 在相邻的子带之间需要插入保护间隔，因此传统的 FDM 技术频谱利用率很低。但 OFDM 的相邻子带间可以有 1/2 的频谱重叠，这样仍然能够保证子载波间是正交的，从而可以确保相邻子载波间不会因频谱重叠产生相互干扰，因此 OFDM 能够大大提高频谱利用率。FDM 技术与 OFDM 技术的频谱利用率对比可以用图 3-55 来直观地解释，可以看出 OFDM 相邻子载波间有 1/2 的频谱重叠，频谱利用率大幅提升。

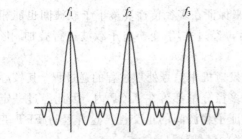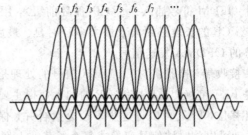

(a) 传统的FDM在子载波间留有保护间隔　　　(b) OFDM相邻子载波间有1/2频谱间隔的重叠

图 3-55　传统频分多址与正交频分多址信号频谱比较示意图

　　基于 OFDM 原理，OFDMA 技术将可用的频谱带宽划分成互不重叠的一系列子载波，根据用户需要将不同数目的子载波分配给不同的用户实现多址接入，数据量大的用户需要的传输带宽大，分配的子载波数多，而数据量小的用户需要的传输带宽小，可以分配较少数目的子载波。这样，OFDMA 系统就可动态地将可用频谱资源按用户需要进行分配，从而实现频谱资源的高效利用。

　　随着数字信号处理技术的发展，研究发现可以应用快速傅里叶变换（Fast Fourier Transform，FFT，这是利用计算机进行离散傅里叶变换的一种高效、快速计算方法）实现 OFDMA，这就大大降低了数字通信系统应用 OFDMA 技术的复杂性。所以，从第三代移动通信的长期演进（Long Term Evolution，LTE）系统开始，以及后续被 ITU 确定为 4G 国际标准的 LTE-A（LTE-Advanced），它们的下行链路都采用了 OFDMA，上行链路则采用了单载波频分多址接入（Single-Carrier Frequency Division Multiple Access，SC-FDMA）。其实，这里的 SC-FDMA 也是以 OFDMA 为基础的，只是相较于 OFDMA 的信号处理多加了一个离散傅里叶变换（Discrete Fourier Transform，DFT）。

　　SC-FDMA 信号可以用频域方法产生，也可以用时域方法产生，相比之下，频域方法产生 SC-FDMA 具有更多的优点，所以 LTE 标准最终决定采用频域方法产生 SC-FDMA 信号，这时的 SC-FDMA 就叫离散傅里叶变换扩频（Discrete Fourier Transform-Spread）的正交频分复用多址接入，简称 DFT-S-OFDM。

　　图 3-56 是典型的 OFDMA 信号发射处理流程图。来自信源的消息信号经过信道编码，再经过串/并变换和星座映射后变成了复数符号，相当于频域信号，接着将这些并行信号映射到正交的 M 个子载波上，并通过快速傅里叶逆变换（Inverse Fast Fourier Transform，IFFT）将频域信号变成时域信号，经过 IFFT 输出的 OFDM 符号为有 N 个采样点的时域信号（N 表示 IFFT 长度，$N \geqslant M$）。在将此时域信号调制到载波上之前，同时

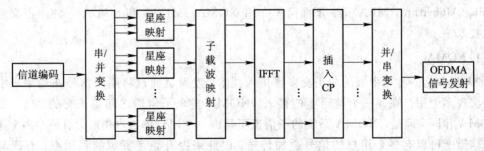

图 3-56　LTE 下行 OFDMA 信号发射处理流程图

对每个 OFDM 符号插入一个 CP(循环前缀)，用来保证在多径传播环境下子载波间也能相互正交。CP 的长度必须大于最大多径时延。最后再经过并/串变换将子载波进行叠加，形成最终的 OFDMA 发送信号。

在接收端，接收机对 OFDMA 信号的处理是发射机中信号处理过程的逆过程，其核心变换是 FFT 变换，循环前缀 CP 的加入使得主要多径分量都落在了 CP 内，因此经过一定的循环移位，FFT 可以将这些多径分量合并，保证子载波间的正交性。这样经过 FFT 变换后，就可以将时域信号变换成每个子载波上发送的频域信号。

OFDMA 是一种多载波传输技术，将信道用 N 个子载波分为 N 个子信道，这 N 个子信道进行并行传输，大大提高了传输速率。

图 3-57 是 LTE 上行 SC-FDMA 信号发射的处理基本流程，也就是 DFT-S-OFDM 信号处理基本流程，这个处理较图 3-56 中多出一个 DFT。

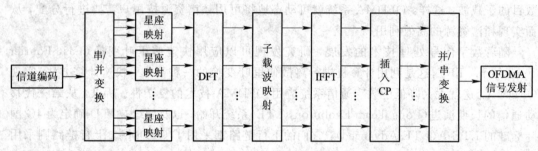

图 3-57　LTE 上行 SC-FDMA 信号发射流程图

3.6.3　非正交多址接入技术

非正交多址接入，是指接入移动通信网络的用户信号不再满足式(3-33)或式(3-34)。实际上，由于使用的是伪随机码，上面介绍的码分多址接入的用户信号也不是严格正交的，只是近似正交，但因为不同的码分用户之间残留的干扰很小，所以将它归入正交多址接入技术。

非正交多址接入技术也是建立在正交频分多址技术基础上的，各个子信道之间是正交的和无相互干扰的，但会有多个用户的信号在同一个子信道上传输。当多个用户信号占据一个子信道传输时，不同用户的信号之间就不再是正交的，因而这样的不同用户信号会有相互干扰。为了在接收端能正确检测出不同用户的信号，需要采用多用户检测方法，如串行干扰消除算法(Successive Interference Cancellation，SIC)、消息传递算法(Message Passing Algorithm，MPA)等。下面简单介绍 NOMA、MUSA 和 SCMA 三种非正交多址接入技术。

1. NOMA

NOMA 是一种功率域的非正交多址接入技术，发射机通过将用户信号在功率域上叠加来实现多个用户在同一个信道上的接入。NOMA 各个子信道之间是正交的，这一点与 OFDMA 相同。但是，NOMA 系统的子信道不是由一个用户单独占用的，而是在一个正交的子信道上可以有多个用户的信号叠加传送，以此来提升频谱资源的利用率。有研究报道，NOMA 可以将频谱效率提升 5~15 倍，其对频谱效率的提升还是非常明显的。

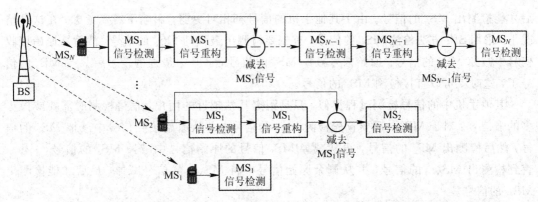

图 3-58　应用 SIC 算法的 NOMA 系统下行链路多用户检测基本过程

NOMA 系统在同一个正交子信道上叠加传送的多个用户信号之间是非正交的，接收端可以采用 SIC 算法实现正确解调。下行链路应用 SIC 算法的信号检测过程可以用图 3-58简单说明，图中一个基站(BS)服务的用户群中有 N 个用户(MS_1,MS_2,…,MS_N)，考虑最极端的情况，假设 MS_N 距离基站最近，而 MS_1 处于基站服务小区的边缘，距基站最远。容易理解，对距离基站最近的用户，信道对信号的衰减最小，因而信道质量最好。用户距离基站越远，信号衰减会越大，因而信道质量会变差。距基站最远的 MS_1 信道质量最差。

为了确保距离基站较远处用户的服务质量，需要保证较远处用户有足够的接收信号信噪比(SNR)，因此需要基站发送信号时使用较大的发射功率。反之，对距离基站较近的用户则需要较小的发射功率。按照这种发射功率分配要求，基站发射 MS_1 的信号时发射功率最大，发射 MS_2 的信号时功率次之，基站发射 MS_N 的信号时发射功率最小。NOMA 系统的下行链路发射机与接收机基本框图如图 3-59 所示。

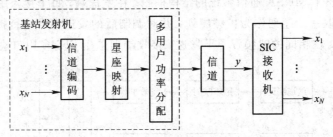

图 3-59　NOMA 下行链路发射机与接收机基本框图

在接收端(用户手机)，每一个用户手机都会收到基站发送给所有手机的信号，这时只有发给自己的信号是有用信号，所有其他手机的信号都是干扰信号，SIC 检测算法可以用来消除其中的强干扰。

对于 MS_1，显然其收到的所有信号中只有自己的信号最强。因为基站发送时分配给 MS_1 信号的功率最大，其他手机的信号都比较弱。信号从基站传输到达 MS_1 时，所有信号都经过相同的信道衰减，发给 MS_1 的信号仍然是最强的。由于在所有接收信号中 MS_1 的信号最强，这时可以不考虑其他手机信号的影响而直接检测 MS_1 的信号。

对于 MS_2 来说情况就不同了。考虑到信道传输衰减，在 MS_2 接收的全部信号中，MS_1 的信号最强，MS_2 的信号次之，MS_1 的信号称为对 MS_2 信号的强干扰，需要消除这个干扰

后才能检测出 MS_2 的信号。由于其他手机的信号都相对更弱，影响不需要考虑。在这种情况下，采用 SIC 方法检测 MS_2 的信号，首先要检测出最强的 MS_1 的信号，然后从原始接收信号中减掉 MS_1 的信号。原始信号减掉 MS_1 的信号后，其中最强的信号就只有 MS_2 的信号了，这时就可以直接检测 MS_2 的信号。

其他手机中的信号检测过程类似，只是距离基站越近的用户，信号检测时需要减掉更多的强信号。对于 MS_N，需要首先检测 MS_1 的信号，并从原始接收信号中减掉 MS_1 的信号，然后检测出 MS_2 的信号，再从减掉 MS_1 信号的原始信号中减掉 MS_2 的信号，……，直到检测出 MS_{N-1} 的信号，并从剩余原始信号中将 MS_{N-1} 的信号减掉，最后才能检测出 MS_N 的信号。

上面介绍的是 NOMA 系统下行链路，NOMA 也适用于上行链路。对于 NOMA 上行链路，距离基站较远的用户发射功率较大，距离基站较近的用户发射功率较小，所有用户的发射信号到达基站接收机处的功率电平接近。这种情况下，距离基站较远的用户会受到比较严重的干扰，上行链路采用 SIC 算法解调时，一般是首先解调最靠近基站的用户信号，最后解调离基站最远的用户信号。

2. MUSA

MUSA 是一种基于复数多元码扩频序列的非正交多址接入技术，它是将每一个用户要发送的消息信号用复数多元码扩展，并在码域叠加后发送给接收机。MUSA 和上面介绍的 CDMA 都使用了扩频通信技术，因此系统性能都与扩频序列有关。MUSA 系统使用的是复数域扩频序列，复数域多元码序列提供了实部和虚部两个维度的信息，虚部附加的自由度有助于减小用户扩展序列之间的互相关性。这种序列的一个重要特点是，即使复数扩频序列很短，也能构成足够多的扩频序列数量，并能保证序列间良好的正交性。

图 3-60 示出了 MUSA 通信系统的结构框图。在发送端，每个接入用户随机地从复数域多元序列中选取一个序列作为扩频序列，并对调制后的发送符号进行扩频，经过扩展的每一个调制符号，在相同的时频资源下发送，接收端则采用 SIC 多用户检测算法获得每一个用户的信号。

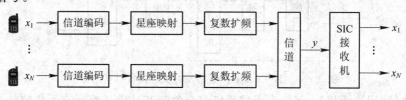

图 3-60　MUSA 通信系统简化框图

假设扩频序列的长度为 N（也就是说系统有 N 个正交的接入信道），有 M 个同时接入的用户，$M>N$，因此每一个正交的接入信道中可能有多个用户接入。设 x_i、s_i、g_i 分别代表第 i 个用户的调制符号、扩频序列和信道增益系数，经过信道传输之后，每一个接收机收到的信号可以表示为

$$y = \sum_{i=1}^{M} g_i s_i x_i + N_0 \qquad (3-36)$$

式中 N_0 为信道噪声。

由于每一个正交的接入信道中都可能有多个用户信号叠加传输，因此接收信号中既有

噪声干扰和多径干扰，也存在多址干扰，并且当一个信道中的用户较多时，多址干扰会非常明显。为了消除或减轻多址干扰的影响，MUSA 系统接收机采用的是基于最小均方误差（Minimum Mean Square Error，MMSE）准则的 SIC 算法进行多用户检测，利用不同用户信号的信噪比或者功率电平差别来提高解调用户信号的能力。关于信号检测更进一步的细节这里就不再介绍了。

3. SCMA

SCMA 是由 OFDMA 和 CDMA 以及稀疏扩频的思想相结合而形成的一种非正交多址接入技术，由于 OFDMA 是 LTE 系统中采用的多址接入技术，因此 SCMA 系统与 LTE 系统有相似之处。在 SCMA 系统发送端，用户数据只扩展到有限的子载波上，其余子载波就没有数据传输，这种数据扩展方式称为稀疏扩展。这种稀疏性使得接收端可以采用复杂度较低的消息传递算法检测用户数据，就可以获得近似于最大似然（Maximum Likelihood，ML）译码检测的性能。

图 3 - 61 是 SCMA 上行链路传输系统框图。用户的消息数据经过信道编码、SCMA 编码和 OFDM 资源映射后在时频资源单元中发送出去。SCMA 编码器的功能是将用户的消息数据流映射为码本中的多维稀疏复数码字，也就是根据用户输入的消息比特从该用户的码本中挑选码字。然后，再将不同用户的码字在相同的正交时频资源上以稀疏扩频方式非正交叠加，并送入信道传输。在接收端，首先进行物理资源解映射，而后采用消息传递算法（MPA）完成多用户信号检测，恢复原始的用户消息数据。

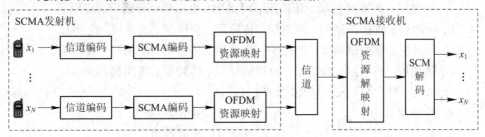

图 3 - 61　SCMA 系统上行链路框图

SCMA 编码是 CDMA 星座变换（调制）与扩频两个过程的结合与改进，也就是说 SCMA 编码等于完成了 CDMA 系统中正交振幅调制和扩频的两个步骤。经过 SCMA 编码后，得到的码字对应的就是扩频后的序列。SCMA 与 CDMA 扩频另一个方面的不同是，CDMA 扩频序列采用的是正交码，而 SCMA 扩频序列采用的是非正交码，并且 SCMA 对星座图做了更多的变换，以使得更多的用户可以实现非正交多址接入，其目的是为了实现 5G 海量连接的需求。

SCMA 技术主要涉及码本设计和接收端译码采用的消息传递算法，这两个方面是影响 SCMA 系统性能的关键，因此码本设计和简洁高效的译码算法也成为 SCMA 技术研究的重点。

从上面的介绍可以看出，随着通信技术的发展，多址接入技术也越来越复杂，主要是对信号处理技术的要求越来越高，因此这里只作了简单介绍，不再涉及更多的信号处理技术。有兴趣的读者可以查阅相关资料，后续课程的学习也会逐渐将这些内容充实起来。

习　题

1. 选择题(可以多选)：

(1) 下列描述不正确的是(　　)。

    A. PSK 已调信号的振幅是变化的

    B. 在振幅调制中，用调制信号控制载波信号的频率

    C. 振幅调制的已调信号振幅随调制信号的幅度变化而变化

    D. 根据抽样定理，一个最高频率为 16 kHz 的低通信号，抽样频率应该是 32 kHz

(2) 下面有四个有关多路复用的描述，根据你对多路复用概念的认识，下列描述正确的是(　　)。

    A. 多路复用是应用某种方法将多路信号放在一个有限带宽信道上的过程

    B. 多路复用是应用一个载波信号有效传输多路消息信号的方法

    C. TDM 是利用各路信号在信道上占用不同的时隙来区分各路信号的

    D. PCM 系统是基于时分多路复用技术的

(3) OSI 模型是下面的(　　)组织发布的。

    A. 3GPP　　　　　　　　　　　　　B. 冯·诺依曼

    C. 国际标准化组织(ISO)　　　　　　D. 电气与电子工程师协会(IEEE)

(4) 从第一层开始，OSI 参考模型的正确顺序是(　　)。

    A. 物理层、数据链路层、传输层、网络层、表示层、会话层、应用层

    B. 物理层、数据链路层、网络层、传输层、会话层、表示层、应用层

    C. 物理层、数据链路层、网络层、会话层、传输层、应用层、表示层

    D. 物理层、网络层、会话层、数据链路层、传输层、应用层、表示层

(5) IP 协议(网际协议)处于 OSI 模型的(　　)。

    A. 传输层　　　　　　　　　　　　B. 网络层

    C. 第二层　　　　　　　　　　　　D. 数据链路层

(6) "封装"的含义同下列的哪一个选项意思相符？(　　)

    A. 封装只发生在第五层

    B. 封装是将消息数据按照某种格式排列的过程

    C. OSI 模型每一层都要对数据进行封装

    D. B 和 C 都对

(7) 在调幅过程中，用调制信号控制的是载波信号的(　　)。

    A. 振幅　　　　　　　　　　　　　B. 相位

    C. 功率　　　　　　　　　　　　　D. 频率

(8) 在频率调制过程中(　　)。

    A. 载波信号的振幅随消息信号的变化而增大或减小

    B. 载波信号的频率随消息信号波形的变化而变化

    C. 载波信号的功率随消息信号的变化而变化

    D. 消息信号的变化决定载波信号的相位变化

(9) 下列哪些是分组交换的特点？(　　)

　　A. 在收发两端建立专用的连接

　　B. 最初是为模拟通信设计的交换传输方式

　　C. 将大的数据文件分割成小的数据分组进行传输

　　D. 以上描述都不对

(10) 面向连接的传输方式更可靠,这是因为(　　　)。

　　A. 面向连接的传输方式是一种最好的传输方式

　　B. 每一次传输都有对传输数据是否出错的确认过程

　　C. 在传输分组数据的过程中减小了开销

　　D. 上面的描述都正确

(11) 如下的四条英文描述中,哪一条是 IMS 的全称?(　　　)

　　A. Integrated Mobile Solution,整合的移动通信解决方案

　　B. Intelligent Mobile System,智能移动通信系统

　　C. IP Multimedia Subsystem,IP 多媒体子系统

　　D. Intelligent Manufacturing Systems,智能制造系统

(12) 在讨论 IP 多媒体子系统 IMS 的时候,SIP 的中英文解释是(　　　)。

　　A. System In a Package,系统级封装

　　B. Standard Operating Procedure,标准作业指导书

　　C. Session Initiation Protocol,会话初始协议

　　D. 以上都不对

(13) 下列关于 OSI 模型和 TCP/IP 模型的描述中正确的是(　　　)。

　　A. TCP/IP 合并了 OSI 的数据链路层和物理层,组成了它的网络接入层

　　B. TCP/IP 合并了 OSI 的表示层、传输层和会话层,组成了它的应用层

　　C. TCP/IP 的传输层使用了 UDP 协议,能可靠地传输数据,OSI 模型中没有传输层

　　D. TCP/IP 更复杂,因为它有更多的分层

(14) 下列四项中,哪些是传输层提供的服务?(　　　)

　　A. 通过序列号和确认来提供可靠性　　B. 将上层传来的数据分段

　　C. 完成端到端的操作　　　　　　　　D. 以上都不对

(15) OSI 与 TCP/IP 两个模型的相似点是(　　　)。

　　A. 两个模型都划分成 7 层　　　　　　B. 两个模型的应用层完全相同

　　C. 两个模型都有传输层和网络层　　　D. 两个模型都使用了电路交换

(16) 下列哪一项不是 TCP/IP 网络层的功能?(　　　)

　　A. ICMP 提供了控制和传递消息的功能

　　B. IP 定义了对网络和主机的地址规划

　　C. ARP 根据已知的 IP 地址确定数据链路层地址

　　D. UDP 提供了无连接方式且可靠的数据包传送功能

(17) 下面给出的是 A、B、C、D、E 五类网络 IP 地址的第一字节的范围,正确的一项是(　　　)。

　　A. 0~127,128~191,192~223,224~239,240~255

  B. 1～126，128～191，192～223，224～239，240～255

  C. 1～127，128～191，192～223，224～239，240～255

  D. 1～128，129～192，193～224，225～240，241～256

(18) 下列四项哪些属于 TCP/IP 的传输层协议？（　　　）

  A. TCP 和 IP B. TCP 和 UDP C. UDP 和 ARP D. ARP 和 DHCP

(19) 下列哪个协议属于 TCP/IP 网络层？（　　　）

  A. IP   B. ICMP   C. ARP   D. 以上都是

(20) 下列关于 DCE 设备的描述，哪一项最正确？（　　　）

  A. DCE 是网络端点的用户设备

  B. DCE 是网络的数据源或目的设备

  C. DCE 是用来传输协议和多路复用的物理设备

  D. DCE 是用来给串行连接提供时钟速率的设备

(21) 烧制在网卡上的是什么信息？（　　　）

  A. NIC   B. Hub   C. MAC Address D. LAN

(22) 下列多址接入技术中哪些属于正交多址接入技术？（　　　）

  A. FDMA   B. OFDMA   C. TDMA   D. SCMA

(23) 下列多址接入技术中哪些属于非正交多址接入技术？（　　　）

  A. MUSA   B. OFDMA   C. PDMA   D. SCMA

2. 填空题：

(1) 在 PCM30/32 路系统的基群帧结构中，TS_0 用来传输＿＿＿＿＿＿，TS_{16} 用来传输＿＿＿＿＿＿信息。

  (2) 包络检波的过程可以简单描述如下：当输入信号进入＿＿＿＿＿＿周的时候，二极管是正向偏置的，因此二极管＿＿＿＿＿＿，这时电路对负载电容快速充电到峰值电压；当输入信号进入负半周并下降到低于电容的充电电压值后，二极管变成＿＿＿＿＿＿偏置，这时对负载电容的充电停止，负载电容通过负载电阻开始放电，放电过程持续到输入信号的＿＿＿＿＿＿到来，这时又开始对负载电容的充电过程。上述过程使得负载电阻上的电压跟随输入信号的包络变化，达到包络检波的效果。

  (3) 当数据在网络中传输时，OSI 模型的每一层都会添加控制信息。由于这些控制信息是加在数据的开头和末尾，所以这个过程被称为＿＿＿＿＿＿。

3. 判断题：

(1) 三类最基本的 IP 地址是 A 类、B 类和 C 类。（　　　）

(2) 源 IP 地址就是消息产生或输出设备的 IP 地址。（　　　）

(3) 点分十进制数 9.3.156.4 表示的是一个有效的 IP 地址。（　　　）

(4) PCM30/32 路系统可以传输 32 路电话。（　　　）

4. 简答题：

(1) PSTN 代表什么意思？

(2) VoIP 代表什么意思？

(3) 程控交换机主要由哪几个部分构成？每一部分的主要功能是什么？

(4) 为什么 AM 信号比 FM 信号更容易受到噪声的干扰？

（5）正交幅度调制（QAM）可以看成是哪两种调制技术的组合？

（6）我国应用的准同步数字体系（PDH）标准的基群传输速率是多少？

（7）什么是 TCP/IP？

（8）简述 PCM 设备的概念。

（9）用点分十进制表示 IPv4 地址时，每个十进制数最大是多少？

（10）IPv4 地址的位数是多少？

（11）简述集中式路由与分布式路由的不同。

（12）什么是静态路由？什么是动态路由？

（13）简述正交多址接入技术与非正交多址接入技术的不同。

（14）5G 系统为什么需要应用非正交的多址接入技术？

（15）频分复用（FDM）与正交频分复用（OFDM）的主要不同点是什么？

（16）IMT-2020 归纳了第五代移动通信的哪几种典型技术场景，请分别进行简单描述。

5. 根据表 3-1，我国应用的 2 Mb/s 复接体系中，二次群的数据速率是 8.448 Mb/s。请先按照 4 倍递增的关系计算三次群的数据速率，然后从表 3-1 中查出实际的三次群数据速率，并解释这两个数据速率存在差别的原因。

6. 设发送的二进制信息为 1011001，试分别画出 2ASK、2FSK、2PSK 信号的波形示意图。

7. 假设用 2FSK 系统发送二进制信息 0101，码元速率为 1000 B，以 3000 Hz 载波代表码元 1，以 1000 Hz 载波代表码元 0，试分别画出用包络检波方法和相干解调方法对已调信号解调时的各点时间波形。

8. 将一个二进制数字序列 11100101 加到一个 ASK 调制器输入端，二进制符号的持续时间是 1 μs，所使用正弦载波信号的频率为 7 MHz。

（1）给出已调信号的传输带宽；

（2）画出输出 BASK 信号的波形。

9. 对于一个 BFSK 系统，假设以输入的二进制数据流控制两个独立的正弦载波的转换，因此会产生非连续相位的 BFSK 输出信号波形，输出的 BFSK 已调信号波形与二进制代码符号 0 和 1 的对应关系如下：

$$\sqrt{\frac{2E_b}{T_b}}\cos(2\pi f_1 t + \theta_1), \qquad 对应符号 1$$

$$\sqrt{\frac{2E_b}{T_b}}\cos(2\pi f_2 t + \theta_2), \qquad 对应符号 0$$

（1）证明：上面的 BFSK 信号可以表示成两个独立的 BASK 信号之和；

（2）如果取 $\theta_1 = 30°$，$\theta_2 = 45°$，当输入的二进制数据流为 01101001 时，画出该 BFSK 的已调信号波形，并将该结果同图 3-12(e)中的连续相位 BFSK 信号波形进行比较。

10. 将一个二进制数字序列 11100101 加到一个 QPSK 调制器输入端，二进制符号的持续时间是 1 μs，所使用正弦载波信号的频率为 6 MHz。

（1）计算该 QPSK 已调信号的带宽；

（2）画出该 QPSK 信号的波形。

11. 一个以二进制表示的 IP 地址为 10000000000010110000001100011111，试写出该 IP 地址的点分十进制表示。

12. 一个以二进制表示的 IP 地址为 00001010011011101000000001101111，试写出该 IP 地址的点分十进制表示。

13. 一个 IP 地址为 10.1.1.3，掩码为 255.255.255.0，试分析一下这个 IP 地址，回答如下两个问题：

(1) ① 该 IP 地址中网络部分和子网部分共占几个字节？值是多少？② 主机部分占几个字节？值是多少？

(2) ① 按照 IP 地址分类规则，该 IP 地址中网络部分占几个字节？值是多少？② 该 IP 地址中子网部分占几个字节，值是多少？

14. 证明三角函数的正交性公式：

$$\int_0^{2\pi} \sin(mx)\sin(nx)\,\mathrm{d}x = \begin{cases} 0, & m \neq n \\ \pi, & m = n \end{cases}$$

$$\int_0^{2\pi} \cos(mx)\cos(nx)\,\mathrm{d}x = \begin{cases} 0, & m \neq n \\ \pi, & m = n \end{cases}$$

以及

$$\int_0^{2\pi} \sin(mx)\cos(nx)\,\mathrm{d}x = 0, \text{对于任何 } m \text{ 和 } n$$

第 4 章　现代通信系统与网络

在通信技术的发展过程中,出现过多种不同类型的通信系统,不同的历史阶段对应不同的技术发展状况和市场需求情况。特别是近 40 年来,不论是固定通信网络技术,还是移动通信技术,都一直处于快速发展的状态,通信系统的应用也以很快的速度不断地更新换代。目前第四代移动通信系统已经普及,第五代移动通信系统也已进入商用。新的通信系统性能更高、业务范围更广、用户体验更好,并且第五代移动通信还要将通信技术的应用领域从人与人之间的通信扩展到人与物、物与物之间。但越是新的系统,技术也越复杂,系统成本也更高。

这里将对一些主要的通信系统与网络技术进行简要介绍,以便读者对各种不同的通信系统有一个初步的认识。

虽然一些早期的通信系统与技术已经退出应用或被新的通信系统与技术所取代,比如模拟移动通信系统早已经从运营系统退出,程控交换机也已经从固定电话通信运营网络下线,但教材需要考虑到内容的系统性要求,更要体现技术发展和人类对事物认识的发展过程及规律。同时,新技术也是在早期技术的基础上发展起来的,把握早期技术的基本原理有助于对新技术的学习,认识早期技术是学习新技术的基础。所以,这里还是要对这些早期的技术内容进行比较详细的介绍。

4.1　固定电话通信系统

我们所熟悉的电话可以分为固定电话和移动电话两大类,固定电话是一种最早为公众所熟悉和最广泛使用的通信工具。在第 1 章的绪论中,我们已经谈到了电话网络。多部电话机通过一种实现转接功能的交换机相连接,一部电话机要同另一部电话机通话时,交换机为这两部电话机建立语音传送通道,称为信道。现在的电话通信系统都是连接成网络形式的,要连接不同地区的电话,就需要许多交换机,这样形成的网络称为公共交换电话网,其英文是 Public Switched Telephone Network,缩写为 PSTN。电话网络经历了由模拟向数字网络的转换,目前使用的一般是数字电话网。

4.1.1　电话网络结构

由于实际的电话网络覆盖地域广阔,网络结构很复杂,因此,为了便于管理,电话网络一般按照层级结构进行建设,主要分为长途网和本地网,如图 4-1 所示。电话网络的层级结构就是对网络中各交换中心的一种按照层级划分的联网安排,每一层级的交换中心都要连接到它的上一级交换中心,从最低层级到最高层级依次相连,形成多级汇接的辐射网络,最高层级的交换中心之间相互连接,并汇接到国际出口,与国际电话网络相连接。我国的固定电话网络一直采用层级结构。

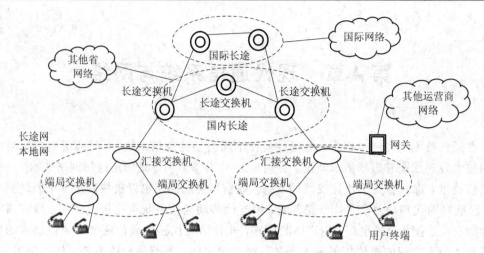

图 4-1　电话网络示意图

从图 4-1 可以看出，电话网络主要由用户终端、交换机、传输系统和网关等几部分构成。用户终端就是电话机，发送时，电话机将语音声波信号转化成电信号，并经过用户线将电信号传送给端局交换机，再经交换机转接到通信的另一方；接收时，电话机将来自交换机的电信号转化成原始的声音信号，再播放给接收端的用户。

网关（Gateway）也叫网间连接器，主要作用是建立同其他电信运营商网络的互联互通。由于不同运营商建设的网络可能采用不同的技术和不同的通信协议，因此网关设备具有信号和通信协议转换的功能，以完成与其他运营商网络之间的业务转接。安装网关的交换局称为关口局。

交换机是电话网络的核心设备，安装交换机的处所称为交换局。电话交换机除了具有电话转接功能（即为通话的双方建立语音通道，也称为接续功能）之外，交换机还接有数据存储设备，用于存储用户信息和网络数据，这些设备都是用户管理、网络维护和管理所必需的。因此，交换中心还具有用户管理、网络管理和网络维护的功能。

根据交换机在网络中所处的位置不同，交换机分为长途交换机、汇接交换机和端局交换机等几类。

长途交换机完成国际、国内长途电话的自动接续，端局交换机直接连接本地用户终端。汇接交换机在本地网与长途网之间起连接的作用，一方面汇接交换机在本地端局之间起连接作用，汇接各端局通过中继线送来的本地话务，然后送至相应的端局，完成本地话务的转接；另一方面汇接交换机将本地网长途话务汇接后送给其所连接的长途交换机，实现长途话务传送。

电话网络的传输系统包括用户线和中继线两类。用户线是指用户终端和端局交换机之间的连接线，中继线则是在不同交换机之间建立传输通路。

4.1.2　电话网络交换机

电话交换也就是电话线路的转接，在两台电话机之间通过转接建立一条传输线路，就形成了一条语音通信的路径，所以电话交换也叫电路交换。

自 1876 年贝尔发明电话以来，电话交换技术经历了 100 多年的发展历程，从人工交换到电磁式自动交换(机电式交换)，再到基于电子计算机的电子交换，即程控交换。自 1970 年第一台程控交换机在法国投入商用开始，程控交换机的应用快速普及，在之后的 30 多年里获得了普遍的应用。到了 21 世纪初，随着电话网、有线电视网和计算机网三网融合的发展，逐渐形成了一种宽带网络可以同时提供语音、数据和视频等多种媒体服务的统一平台。在这种情况下，在语音通信交换领域占据统治地位 30 多年的程控交换机，逐渐退出历史舞台，被软交换和 IMS 子系统所取代。

虽然程控交换机已逐渐从电信网络中退出，但是程控交换机的基本结构和工作原理对我们认识和理解电信网络和宽带网络中的交换和路由思想具有基础性的意义，所以我们还是从简要地介绍程控交换机的基本构成原理开始来认识电信网络中的信息交换。

一个数字电话网络的程控交换机由硬件和软件两大部分构成。数字电话网络交换机硬件的基本构成如图 4-2 所示，主要包括话路子系统和控制子系统两大部分。话路子系统包括用户模块、数字中继、模拟中继、信令设备、数字交换网络等部分。控制子系统的核心就是一台计算机系统，其中包括中央处理器(Central Processing Unit，CPU)、存储器(Memory)、外围设备和运营维护子系统接口等，交换机的软件系统就运行在计算机的中央处理器上。

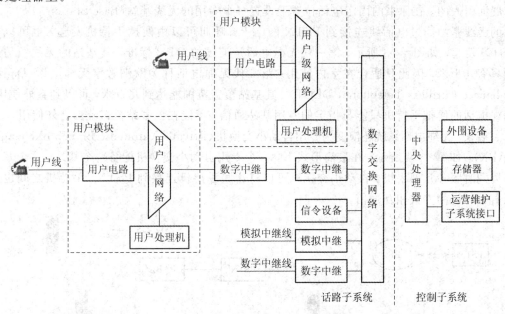

图 4-2　电话交换机基本硬件结构

用户模块主要包括用户电路和用户级网络。用户电路主要为用户终端提供入网接口，为用户终端设备供电，完成对用户语音信号的模拟/数字和数字/模拟转换。用户级网络将多路用户信号按照时分复用的方式合路后送给数字交换网络。

中继线是不同交换机之间的传输线路。数字中继模块提供数字中继线与数字交换网络之间的接口，可以适配一次群或高次群的数字中继线。

模拟中继模块提供模拟中继线与数字交换网络之间的接口，随着电话系统的数字化，模拟中继线已经退出应用。

信令设备接收来自各个接口的信令信号，并转换成控制信号，完成数字交换机在电路交换过程中的各种控制操作。根据功能的不同，信令设备有双音多频(Double Tone Multi-Frequency，DTMF)收号器、信号音发生器、No.7 信令终端等。

数字交换网络也叫接续网络，这部分电路是话路子系统的核心，也是整个交换机的核心。交换网络在中央处理器的控制下工作，其功能是在任意两个需要通话的终端设备之间建立连接，形成一条语音通路，即完成电话接续。

控制子系统的核心是中央处理器，中央处理器通过执行软件程序来完成对交换机各种信息的处理和控制交换机各个部分的操作。

存储器存储交换机的控制程序和程序执行过程中用到的数据。外围设备包括显示器、键盘、打印机等设备。运营维护子系统接口用于连接维护操作中心、网管中心和计费中心等，用于支撑电话网络的运营。

4.2　无绳电话系统

无绳电话(Cordless Telephone)出现于 20 世纪 70 年代末，是一种使用无线链路来连接便携手持机和专用基站的全双工通信系统。最初，无绳电话是作为对固定电话的移动性扩展而引入的。在原来的固定电话位置上设置一个专用的无线基站(Base Station，BS)，专用的无线基站通过电话线连接到 PSTN 网络上，呼叫可以由便携手持机发起，也可以由 PSTN 发起，如图 4-3 所示。第一代无绳电话是英国的 CT-2 标准，其基站的无线覆盖范围只有几十米，因此只适合在室内使用。第二代无绳电话称为欧洲数字无绳电话(Digital Enhanced Cordless Telephone，DECT)，其基站覆盖范围能达到几百米，可以到室外使用。无绳电话的便携手持机只能与指定的专用基站通信，不能在该基站覆盖范围之外使用。

后来，无绳电话系统还演变为专用自动小交换机(Private Automatic Branch eXchange，PABX)，如图 4-4 所示。在最简形式下，一个专用自动小交换机配备一个基站，这个基站可以同时服务几部手机。自动小交换机可以将这些手持机连接到 PSTN，手持机之间也能以直接对讲的方式相互通信。

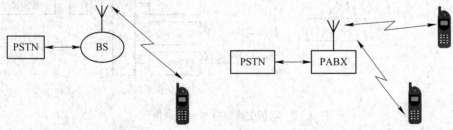

图 4-3　简单无绳电话原理图　　　　　　图 4-4　无线专用自动小交换机(PABX)原理图

4.3　无线寻呼系统

20 世纪末，在蜂窝移动电话广泛使用之前，出现过一种称为无线寻呼的简单移动通信系统，因其使用简单、价格便宜，并且无线覆盖范围较广，故获得了比较广泛的应用。无线寻呼(Radio Paging)是给用户发送简短消息的一种单向(单工)无线通信系统，系统由一个寻呼控制中心和多个无线广播式基站构成，用户终端则是一个只有香烟盒一半大小的、带有液晶显示器的接收设备，称为寻呼机(Pager)。无线寻呼系统的基本结构如图 4 - 5 所示。寻呼系统控制中心同时与 PSTN 连接，用户使用固定电话通过寻呼系统控制中心将某个简短的消息传给另一用户的寻呼机，寻呼系统以广播的方式在网络的所有基站中将该简短消息发出，消息的内容一般是告诉接收者一件事情，或者通知其拨打某个指定的电话号码，以进行某些信息的进一步交互。接收者收到简短消息后，通过拨打消息给出的电话号码进一步联系。寻呼系统也可以向用户发送标题新闻，如股市行情等。

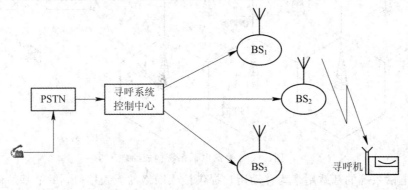

图 4 - 5　无线寻呼系统结构图

　　寻呼系统流行于 20 世纪 80 年代至 90 年代公众移动通信发展的早期，在蜂窝电话兴起之后，寻呼业务从市场上逐渐退出。

4.4　蜂窝移动电话系统

　　蜂窝电话(Cellular Telephone)是目前全球应用最广的无线通信系统，因其基站无线覆盖小区(Cell)的平面邻接拼图很像蜂巢而得名。蜂窝电话的基本特点是能向用户提供随时随地的全双工语音通信。

　　蜂窝电话系统的基本构成包括基站(BS)、移动台(Mobile Station，MS)和移动交换中心(Mobile Switching Center，MSC)等几个部分，如图 4 - 6 所示。

　　MSC 是整个蜂窝网络的核心，其主要功能是控制整个蜂窝系统的工作过程并对移动用户进行管理。MSC 与 PSTN 连接，提供移动电话网与固定电话网之间的接口。MSC 配接有两个记录用户信息的数据库，用于配合 MSC 对移动用户进行管理，这两个数据库分别称为归属位置寄存器(Home Location Register，HLR)和访问位置寄存器(Visitor Location Register，VLR)。HLR 是负责移动用户管理的数据库，永久存储和记录所辖区域内用户的签约数据，并动态地更新记录用户位置的信息，以便在该用户被呼叫时提供该用户的网络路由。VLR 是服务于其控制区域内的移动用户的，存储着当前进入其控制区域内所有移动用户的相关信息，为这些移动用户提供建立呼叫接续的必要条件。任何用户进入一个 VLR 的服务区域都要向这个 VLR 注册，而后这个 VLR 还要将该用户的位置信息传送给该用户的 HLR。一旦该用户离开这个 VLR 服务的区域，该用户的数据就会从这个 VLR 中删除。

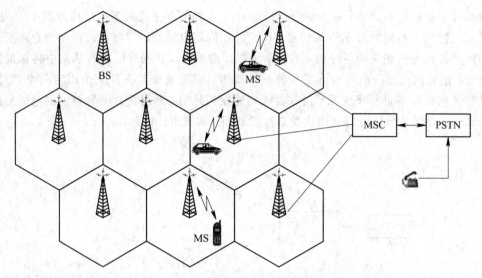

图 4 - 6　蜂窝电话系统构成原理

　　蜂窝电话系统的基站用来为移动用户提供接入网络的无线接口，每个基站都通过一个基站控制器(Base Station Controller，BSC)连接到 MSC。基站与移动台之间的接口称为公共空中接口(Common Air Interface，CAI)。无线通信系统为 CAI 定义了四种基本的无线信道：前向语音信道(Forward Voice Channel，FVC)，用来从基站向移动台传送语音信号；反向语音信道(Reverse Voice Channel，RVC)，用来从移动台向基站传送语音信号；前向控制信道(Forward Control Channel，FCC)和反向控制信道(Reverse Control Channel，RCC)，用来控制发起移动呼叫的过程。RCC 信道一般只在呼叫建立的过程中用来传送控制信息，FCC 除在呼叫建立过程中发送控制信息外，还用来不断地向服务区内的移动台广播一些系统信息，如频率校正信息、寻呼信息等。频率校正信息用于移动台校准自己的频率基准，以保证移动台与基站信号频率的同步，只有移动台与基站同步了，才能确保双方信号的正确发送与接收。寻呼信息用于基站寻找移动台，当某个移动台被其他用户呼叫的时候，移动通信系统需要使用这个功能来通知被呼叫的移动台。

　　蜂窝电话系统工作时，移动台通过公共空中接口的反向控制信道和前向控制信道与基站建立联系，如果移动台呼叫的是固定电话用户，基站一方面将移动台的呼叫信号经 MSC 转接给 PSTN，另一方面也将来自 PSTN 的被呼用户信号转接给移动台，从而建立双方的全双工通话。

　　移动通信系统的每一个蜂窝小区都架设有一个无线基站，一个蜂窝小区的基站只为处于该小区范围内的移动台服务。当移动台从一个基站覆盖小区移动到另一个基站覆盖小区时，MSC 会控制基站将对移动台的服务从一个小区的基站转移到另一个小区的基站，这个过程称为越区切换(Handover 或 Handoff)。

　　理论上每个基站的无线覆盖区域都是一个正六边形，无线小区邻接形成的几何图形形似蜂巢，所有无线小区邻接覆盖整个业务区域。

　　蜂窝电话系统设计建立在蜂窝概念的基础上，正是由于蜂窝概念才使得频率的重复使用(即频率复用)成为可能，所以，蜂窝的概念虽然简单，但非常重要，蜂窝概念的提出在移动通信发展史上具有非常重要的意义。也正是由于应用了蜂窝的概念，使得蜂窝网络运营商可以无限次地重复使用无线电管理部门分配的有限的无线电频谱资源，从而可以设计出理论上用户容量无限大的蜂窝电话系统，并且可以根据需要不断扩充容量，而且一个蜂窝网络的服务区域也可以不断地扩大。在蜂窝概念提出之前，移动通信系统都是单基站建设的，不但系统的用户容量很有限，而且服务的地理范围也很小，因为任何一个单基站的无线通信覆盖范围都很有限。

蜂窝电话已经经历了四代技术的发展，目前，第五代已经开始推广应用。

第一代(First Generation，1G)蜂窝电话采用模拟通信技术，主要是在原来的模拟移动通信技术中引入了蜂窝的概念。由于蜂窝概念使频率复用成为可能，这使得无线频谱资源的使用效率大大提升，原则上可以建设用户容量无限大的蜂窝系统，从而使得移动通信获得了可以向大众推广普及的能力。模拟蜂窝采用频分双工(FDD)和频分多址接入(FDMA)技术，一个载波形成一个信道，只能承载一个用户，并且相邻载波间还要留有保护间隔，所以 FDMA 对无线电频谱的使用效率很低。

第二代(Second Generation，2G)蜂窝电话即 2G 移动通信，用数字技术代替了第一代蜂窝电话的模拟技术。2G 在用户容量、频谱使用效率和服务内容方面有了很大的改善。第一，数字蜂窝采用了数字调制技术，数字调制的频谱利用效率高于模拟调制；第二，数字蜂窝采用了时分多址接入(TDMA)技术或码分多址接入(CDMA)技术，使得相同载波频率带宽上能够承载的用户数量较模拟技术有较大提升，比如 GSM 系统的一个载波(载波间隔 200 kHz)可以承载 8 个用户同时拨打电话，实际上就是提升了频谱使用效率；第三，数字蜂窝系统可以提供数字短消息服务，增加了服务内容，进一步技术升级后还能提供互联网访问服务。代表性的第二代蜂窝系统有 GSM 和 IS-95。

如果说第二代蜂窝系统的主要进步是采用了数字技术，那么第三代(Third Generation，3G)蜂窝电话则主要是增加了信道带宽，从而较大幅度地提升了信道的数据传输容量，因此可以提供面向数字多媒体应用的业务。3G 系统可以向用户提供语音、数字、图像和视频传输等多媒体服务。但由于 3G 商用后的效果实际上并不令人满意，并且 4G (Forth Generation)技术很快成熟，所以运营商很快向用户推出了 4G 服务，我们目前享受的智能手机上网功能主要是使用 4G 网络实现的。

蜂窝电话是一个结构比较复杂的系统，图 4-7 给出了第二代蜂窝电话的典型代表——GSM 系统的基本结构，其他的蜂窝系统也具有相似的网络结构。GSM 系统由 MS 和三个子系统组成，即运营支持子系统(Operation Support Subsystem，OSS)、网络与交换子系统(Network and Switching Subsystem，NSS)和基站子系统(Base Station Subsystem，BSS)。

BSS 负责管理 MS 与 MSC 之间的无线传输通道。MS 是用户直接使用的设备，也称为用户设备。NSS 完成系统的交换功能以及与其他通信网络(如 PSTN)之间的通信连接。MSC 是 NSS 的中心单元，控制着所有基站控制器(Base Station Controller，BSC)之间的业务，一个 BSC 可以控制多台基站收发信机(Base Transceiver Station，BTS)。

OSS 是仅提供给负责 GSM 网络业务设备运营公司的一个子系统，该子系统用来支持 GSM 网络的运营及维护，其主要功能包括三个方面：① 维护特定区域中所有的通信硬件和网络操作；② 管理所有收费过程；③ 管理网络中的所有移动设备。OSS 支持一个或多个操作维护中心(OMC)，OMC 用于管理网络中所有的 MS、BTS、BSC 和 MSC 的性能，

负责调整所有基站参数和网络计费过程。GSM 网络中的每一个任务都由一个特定的 OMC
负责。OSS 与其他子系统相连，允许系统工程师对 GSM 系统的所有方面进行监视、诊断
和检修。

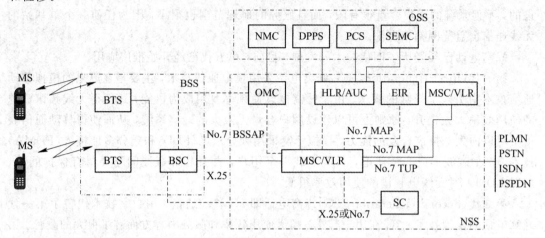

OSS：运营支持子系统　　　　BSS：基站子系统　　　　NSS：网络子系统
NMC：网络管理中心　　　　　DPPS：数据后处理系统　　SEMC：安全性管理中心
PCS：用户识别卡个人化中心　OMC：操作维护中心　　　　MSC：移动交换中心
VLR：访问位置寄存器　　　　HLR：归属位置寄存器　　　AUC：鉴权中心
EIR：移动设备识别寄存器　　BSC：基站控制器　　　　　BTS：基站收发信机，也叫基地台
PLMN：公共陆地移动网　　　PSTN：公共电路交换网　　　ISDN：综合业务数字网
PSPDN：分组交换公众数据网　MS：移动台

图 4-7　GSM 系统结构框图

基站子系统(BSS)和移动台(MS)两部分合起来称为无线子系统。MS 包括存储用户个
人信息的 SIM 卡(Subscriber Identity Module，用户识别模块)和实现移动通信的物理设备
两部分。SIM 卡是移动台的身份卡，卡上存储用户特有的个人信息，包括实现鉴权和加密
的信息、享有的业务类型等。物理设备是实现通信功能的设备，这部分设备对所有用户都
是相同的，可以是手持机、车载机等。没有 SIM 卡，GSM 移动台就没有身份信息，也就不
会入网工作。

基站子系统(BSS)包括基站控制器(BSC)和基站收发信机(BTS)两部分。每个 BSS 包
括多个 BSC，BSC 经过一个专用线路或微波链路连接到 MSC 上。一般情况下，一个 BSC
可以控制多个 BTS。BTS 是服务于某蜂窝小区的无线收发信设备，实现 BTS 与 MS 空中
接口的功能。

网络与交换子系统(NSS)主要由移动交换中心(MSC)、访问位置寄存器(VLR)、归属
位置寄存器(HLR)、鉴权中心(Authentication Center，AUC)、移动设备识别寄存器
(Equipment Identity Register，EIR)等构成。

MSC 是整个 GSM 网络的核心，完成或参与 NSS 的全部功能，协调与控制整个 GSM
网络中 BSS、OSS 的各个功能实体。MSC 提供各种对网络内部的接口和对外部网络的接
口，如与 BSC 的接口、与网络内部各功能实体的接口，以及与 PSTN、ISDN、PSPDN、
PLMN 等其他通信网络的接口等，并实现各种相应的管理功能。除此之外还支持位置登
记、越区切换和自动漫游等其他网络管理功能。

VLR 是服务于其控制区域内移动用户的一个寄存器,存储着进入其控制区域内已登记移动用户的相关信息,为已登记的移动用户提供建立呼叫接续的必要条件。当某用户进入一个 VLR 控制的特定区域中时,移动用户要在该 VLR 上登记注册。然后,VLR 会通过相连的 MSC 将这个用户的必要信息通知该移动用户的 HLR,同时从移动用户的 HLR 获取该用户的其他信息。一旦用户离开这个区域,此用户的相关数据将从该 VLR 中删除。

HLR 用于存储每一个相同 MSC 中所有初始登记注册用户的个人信息和位置信息,包括用户识别号码、访问能力、用户类别和补充业务等数据,由它控制整个移动交换区域乃至整个 PLMN。其中的位置信息由移动用户当前所在区域的 VLR 提供,用于为呼叫该用户时提供路由,因此 HLR 中存储的用户位置信息是经常更新的。

AUC 存储着移动用户的鉴权信息和加密密钥,是为了防止非授权用户接入系统或无线接口中数据被窃。

EIR 存储着移动设备的国际移动设备识别码(IMEI),通过核查三种表格(白名单、灰名单、黑名单)使得网络具有防止非授权用户设备接入、监视故障设备的运行和保障网络运行安全的功能。

4.5　集群通信系统

集群通信(Trunking Telecommunication)也称为专业无线电,是一种专门用于指挥调度的移动通信系统。集群通信系统在构成上与蜂窝电话相似,但一般作为某一专业用户群(如警察)的专用网络使用,不与 PSTN 连接(在功能上集群通信系统可以与 PSTN 连接)。集群通信系统的用户主要包括公安、消防、军队、机场、政府部门、交通及其他类似的业务部门,这类部门的特点是任务的政治性较强,对通信系统的技术性和可靠性要求较高,同时对通信系统有一些特殊功能的要求。作为专用网络,集群通信系统的用户规模较小,用户密度远远小于服务公众通信的蜂窝网络,因此集群通信系统一般都设计成中大区制,每个基站都有较大的无线覆盖范围。

集群通信系统具有如下一些功能特点:

(1) 群呼。一个用户可以同时呼叫一组用户,也可以呼叫自己群体内的所有用户。

(2) 呼叫优先级。这是集群通信系统区别于公众通信的最重要的特点之一。一般蜂窝系统的服务对象是公众用户,系统的全部用户享有平等的接入权利,系统是按照用户的接入请求时间顺序排队提供服务的。一旦一个呼叫建立起来,系统就不能中断这个呼叫,直到这个用户的通话结束。这期间,如果系统没有空闲信道,则请求接入网络的其他用户只能等待当前用户的通话结束,有空闲信道时才能接入。然而,集群通信系统可以对用户设置优先级,以此保证最重要的信息在任何时候都能畅通。集群通信系统的服务对象是一些任务型的专业部门,应用场合往往是灾害救援、大型活动等一些紧急或重要事件处理时的指挥调度与通信,有关事件信息或指令必须快速、可靠地传递到指定的位置。在这种场合,为了以最快的速度传递最重要的信息,需要根据具体用户的呼叫在紧迫程度和重要性上的差别设置优先级。在必要时,系统可以中断优先级别较低的呼叫,而将无线信道分配给优先级别较高的用户。

(3) 脱网直通。这是集群通信系统区别于公众通信的另一重要特点。一般蜂窝网络用户在离开网络覆盖范围后便不能与同伴联系，但集群用户终端设计了脱网直通功能(使用上类似普通对讲机功能)，当用户远离集群基站服务区时，同伴之间可以使用直通对讲功能保持联系。

(4) 移动台中继网络功能。集群移动台除具有脱网直通功能外，还可能具有中继转发功能。当移动台离开基站覆盖范围时，可以通过中继转发功能将远离基站的移动台接入网络，从而使远离基站覆盖范围的移动台也能够保持与网络内用户的联系。

图 4-8 给出了一种实际数字集群通信系统的主要构成。可以看出，数字集群通信系统主要由交换节点(Switching Node，SCN)、无线基站(BS)、移动终端(手机或数据终端)、网管系统、网络服务器和调度台等部分构成。BS 提供用户移动台与网络的无线接口，SCN 完成呼叫转接和数据信息交换，调度台实现对网络内用户的指挥和调度管理，网络服务器一般还包括用户数据库。

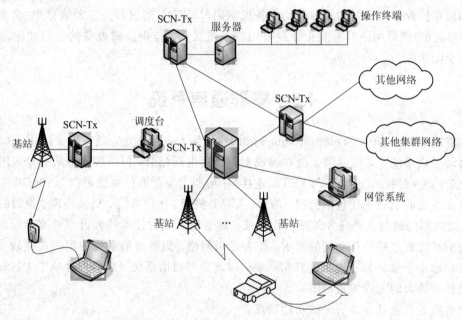

图 4-8　数字集群通信系统主要设备构成

4.6　计算机网络通信系统

计算机网络是利用传输媒介和通信设备将功能独立、处于不同地理位置的多台计算机连接起来的计算机通信系统，其主要功能包括数据通信和资源共享。

按照地理覆盖范围的大小，一般将计算机网络分为局域网、城域网、广域网三种。局域网就是将距离较近的多台计算机互联起来的较小距离范围(如一个办公室或一个校园)的计算机网络；城域网是指将同一城市区域内的多个局域网互联起来的中等规模的计算机网络；广域网是指将不同城市之间、不同国家之间的局域网或城域网互联起来的大型计算机网络。局域网的典型代表是以太网。城域网可以看作是一种大型的局域网，只是由于传输距离较远，而且传输带宽也比较大，因此城域网一般以光纤作为传输介质。因特网(Internet)是全球最大的计算机网络，也是广域网的典型代表。下面简单介绍局域网、城域网、广域网。

4.6.1　局域网

1. 概述

局域网(Local Area Network，LAN)是一种在小区域内提供数据通信设备互联的计算机网络，或者说是一组由某种传输媒介(电缆或无线媒介)和网络适配器(如网卡)互联在一起的数据通信设备。这里的数据通信设备可以是计算机或者内部包含嵌入式计算机的数字终端、打印机、扫描仪、智能电话、传感器或电视收发设备等。局域网可以支持不同楼层之间、不同大楼之间、一个企业的不同驻地之间或一个学校的不同校园之间的通信。局域网还可以通过数据电路或者数据通信网连接到远处的局域网或大型网络(如 Internet)上。

计算机网络与公共交换电话网(PSTN)的主要区别是两种网络分别采用了不同的交换技术，计算机网络采用分组交换，PSTN 采用电路交换。电路交换(Circuit Switching，CS)就是为用户建立一条专用的通信路径，该路径(或者叫电路)在用户发出呼叫请求时建立，在通信结束时断开，通信过程持续期间内其他用户不能使用这条已建立的通信电路。换句话说，PSTN 为一对用户的电话呼叫分配一条排他的路径，当呼叫结束挂机后，才将电路释放并放回资源库，供下一个电话呼叫用户使用。电路交换的这种电路独享性使得网络传输媒介的使用效率很低。我们知道，人类讲话的过程中会经常出现停顿的间隙，这使得通信双方所占用的通信电路也会经常处于空闲状态。然而由于电路交换的信道独享性特点，其他用户是不能使用这条处于空闲状态电路的，这就造成了电路资源的浪费。

与电路交换不同，分组交换(Packet Switching，PS)采用的是存储转发和统计时分复用的交换机制，也就是数据在网络上传输时，每经过一个节点都先将数据存储下来，节点再根据网络情况转发。在发送端，用户要发送的数字化消息首先打成数据包，也称为数据分组，并在每一数据分组上加入该数据分组所要送往的目的地址信息，网络根据数据分组的地址信息将它传送到目的地。数据包传输的过程中，网络并不给用户建立一条独享的传输通路，而是根据路由规则(协议)将数据分组逐段链路地往前传递，每经过一个网络节点，数据分组都会首先在节点里存储下来，再根据目的地址查找路由表，根据路由表给出的下一条地址进行转发，如果发现当前所有路径都处于忙的状态，当前节点就会让数据分组排队等候，等待时机再传。同样，如果当前暂时没有该用户的数据传输，节点就会选择其他用户的数据传输。这样网络就不会出现因某一用户暂停通信而出现网络空闲的情况，有效地提升了网络传输媒介的使用效率。局域网和 Internet 都是采用分组交换技术的计算机网络。

2. 局域网的基本构成

局域网的基本构成如图 4-9 所示，主要包括用户终端、网络设备、传输媒介和网络操作系统等几部分。

用户终端主要是个人计算机(Personal Computer，PC)，也包括打印机、网络服务器、智能手机嵌入式设备等。用户终端是网络消息的发送者和接收者，提供人机接口。网络服务器是为网络用户提供网络服务的计算机，它是局域网中提供网络资源的核心。用户终端通过网络适配器(即网卡)与局域网连接。

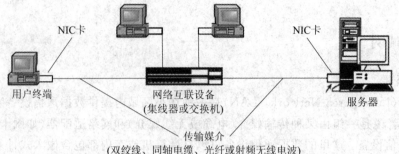

图 4 – 9　局域网的基本构成

　　传输媒介可以是双绞线、同轴电缆或光纤等有线传输媒介，也可以采用射频无线电波作为传输媒介，采用无线电波作为传输媒介的局域网称为无线局域网。双绞线是最常用的局域网传输媒介。同轴电缆在早期的局域网中使用较多，但同轴电缆使用不便，且比较昂贵，在局域网中用的越来越少。光纤具有抗外部干扰、保密性好和带宽大的优点，在局域网建设中使用的越来越多。由于无线传输的方便性，家用局域网中普遍使用无线传输，在线路布设不方便的场合也多使用无线连接方法。

　　网络设备包括集线器、局域网交换机和网卡，这些设备是局域网的核心，负责将数据从源设备传送到目的设备。

　　网卡(Network Interface Card，NIC)安装在用户终端上，是用户终端与局域网连接的接口设备，主要功能是完成用户数据的收发(目前销售的计算机一般都内置了网卡)。发送数据时将数据封装成帧，接收数据时则完成拆封装并还原数据。

　　集线器(Hub)是局域网的一种中心连接设备，工作于 OSI 参考模型的物理层，主要功能是对接收到的信号进行再生放大，即对信号进行中继传输，以扩大网络的传输距离，同时把所有节点集中在以它为中心的节点上。局域网的所有设备都通过 RJ-45 接口与集线器连接，这样构成的局域网在物理上属于星型结构，如图 4 – 10 所示。

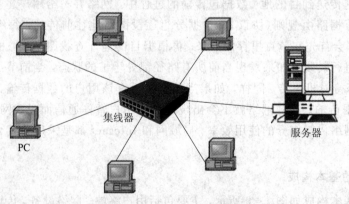

图 4 – 10　以集线器为中心的局域网示意图

　　集线器的工作过程为：节点发送信号到线路，集线器接收信号后，首先对信号进行整形放大，这就是再生；然后将再生后的信号以广播的方式转发给其他所有端口；其他端口的设备收到该广播信号后，根据数据的目的地址检查是否是发给自己的，如果是发给自己的数据则接收，否则放弃。由于集线器采用广播转发的方式，每一次转发都会占用全部的传输线路，因此采用集线器的局域网传输效率很低，容易发生传输碰撞。

交换式局域网采用局域网交换机代替集线器，这改变了集线器广播转发方式传输效率低的缺点，交换机可以在多个端口上建立并发连接，每一次传输只占用发送与接收的一对端口，而不影响其他端口对之间的连接与数据传输，从而大大提升了传输效率。

交换式局域网的工作原理见图 4-11。交换式局域网的交换机都配有一个网络地址表，这个地址表记录了同交换机相连接的全部终端的网络地址，当某一台终端设备要向另一台发送数据时，发送数据的计算机会将要发送的数据分割成一个一个的数据块，并在每一个数据块里加上自己的地址、接收端网络设备的地址和其他控制信息（如数据块编号），这样将数据块都封装成数据帧，然后将数据帧发送给交换机。交换机收到数据帧后，首先将数据帧存储下来，接着分析数据帧的帧头，从中找到接收方地址，并根据接收方地址查找地址表中的对应端口，如果对应端口处于空闲状态，就将数据帧从对应的端口发送出去；如果对应端口正被占用，就暂时等待，一旦端口空闲就将数据帧发送出去。接收端收到数据帧后再拆去封装，最后得到原始数据块，将数据块按编号顺序组合后就得到原始的数据文件。

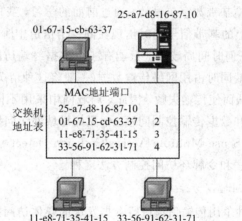

图 4-11　4 端口局域网交换机工作原理示意图

交换式局域网的核心设备是局域网交换机，局域网交换机有 4 端口、8 端口、16 端口等多种配置，支持交换机端口之间的多个并发连接，实现多个节点之间数据的并发传输。交换机端口可以连接用户终端，也可以连接集线器等其他网络设备。

局域网交换机工作于开放系统互联（OSI）模型的第二层（即数据链路层，数据链路层的协议数据单元是帧），根据 MAC 地址（MAC Address）转发数据帧。一旦交换机收到一个数据帧，它就会根据该数据帧中的目的地址寻找 MAC 地址表中的对应端口，并将数据帧从目的端口转发出去。这种转发只占用一个端口，而不是像集线器那样向所有端口广播转发，所以交换式局域网的多端口之间可以实现数据并发。

MAC 地址是用户设备的永久性物理地址，该地址固化在网卡的 ROM 中，一般不会改变，只有在更换网卡后其物理地址才会变化。并且，按照 IEEE 802 标准规定，局域网计算机网卡的地址全球唯一，一个网卡只有一个唯一的地址。

计算机的物理地址取决于网卡，而计算机的网络地址则取决于计算机所处的网络。举例来说，如果局域网中一台计算机的网卡坏了，更换一个新的网卡就有了新的 MAC 地址，因此这台计算机的 MAC 地址也就随之改变了，虽然它的地理位置和所连接的网络并没有变化。例如，对于一台位于青岛的笔记本电脑，当由于某种原因移动到北京的某个局域网中使用时，由于这台笔记本电脑连接到异地一个新的网络中，因此它的网络地址就发生了变化。但是由于该笔记本电脑的网卡并没有更换，因此该笔记本的 MAC 地址不会发生改变，还是在青岛的 MAC 地址。

局域网的软件包括网络操作系统、通信协议、应用软件和管理软件。网络操作系统用于控制整个网络的运行过程和管理网络的资源，常见的网络操作系统有 UNIX、Novell、Windows NT/2000/2003/XP 等。通信协议定义网络设备之间进行通信的规则和标准，常用的通信协议有 NetBEUI、IPX/SPX、TCP/IP、SIP 等。应用软件为网络用户提供服务，并为用户提供应用网络的接口，常用的应用软件有 IE 浏览器、Outlook、NetMeeting 等。管理软件用于对网络进行管理和维护，常用的管理软件有 IBM Tivoli Netview、HP Openview、SUN NetManager、CAUnicenter 等。

3. 局域网的访问控制方法

局域网是直接传输基带数字信号的。通过前面的学习，我们已经知道基带信号的频谱是重叠的，当两个以上的基带信号同时出现在同一个信道中时，这两个基带信号必然会产生相互干扰。所以，任何时间局域网上只能有一个数据终端访问网络和传输数据，如果出现两个以上的数据终端同时占用网络传输数据（一般将这种情况称为数据发送冲突），就必然会产生相互干扰，从而使传输失败。因此，局域网中采用不同的访问控制方法来解决数据终端对网络的访问和数据传输控制问题。常见的局域网访问控制方法有载波监听多路访问/冲突检测（Carrier Sense Multiple Access/Collision Detect，CSMA/CD）访问控制方法、令牌总线访问控制方法和令牌环访问控制方法三种。

1) CSMA/CD 访问控制方法

CSMA/CD 是一种争用传输信道进行数据发送的媒体访问控制协议，这种访问控制方法只用于总线型的网络拓扑结构。在总线型拓扑结构的网络中，所有设备都直接连接到一条称为总线的物理传输媒介上，数据都是通过同一条物理信道以广播方式传送的。这种情况下，只要有两台以上的设备同时发送数据就会产生发送冲突。所以，有效地解决数据发送冲突是 CSMA/CD 访问控制方法的主要内容。

CSMA/CD 访问控制方法的工作原理如下：局域网中每一台计算机都能独立地决定数据的发送与接收，计算机在发送数据之前，首先进行载波侦听，如果侦听到总线上有数据在传送，它就等待，直到总线上的数据传送结束。只有当计算机侦听到信道空闲时，它才能发送数据。但是，虽然发送数据前侦听信道的机制减少了冲突的机会，但由于传播时延的存在，冲突还是不能完全避免，所以计算机在发送数据后还要继续检测是否有冲突产生。如果有冲突产生，则出现冲突的数据都成为无效数据。因此，发送方一旦检测到冲突，应立即停止发送数据，并发送一个 32 bit 的阻塞信号，之后等待一段随机的时间再重新进行载波侦听和争用信道。

IEEE 802.3 标准为载波监听多路访问/冲突检测局域网标准，目前最广泛应用的局域网——以太网都符合 IEEE 802.3 标准。

2) 令牌总线访问控制方法

令牌总线(Token Bus)访问控制方法是利用分发令牌的方法来控制数据发送的，令牌只有一个，只有获得这个令牌的计算机才能发送数据，因此任何时候网络上只有一台计算机发送数据，从而不会产生冲突。IEEE 802.4 标准为令牌总线局域网标准。

令牌总线访问控制方法中，所有设备站点共享的传输媒介也是一条总线，数据也是以广播方式发送的。但令牌总线是将网络内所有的站点都分配一个地址，并且对地址排定了顺序，每个站点也都知道与其相邻的左右两个站点的地址，最后一个站点的后继站点是首站点。这样令牌总线在逻辑上就形成了一种环形结构的局域网，即逻辑环。

令牌是用于控制站点权利的一种特殊的信息帧，哪个站点收到这个特殊的信息帧，就表示它获得了在网络上发送数据的权利，采用令牌总线访问控制方法的局域网就是通过控制令牌来控制数据传送的。令牌总线的访问控制过程如下：① 按次序为局域网中的每一个站点分配一个地址，将局域网组成一个逻辑环；② 产生一个控制令牌；③ 将令牌依次从一个站点传递到另一个站点；④ 需要发送数据的站点，收到令牌后将数据帧发送到总线上；⑤ 发送数据的站点将数据发送完毕后，将令牌传给下一个站点。

3) 令牌环访问控制方法

令牌环(Token Ring)访问控制方法也是采用令牌来控制数据发送的，但访问控制方法不同。令牌环的工作原理是：令牌环网启动后，一个空令牌沿环数据流方向转圈，站点收到这个空令牌后，如果想要发送信息，就将它变成忙令牌，并将要发送的数据帧尾随在忙令牌后面发送出去。该数据帧被环中的每个站点接收和转发，目的站点接收到数据帧后，经过差错检测并将应答信息装入该数据帧，然后再将该数据帧转发出去。当原数据帧绕环一周返回发送站点后，发送站点检测接收站点装入该数据帧的应答信息，若为肯定应答，则说明该数据帧已经被成功接收，数据发送任务完成；若为否定应答，则说明对方未能正确收到数据帧，原发送站点需要等待空令牌下次到来时重发此帧。其他需要发送数据的站点收到这个空令牌后重复上述操作。对于接收的站点，当数据帧通过站点时，该站点数据帧携带的目的地址与本站地址进行比较，若地址符合，则将数据帧复制下来放入接收缓冲区，正确接收后在该数据帧中装入肯定应答信号，若不能正确接收则装入否定应答信号，然后将该帧送到环上继续传输；若地址不符合，则将数据帧简单地重新送到环上继续传输。

4. 以太网

1) 概述

以太网(Ethernet)是使用最广泛的一种局域网，包括标准以太网、快速以太网、千兆以太网和万兆以太网等，它们都符合 IEEE 802.3 标准，采用 CSMA/CD 多路访问控制方法。

常见的以太网有 10Base-5、10Base-2、10Base-T、10Base-F、100Base-FX 和 1000 Base-T等。名字前面的数字表示数据传输速率，如"10"表示 10 Mb/s，"1000"表示 1000 Mb/s。Base 表示传输的是数字基带信号，T 表示传输使用的物理媒介是双绞线，F 表示传输媒介是光纤。例如 10Base-T 就是表示采用双绞线铜缆传输基带信号，数据传输速率为 10 Mb/s 的以太网。不同以太网的主要参数见表 4-1。

表 4-1　不同以太网的主要参数比较

以太网名称		参 数 名 称				
		传输媒介	网络拓扑	网段长度/m	数据速率/(b/s)	信号编码
标准以太网	10Base-5	粗同轴电缆	总线型	500	10 M	曼彻斯特
	10Base-2	细同轴电缆	总线型	185	10 M	曼彻斯特
	10Base-T	UTP	总线型和星型	100	10 M	曼彻斯特
	10Base-F	光纤	总线型	2000	10 M	曼特斯特
快速以太网	100Base-TX	UTP	星型	100	100 M	4B/5B
	100Base-FX	光纤	星型	多模光纤 550 单模光纤 3000	100 M	4B/5B
	100Base-T4	UTP	星型	100	100 M	8B/6T
千兆以太网	1000Base-CX	150Ω STP	星型	25	1 G	8B/10B
	1000Base-T	UTP	星型	100	1 G	PAM-5
	1000Base-SX	多模光纤	星型	多模光纤 550	1 G	8B/10B
	1000Base-LX	光纤	星型	多模光纤 550 单模光纤 5000	1 G	8B/10B

标准以太网指早期的 10 Mb/s 以太网,包括 10Base-5、10Base-2、10Base-T、10Base-F 等。10Base-5 是最早实现 10 Mb/s 数据传输速率的以太网,使用粗同轴电缆,最长传输距离为 500 m,最多可连接 100 台计算机。10Base-2 是 10Base-5 之后的产品,使用细同轴电缆,最长转输距离为 185 m,仅能连接 30 台计算机,因为其线材较细、布线方便、价格低,所以淘汰了 10Base-5。10Base-T 使用非屏蔽双绞线(Unshilded Twisted Pair,UTP),传输距离为 100 m,由于双绞线使用比较方便,并且价格较低,因此普及很快,迅速取代了使用同轴电缆的以太网。10Base-F 采用光纤作为传输媒介,最长传输距离可以达到 2000 m。

快速以太网是随着市场对网络数据速率需求的提升而开发的,数据速率为 100 Mb/s,有 100Base-TX、100Base-FX 和 100Base-T4 三个子类。其中,100Base-TX 支持全双工数据传输,使用两对五类双绞线,分别用于发送和接收数据,数据编码方式使用 4B/5B,最大网段长度为 100 m。100Base-FX 使用单模或多模光纤,使用多模光纤时最长传输距离为 550 m,使用单模光纤时最长传输距离为 3000 m。100Base-FX 数据编码方式使用 4B/5B,也支持全双工的数据传输。100Base-T4 使用四对三类双绞线,其中的三对用于传输数据,每一对均工作于半双工模式,第四对用于 CSMA/CD 冲突检测,随着五类双绞线的普及应用,这种使用三类双绞线的以太网已不再使用。

千兆以太网有 IEEE 802.3z 和 IEEE 802.3ab 两个标准。

IEEE 802.3z 是采用光纤和同轴电缆的全双工链路标准，定义了基于光纤和短距离铜缆的 1000Base-X，采用 8B/10B 编码技术。IEEE 802.3z 具体包括 1000Base-SX、1000Base-LX 和 1000Base-CX 三个标准。1000Base-SX 只支持多模光纤，可以采用直径为 62.5 μm 或 50 μm 的多模光纤，工作波长为 770 nm～860 nm，传输距离为 220 m～550 m。1000Base-LX 可以采用直径为 62.5 μm 或 50 μm 的多模光纤，工作波长为 1270 nm～1355 nm，传输距离为 550 m；也可以采用直径为 9 μm 或 10 μm 的单模光纤，工作波长为 1270 nm～1355 nm，传输距离为 5000 m 左右。1000Base-CX 采用 150 Ω 的屏蔽双绞线（Shielded Twisted Pair，STP），传输距离为 25 m。

IEEE 802.3ab 是基于 UTP 的半双工链路千兆以太网标准，所发布的 1000Base-T 是基于五类 UTP 的标准，传输距离为 100 m。1000Base-T 是 100Base-T 的自然扩展，与 10Base-T、100Base-T 完全兼容。

上述千兆以太网标准在光纤通道中采用了 8B/10B 编码，将每 8 比特数据编码为 10 比特，虽然保证了数据传输的可靠性，但带来了冗余。1000Base-T 采用的编码方式为五级编码（PAM－5），使用四对线同时传输数据，使 1000Base-T 在每个信号脉冲内能够并行传送一个字节的数据，总的数据速率达到 1000 Gb/s。

千兆以太网可在全双工或半双工模式下运行，在全双工模式下能提供实际为 2 Gb/s 的带宽，是半双工模式下的 2 倍。对于主干网络和高速服务器间的连接，最理想的是全双工模式。

万兆以太网即数据速率为 10 Gb/s 的以太网，是最新的以太网技术。万兆以太网是为满足不断发展的通信系统对带宽和传输距离的要求而开发的。与上面介绍的传统以太网相比，万兆以太网的改进主要是提出了广域网物理层，因此使得以太网不但可以工作于局域网环境，也可应用于广域网。万兆以太网技术与传统以太网类似，保持了与传统以太网技术的兼容，仍然遵守 IEEE 802.3 的 MAC 协议以及数据帧格式和帧长度。IEEE 从 2002 年开始陆续发布了几个万兆以太网标准，如表 4－2 所示。

表 4－2　万兆以太网相关标准

标准名称	发布时间	传输媒介	标准代码
IEEE 802.3ae	2002	光纤	10GbE
IEEE 802.3ak	2004	同轴电缆	10GBase-CX4
IEEE 802.3an	2006	双绞线	10GBase-T
IEEE 802.3aq	2006	多模光纤	10GBase-LRM
IEEE 802.3ap	2007	主机背板	10GBase-KX4

与传统以太网相比，万兆以太网具有如下优势：

（1）万兆以太网既可以工作在局域网环境，也可以工作在广域网环境，而传统以太网只能用作局域网。

（2）万兆以太网只支持全双工工作模式，不支持以前的半双工操作方式，并且不再使用 CSMA/CD 机制（CSMA/CD 机制本身是为低速传输设计的）。

（3）万兆以太网采用 8B/10B 和效率更高的 64B/66B 线路编码。传统以太网采用 4B/5B 线路编码，千兆以太网采用 8B/10B 线路编码。

（4）在局域网环境中，万兆以太网仍然采用 IEEE 802.3 的以太网帧格式，保持与传统局域网标准兼容。但在广域网环境中，为了克服远距离传输可能产生的频率和相位抖动，帧格式中添加了长度域和信头差错控制域，这样设计是为了同 SDH（Synchronous Digital Hierarchy，同步数字体系）帧格式的兼容。

（5）万兆以太网标准在接口类型和传输媒介上支持同轴电缆、双绞线、多模光纤和背板等多种形式，物理层与传统以太网有很大不同。

（6）相比于以前的以太网技术，万兆以太网不仅在数据速率上有较大提升，而且传输距离更远，可以达到 40 km，因此可以满足不断发展的通信系统对带宽和传输距离的需求。

万兆以太网与传统以太网的比较见表 4-3。

表 4-3　万兆以太网与传统以太网对比

	传统以太网	万兆以太网
应用领域	局域网、接入网、汇聚网	广域网、核心层、骨干网
数据格式	IEEE 802.3 数据帧格式	IEEE 802.3 数据帧格式
数据速率	10 Mb/s、100 Mb/s、1000 Mb/s	10 Gb/s
接口类型	MII	10Gb MII 或 XAUI 串行接口
工作模式	CSMA/CD 或全双工	全双工
编码方式	4B/5B 或 8B/10B	8B/10B 或 64B/66B
传输媒介	双绞线与光纤	光纤
传输距离	5 km	40 km

MII：英文 Media Independent Interface 的缩写，意为传输媒介无关接口；

XAUI：万兆以太网附加接口单元，英文 10Gigabit Ethernet Attachment Unit Interface。

2）以太网的帧结构

以太网的帧结构如图 4-12 所示，图中的数字表示字段长度（字节数）。

前导码	帧开始符	目的地址	源地址	长度/类型	数据和填充	帧校验序列
7	1	6	6	2	46~1500	4

图 4-12　以太网帧结构

表 4-4 给出了以太网帧结构中各个字段的含义与作用。

表 4 - 4　以太网帧结构中各个字段的含义与作用说明

字段	字段长度	字 段 功 能
前导码	7	同步,提示接收设备开始接收
帧开始符	1	帧开始,下一字节为目的地址字段
目的地址	6	指明此帧的接收设备地址
源地址	6	指明此帧的发送设备地址
长度/类型	2	帧的数字字段长度或者类型
数据和填充	46~1500	高层的数据,通常为 L3PDU;对于 TCP/IP 是 IP 数据包;数据字段长度要求至少 46 字节,如果数据包小于 46 字节,则要求"填充"到 46 字节
帧校验序列	4	为接收设备提供检验该帧是否传输错误的一种方法

3) 以太网的 MAC 地址

介质访问控制(MAC)地址,即网络设备的物理地址是一个 6 字节的十六进制数,用于标识网卡(NIC)或其他连接到 LAN 的以太网设备接口。每一块 NIC 都有一个永久性的 MAC 地址,这个长度为 6 字节的 MAC 地址分成两个部分,前三个字节为网卡生产商的唯一组织代码,后三个字节是由生产厂商分配的网卡序号,但要求必须是唯一值。这样就决定了每一块 NIC 的 MAC 地址在全球都是唯一的。

5. 无线局域网

无线局域网(Wireless LAN,WLAN)是采用无线链路实现通信的计算机局域网。WLAN 的无线传输媒介可以是无线电波、红外线或激光。WLAN 通过一个称为接入点(Access Point,AP)的基站连接到公共陆上有线系统。WLAN 与陆上有线系统的连接方式类似于无绳电话与 PSTN 的连接方式,区别在于 WLAN 是用于宽带数据传输的计算机网络系统,而无绳电话只用于语音通信。无线局域网可使笔记本电脑、PDA(Personal Digital Assistant,个人数字助理)等移动终端设备摆脱布线的束缚,可自由接入 Internet,从而减少了基础设施投入,解决了布线困难场所的网络接入问题。与有线网络相比,WLAN 具有安装便捷、使用灵活、可移动、易扩展等优点,可以在医院、商店、企业、学校等地区为集团用户提供服务,在机场、会议中心、展览中心、火车站、咖啡厅、酒店等地区为公众用户提供服务。

由于传输媒介不同,WLAN 的网络接口卡(NIC)与网络设备也就不同。WLAN 的主要网络单元有接入点和无线网卡,如图 4 - 13 所示。

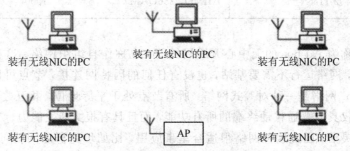

图 4 - 13　WLAN 的主要网络单元

接入点是有线 LAN 与 WLAN 相连接的地方。接入点上装有一副天线提供无线接入，同这个接入点相连接的是有线网络，典型的是五类线（UTP），通过接入点可以连接到各类网络设施，并访问有线 LAN 上的各种资源。一个接入点可以支持许多计算机的同时接入，接入点可以看作一个集线器（Hub）。图 4-14 是 WLAN 与有线网络连接的示意图。

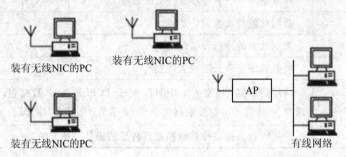

图 4-14　WLAN 与有线网络连接关系示意图

无线 NIC 是为计算机提供无线接口的设备，一般 WLAN 的 NIC 用于笔记本电脑上。NIC 上有一个天线，笔记本电脑通过这个天线实现同接入点连接。

为满足高速数据传输的需要，IEEE 已开发出许多无线局域网标准。最早的 IEEE 802.11 标准支持 1 Mb/s 的数据传输速率，应用最广泛的 802.11b 标准（通常称为 Wi-Fi）支持 11 Mb/s 的数据速率，802.11a 标准则将传输速率提高到 55 Mb/s，而 802.11n 标准的数据传输速率最高可以达到 600 Mb/s。表 4-5 介绍了一些 WLAN 标准的主要参数。

表 4-5　WLAN 标准的主要参数

参　　数	工作频段 /GHz	物理层，调制传输技术	数据速率/（Mb/s）
IEEE 802.11	2.4	DSSS, FHSS	1, 2
IEEE 802.11b	2.4	DSSS, CCK	1, 2, 5.5, 11
IEEE 802.11a	5	OFDM	6, 9, 12, 18, 24, 36, 55
IEEE 802.11g	2.4	OFDM	24~54
IEEE 802.11n	2.4, 5	OFDM	6, 9, 12, 18, 24, 36, 54, 600
IEEE 802.11ac	5	MIMO, 256QAM	1000

还有一种称为 Ad hoc 的无中心无线局域网，也称作自组织网络。这种网络一般由几台计算机构成，网络运行不需要基站，也没有任何的因特网连接，节点可以随时加入和离开网络。Ad hoc 网络是一种对等式网络，所有节点处于平等地位，相互之间可以通信，网络中的节点不仅具有普通移动终端的所有功能，而且具有报文转发能力。Ad hoc 网络最大的优点是组网灵活，因此这种网络很适合军事应用，比如坦克群之间就可以用 Ad hoc 组成信息传输网。Ad hoc 具有以下特点：

（1）无中心。Ad hoc 网络没有严格的控制中心，所有节点地位平等，任何节点可以随时加入网络，也可以随时离开网络，任何节点的故障也不会影响整个网络的运行，因此这种网络具有很强的抗毁性。

（2）自组织。网络的布设或展开无需任何预设的网络设施，节点开机后就可以快速、自动地组成一个独立的网络。

（3）多跳路由。当节点要与其覆盖范围之外的节点进行通信时，需要中间节点的多跳转发。与固定网络的多跳不同，Ad hoc 网络中的多跳路由是由普通的网络节点完成的，而不是由专用的路由设备（如路由器）完成的。

（4）动态拓扑。由于 Ad hoc 网络节点可以随处移动，也可以随时开机和关机，这些都会使网络的拓扑结构随时发生变化，因此 Ad hoc 是一种动态网络。

我们经常提及的无线通信网络一般都是有中心的，这类网络要基于预设的网络设施才能运行。例如，蜂窝移动通信系统要有移动交换中心和基站，WLAN 一般也工作在有接入点和有线骨干网的模式下。但对于某些特殊场合，有中心的移动网络并不能胜任。比如，战场上部队的快速展开和推进、地震或水灾后的营救等。这些应用场合要么没有预设的网络设施，要么预设的网络设施遭到了严重破坏以致无法使用，因此这些场合的通信不能依赖于任何预设的网络设施，而需要一种能够临时快速自动组网的移动网络，Ad hoc 网络就可以满足这样的特殊要求。

4.6.2　城域网

城域网（Metropolitan Area Network，MAN）是覆盖范围为城市区域的一种公用多业务通信网络，该网络以光纤为传输媒介，可以提供语音、数据和视频业务，能够满足一个城市范围内的企业、学校、政府等单位的高速数据通信需求。一个城市区域内各种业务可通过城域网接入广域网。

城域网同局域网的不同主要表现在三个方面：① 局域网一般是企事业单位的专用网络，而城域网一般是公用的多业务环境网络；② 局域网的覆盖距离在几公里以内，而城域网一般覆盖距离在几十到一百几十公里；③ 局域网主要提供数据业务，而城域网则可以提供数据、语音、图像和视频等多种业务。

城域网的发展需求主要源于两个方面的原因：一是光纤作为主干通信线路的传输媒介已经开始广泛应用，特别是密集波分复用（Dense Wavelength Division Multiplexing，DWDM）的发展为长途干线提供了巨大的传输容量，使通信长途干线的数据传输速率大幅度提升；二是随着社会经济水平的发展，局域网的大规模应用为最终用户提供了丰富的驻地带宽，各社会组织和家庭对于高速率数据传输的需求不断增长。在这种情况下，长途干线带宽过剩和用户带宽接入不足的矛盾，使接入网的发展成了高速数据通信的瓶颈。这使得发展以光纤为传输媒介的宽带城域网的需求凸显，从而使运营商高度重视城域网建设。

城域网的结构可以分为三个层次：核心层、汇聚层和接入层，其基本结构如图 4 - 15 所示。核心层主要提供大带宽的业务承载和传输，完成和已有网络（如 ATM、FR、DDN、IP 网络）的互联互通并连接广域网。汇聚层的主要功能是给业务接入节点提供用户业务数据的汇聚和分发处理，同时要实现业务的服务等级分类。接入层利用多种接入技术，进行带宽和业务分配，实现用户的接入，接入节点设备完成多种业务的接入、复用和传输。

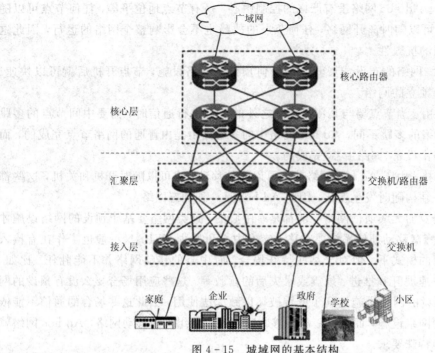

图 4 - 15　城域网的基本结构

4.6.3　广域网

广域网(Wide Area Network，WAN)是指将城市与城市之间、国家与国家之间的多个局域网或城域网互联起来的大型通信网络。广域网覆盖的地理范围很大，从几十公里到几千公里，所以广域网也称远程网。广域网将相距遥远的局域网或城域网互联起来，实现远距离数据、视频、语音等通信业务和大范围的资源共享。常见的广域网有公用电话网、共用分组交换数据网、数字数据网等。因特网(Internet)是世界上最大的广域网。

1. 广域网的类别

按照使用形式的不同，广域网可以分为公共传输网络、专用传输网络和无线传输网络三种。

(1) 公共传输网络一般是指由网络服务提供商建设、管理和控制，网络内的传输和交换装置可以提供(或租用)给公共用户使用的通信网络。公共传输网络大体可以分为电路交换网络和分组交换网络两类。电路交换网络主要包括公共交换电话网(PSTN)和综合业务数字网(ISDN)。分组交换网络主要包括 X.25 分组交换网、帧中继和交换式多兆位数据服务(Switched Multimegabit Data Service，SMDS)等。随着技术和应用需求的发展，网络传输正在向着统一的分组网络平台演变。

(2) 专用传输网络是由一个组织或团体自己建立、使用、控制和维护的私有通信网络，主要是数字数据网(DDN)。DDN 可以在两个端点之间建立一条永久的、专用的数字通道，特点是在租用该专用线路期间，用户独占该线路的带宽。

(3) 无线传输网络有移动无线网络、微波中继传输网络、卫星通信网络等。移动无线网络包括各种蜂窝通信网络，比如第二代(2G)移动通信网络 GSM 和 IS - 95、第三代(3G)移动通信网络 TD-SCDMA 和 WCDMA，以及目前的 4G 和 5G 等。微波中继传输网络是大容量长途干线传输网的一种，在光纤传输广泛应用之前是通信长途传输的一种主要手段。在光纤应用普及之后，微波中继传输就成为了一种补充的长途传输手段。由于微波中继传输具有环境适应性强及工程布设受地理环境限制较小等优点，因此作为一种长途传输的补充手段还不能完全由光纤取代。卫星通信网络是一种可以实现对地球表面全覆盖的传输手段，在传输覆盖方面具有无可比拟的优势，卫星通信不受任何地理环境的限制。但由于卫星一般处于距地球表面很远的高空，因此传输时延比较大，语音通信时往往有一种不适应的感觉。

2. 因特网

因特网也叫国际互联网，也是最大的广域网，因特网的英文是 Internet，其本意是相互连接的网络所形成的网络。因特网是一个大型的、全球性的网络，是一个由很多局域网和城域网互联形成的网络集合，是采用分组交换技术并应用 TCP/IP 将分布于不同地域、不同类型的计算机网络互联在一起而形成的覆盖全球的信息基础设施，是目前世界上最大的计算机网络。因特网可以为用户提供各种通信与信息服务，如 Web 浏览、信息搜索、文件共享、电子商务、电子邮件、VoIP、IPTV 等等。

因特网是由 20 世纪 60 年代末美国军方的 ARPAnet(阿帕网)发展而来的，最初建设的自然是局域网。当时建立阿帕网的目的是出于军事上的需要，计划建立一个生存能力较强的计算机网络，要求当网络中的一部分被破坏时，其余未遭到破坏的网络部分会很快建立起新的联系，并能保持正常工作。20 世纪 70 年代已经建设了几十个阿帕网，然后人们又将这些不同的局域网互联起来，就形成了互联网，即网络的网络。当时研究人员将这种互联网称为"Internetwork"，简称"Internet"，之后 Internet 这个名词就一直沿用下来。

20 世纪 90 年代中期，因特网实现商业化，此后网络规模和用户数量迅速扩展。据报道，2018 年底互联网全球用户数已经突破 40 亿，全球已有超过一半的人口使用过因特网，中国网民已超过 8 亿，其中超过 98％的网民使用手机接入互联网。

因特网是一种分布式网状拓扑结构的分组交换网络，不同网络通过路由器相连接，这就使得任何两台主机之间都可通信。网状的拓扑结构提供了冗余的传输链路，数据以分组的形式可以通过多个路径构成的网络传送，如果某个链路出现故障，路由器会选择其他的路径将数据分组送达目的地址。

因特网的基本网络结构如图 4-16 所示。图中骨干网络和区域网络一般由电信运营商建设、运营、维护和管理，不同的运营商可能各自独立建设骨干网络，不同运营商的骨干网络通过边界网关路由器进行互联。一般电信运营商也是因特网服务提供商(Internet Service Provider，ISP)，因特网用户必须通过 ISP 的网络接入才能获得服务。

因特网的骨干网络不是一个单一的网络，而是存在不同的并行骨干网络，比如不同的运营商都可能建设有自己的骨干网络，部分特殊的机构也可能建设有自己的骨干网络等。不同骨干网络之间由边界网关路由器互联，这样，因特网的骨干网络实际上也是一种网状网。

另一方面，因特网最初是面向非实时的数据传输而设计的，已经经历了数十年的发展，随着技术的发展和社会需求的不断提升，因特网业务也在不断扩展。特别是随着传输带宽的不断增加，各种业务都已经接入，包括实时性要求很高的音视频业务。所以，目前因特网已经成为了承载和传输多媒体业务的公共网络平台。然而，不同的业务对服务质量

(Quality of Service，QoS)的要求不同，虽然已经采取了一些特殊的技术措施来提高实时性业务的 QoS，但还没达到电路交换网络的 QoS 水平。因此，因特网技术还在不断发展。目前在技术上对于因特网的研究，既有针对某种具体业务 QoS 的，也有关于下一代因特网体系结构的，包括光因特网技术等。限于篇幅，这里就不展开讨论了，有兴趣的读者可以查阅相关文献。

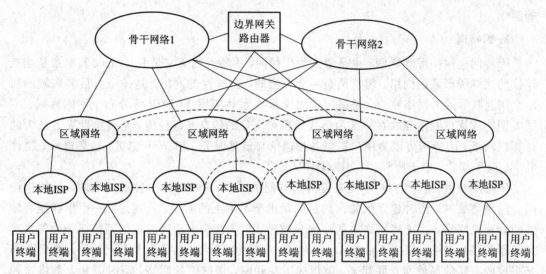

图 4 - 16　因特网的基本结构

4.7　无线个人局域网

　　无线个人局域网(Wireless Personal Area Network，WPAN)可以看作是一种覆盖范围比 WLAN 更小(一般在几十米以内)、面向特定群体的无线局域网，或称为短距离无线通信网。

　　WPAN 的核心思想是用无线电传输代替传统的有线电缆，实现个人信息终端的智能化互联，组建个人化的信息网络。比如家庭娱乐设备之间的无线连接、计算机与其外设之间的无线连接、蜂窝电话与头戴式蓝牙耳机之间的无线连接等。但随着技术的进步和社会新需求的不断提出，短距离无线通信技术的应用已经大大超出了个人和家庭的应用范围，比如应用短距离无线通信技术发展的各种无线传感器网络和物联网络等，这也从一个方面说明认识和学习短距离无线通信技术的重要意义。

　　主要的无线个人局域网技术包括蓝牙(Bluetooth)技术、HomeRF 技术、红外连接(IrDA)技术、超宽带(Ultra Wide Band，UWB)技术和 ZigBee 技术等，下面对这些技术作初步的介绍。

4.7.1　蓝牙技术

　　蓝牙技术是一种开放性的全球个人局域网组网技术规范，用以组成邻近用户或无线装置使用的微微网(Piconet)，标准配置的通信距离为 10 m，在外接功率放大器时，通信距可扩大到 100 m。各种移动装置可以在多个微微网中注册,而在一个微微网中任何时候都可使用 8 种移动装置。

　　蓝牙的工作频段是 2.4 GHz,这是一个全球开放的工业、科学及医学(Industrial,Scientific and Medical,ISM)频段,由于工作于这个频段上的设备较多,为提高抗干扰能力,蓝牙技术应用了跳频技术。跳频技术是扩频技术的一种。

　　蓝牙可以同时进行数据和语音传输,数据传输速率可达到 10 Mb/s。蓝牙技术可以应用于无线设备(如 PDA、手机、智能电话、无绳电话)、图像处理设备(如照相机、打印机、扫描仪)、安全产品(如智能卡、身份识别、票据管理、安全检查)、汽车产品(如 GPS、ABS、动力系统、安全气袋)、家用电器(如电视机、电冰箱、电烤箱、微波炉、音响、录像机)等领域。

4.7.2　HomeRF 技术

　　HomeRF 主要为家庭网络设计,是 IEEE 802.11 与 DECT 的结合,旨在降低语音数据应用系统的成本。HomeRF 也采用了扩频技术,工作在 2.4 GHz 频段,能同步支持 4 条高质量语音信道。目前 HomeRF 的传输速率可以达到 11 Mb/s。

4.7.3　红外连接技术

　　红外连接(IrDA)是红外数据组织(Infrared Data Association)的简称,红外连接技术就是由该组织提出的。IrDA 制订了物理传输媒介和协议层规格标准,两个支持 IrDA 标准的设备可以相互监测对方并交换数据。

　　一种典型的红外连接收发电路原理如图 4 - 17 所示,图中,VCC 表示电源连接线,GND 表示地线连接线,IRTX 表示红外信号发射机连接线,IRRX 表示红外信号接收机连接线。二极管 VD_1 和 VD_2 分别为红外接收与发射管,R_1 为接收取样电阻,R_2 为发射限流电阻。VD_2 和 R_2 组成红外信号发射电路,完成发射过程中将电脉冲信号转换成红外光信号并发射出去的任务。VD_1 和 R_1 组成红外信号接收电路,完成接收过程中将接收的红外光信号转换成电脉冲的任务。

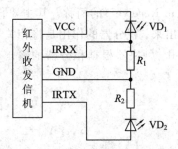

图 4 - 17　红外连接收发电路原理图

　　电路工作时,红外信号发射端口 IRTX 输出经过数字调制的电脉冲信号,红外发射管 VD_2 将电脉冲信号转化为红外线信号发射出去。在此过程中,R_2 具有控制红外信号发射强度的作用,R_2 越小流过发射电路的电流会越大,这时 VD_2 发射的红外光越强,因此红外光传输距离也会比较远。反之,当电流较小时,VD_2 发射的红外光也会较弱,红外传输距离也会比较近。所以，减小 R_2 的阻值可以增大发射电路的电流，从而扩大红外传输的距离覆盖范围。但是，如果发射电流过大，则有可能将红外发射管 VD_2 损坏。可见，R_2 同时对红外发射管有限流保护作用。

红外接收电路由红外接收管 VD_1 和取样电阻 R_1 组成。当红外接收管 VD_1 接收到红外线信号时，其反向电阻会随着接收红外信号的强弱发生变化，从而使得接收电路中的电流强弱随着接收红外信号的强弱发生变化，进而取样电阻 R_1 两端的电压也会随之发生变化，此变化的电压经 IRRX 电路输入红外收发信机，获得接收数据。

4.7.4　超宽带技术

超宽带(UWB)技术指的是超宽带信号的应用技术。从频域角度可以将信号分为窄带、宽带和超宽带信号。窄带信号是指信号的相对带宽(信号带宽与信号中心频率之比)小于 1%，宽带信号是指信号的相对带宽为 $1\%\sim25\%$，相对带宽大于 25% 而且中心频率大于 500 MHz 的信号被称为超宽带信号。UWB 信号是一种持续时间小于 1 ns(1 ns＝10^{-9} s)的脉冲信号，信号的频谱带宽超过 1 GHz，甚至可以达到几 GHz，因此是一种超宽带信号。

由于 UWB 信号的频谱带宽非常宽，这使得 UWB 系统发射很容易对其他的无线通信系统造成干扰，因此需要限定其发射功率。所以，UWB 无线通信系统都是以低功率发射工作的，以减小对其他无线系统造成的电磁干扰，这也决定了 UWB 技术只能用于短距离无线通信。反之，UWB 系统也容易受到其他无线系统的干扰，但 UWB 系统可以采用扩频方式工作，相关接收技术可以确保通信效果。

因为采用 UWB 技术的无线通信系统直接传输基带脉冲信号，所以 UWB 技术也称脉冲无线电(Impulse Radio)，是一种不用载波(即不采用正弦载波)，而采用极短窄脉冲进行无线通信的方式，可以用极低的发射功率(1 mW 左右)实现短距离内的高速数据传输。由于 UWB 系统发射脉冲很窄，因此其距离分辨率很高，故也可以用作近距离室内精确定位。

UWB 系统的原理结构框图如图 4 - 18 所示。脉冲发生器产生纳秒或亚纳秒级的窄脉冲，用要传输的数据控制脉冲发生器，实现对脉冲信号的扩频调制，调制后的窄脉冲直接送到天线发射出去。接收端首先对天线接收的信号进行低噪声放大(LNA)，接着用相关器对接收到的脉冲进行相关接收，相关器的输出送给积分器，而后由判决器恢复原始数据。相关器是相关接收器(Correction Receiver)的简称，其主要作用是利用信号的相关特性将有用信号从干扰和噪声中提取出来。积分器的作用是将相关器输出的同一信号波形的电平相加，有提升系统信噪比的作用。判决器根据积分器的输出信号电平确定该信号是数据 1 还是 0。

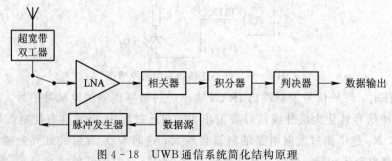

图 4 - 18　UWB 通信系统简化结构原理

可以看出，由于是无载波工作的，UWB 收发信机比传统的超外差通信系统要简单许多，省掉了传统通信系统的本振、锁相环、混频器等射频单元。UWB 通信系统可以采用数字集成电路并应用软件无线电技术实现全数字化，这样就可以将整个 UWB 系统都集成到一个芯片上，有利于减小系统体积，降低系统功耗。

4.7.5　ZigBee 技术

ZigBee 是一种短距离、低速率数据传输、节点低功耗和低成本的无线通信网络技术，这一技术主要是面向家庭和工业控制的需求而提出的。ZigBee 的名字来源于蜂群使用的通信方式，蜜蜂通过跳 ZigZag 形状的舞蹈来传递新发现的食物源位置、距离和方向等信息。蜜蜂依靠这样的方式构成了群体中的通信网络。

ZigBee 的无线 RF 工作频段有三个：2.4 GHz 为世界通用的 ISM 频段（Industrial Scientific Medical Band），这个频段上有 16 个 RF 信道，每一个信道的数据传输速率为 250 kb/s；915 MHz 为美国使用的 ISM 频段，这个频段上有 10 个 RF 信道，每一信道的数据传输速率为 40 kb/s；868 MHz 为欧洲使用的 ISM 频段，这个频段上只有 1 个信道，支持的数据传输速率是 20 kb/s。

ZigBee 技术和蓝牙技术都属于短距离无线数字通信技术，而且在 ZigBee 提出之前蓝牙技术已经比较成熟，并获得了较为广泛的应用。尽管如此，由于蓝牙存在技术比较复杂、节点功耗较大、组网规模太小和通信距离太近等缺点，不能适应家庭和工业控制等方面的应用，因此在 2004 年提出了 ZigBee 技术。

ZigBee 技术标准来源于两个方面：一方面是 IEEE 通过的 IEEE 802.15.4 制定的物理层和媒体接入控制（MAC）层标准，这两层也合称为 IEEE 802.15.4 通信层；另一方面是 ZigBee 联盟制定的网络层和应用层标准。

ZigBee 网络中的设备按照各自作用的不同可以分为协调器节点、路由器节点和终端设备节点，如图 4-19 所示。ZigBee 网络协调器是整个网络的核心设备，其功能包括建立、维持和管理网络及分配网络地址等。ZigBee 网络路由器主要负责路由发现、消息传输、允许其他节点通过它接入到网络等。ZigBee 终端设备节点通过 ZigBee 协调器或者 ZigBee 路由器接入到网络中，主要负责完成数据采集或控制功能。

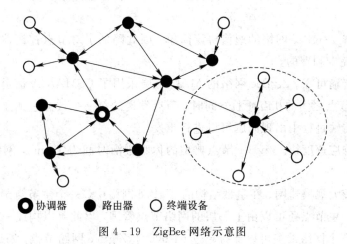

○协调器　●路由器　○终端设备

图 4-19　ZigBee 网络示意图

　　ZigBee 网络可以支持星型、树型或者网状型结构，也支持组合的网络结构。在星型拓扑结构中，所有终端设备只和协调器之间进行通信。树型拓扑网络有一个协调器和多个星型结构连接而成，设备除了能同自己的父节点（树型网络中的上一层节点）和子节点（树型网络中的下一层节点）通信外，其他只能通过网络中的树型路由完成通信。网状型网络是在树型网络的基础上实现的，树型网络的最大优点就是允许网络中所有具有路由功能的节点互相通信，由路由器中的路由表完成路由查询过程，如果由于节点故障等原因使某条链路中断，网络可以自动绕开故障节点，而选择其他路径完成数据传输。图 4 - 19 就是一种星型和网状型组合的 ZigBee 网络结构示意图，这种组合的网络结构称为丛集树状型网络结构。

　　ZigBee 网络是一种自组织网络，支持动态路由。当节点之间进入无线通信距离范围内时，通过彼此寻找会很快形成一个互联互通的 ZigBee 网络，再有新的节点在距离上靠近时会以同样的方式加入网络。在节点不断移动的情况下，网络结构会根据相互间的位置不断变换组网结构，有节点移动距离超出无线覆盖的范围时，网络也会自动删除该节点。所谓动态路由，是指网络中数据传输的路径不是预先设定的，而是在传输数据之前，通过对网络当时所有的可使用路径进行搜索，并分析各个路径的位置关系，然后选择一条最佳路径进行数据传输。

　　采用动态路由选择路径时，先选择一条最近的路径传输数据，如果此路径不通，再选择一条稍远的路径传输，依次类推，直到将数据送达目的地址。在无线传感器网络（Wireless Sensor Networks，WSN）或者在工业控制现场应用的 ZigBee 网络中，经常会有老的节点退出或者新的节点加入，也可能因为节点繁忙而不能及时进行传输，这个时候的网络结构就可能会出现调整，从而传输路径也会随时变化，动态路由可以很好地适应这种网络拓扑不断变化的应用环境，并保证数据的可靠和及时传输。

　　ZigBee 技术具有如下一些主要特点：

　　(1) 节点低功耗。一方面，数据传输采用了直接序列扩频技术，可以在无线发射功率很小（约 1 mW）的情况下获得可靠的数据传输；另一方面，网络设计数据速率低，传输数据量小，因此节点的无线传输工作时间短，节点大部分时间处于睡眠状态，大大节约了能量。

　　(2) 低成本。ZigBee 网络的通信协议简单，因此降低了对节点控制器性能的要求，而且通信协议是免专利费的。

　　(3) 数据传输可靠。ZigBee 网络的 MAC 子层采用了 CSMA/CA 信道访问机制，可以有效避免不同节点之间的相互干扰。同时，节点发送的每一个数据包都要等待接收方的信息确认，如果传输过程中出现问题可以进行重发。

　　(4) 节点响应速度快。ZigBee 节点典型的休眠激活时间为 15 ms，网络接入需要的时间约为 30 ms。

　　(5) 支持较大规模建网。在星型结构的 ZigBee 网络中，一个主节点最多可以容纳 254 个从节点设备，主节点还可以由上一层的网络节点管理，以此可以构成一个区域内的大型 ZigBee 网络，整个网络最多可以支持超过 64 000 个 ZigBee 网路节点。ZigBee 网络的组网规模远大于蓝牙技术和 WiFi。

（6）网络保密性好。ZigBee 网络支持鉴权和认证，采用了 AES-128 的数据加密算法。

上面介绍了五种短距离无线通信技术，这些技术各有特点，使用环境也不一样，表 4-6 对这五种技术的主要技术参数进行了总结对比。需要注意的是，表中列出的参数，在实际中可能会发生变化，特别是随着技术的发展和市场应用需求的变化，各厂商都可能不断发展自己的产品技术，以适应市场的最新需求。比如蓝牙产品，最近就有称为 BLE（Bluetooth Low-Energy）的低功率产品出现，其低功耗性能完全可以同 ZigBee 节点的功耗性能相媲美。另外，无线传输距离也依赖于无线射频发射功率的大小和接收机的灵敏度。所以，表中列出的参数值仅供大家在学习中参考。

表 4-6　五种主要的 WPAN 技术比较

技术指标	蓝牙	HomeRF	IrDA	UWB	ZigBee
工作频段	2.4 GHz	2.4 GHz	红外	(3.1~10.6) GHz	2.4 GHz、868 MHz(欧洲)、915 MHz(美国)
数据传输速率/(b/s)	1 M	100 M	16 M	480 M	20k~250k
无线传输距离/m	10	0~100	1	10	10~100
组网规模（节点数）	8	2007	2		64000
节点功耗/mW	20	10~50		10~50	5
节点响应时间/s	3~10	3			0.03
国际标准	IEEE 802.15.1x	IEEE 802.11		标准尚未公布	IEEE 802.15.4

4.8　固定无线接入

无线接入是指从交换节点到用户终端间部分或全部采用无线传输的接入技术。根据被接入的终端移动与否，无线接入可分为移动无线接入和固定无线接入两大类。

同固定有线接入相比较，固定无线接入是一种既经济又灵活的接入方式。固定无线接入方式不用从中心交换局到用户所在地铺设电缆，就能向用户提供电话和数据连接，从根本上替代了用户和陆上有线系统之间的专用连接线缆，从而节省了铺设电缆和施工成本，特别是对于新兴的电信运营商，固定无线接入提供了一种参与电信运营竞争的低成本技术手段。

固定无线接入的兴起，得益于电信市场管制的削弱或解除，这给新兴的运营商加入电信市场的竞争创造了条件。例如，在 2001 年 3.5 GHz 频段地面固定无线接入试验网建设中，中标的中电华通、厦门金桥、普天等 6 家企业中有 5 家都不是传统电信运营商。固定无线接入在中国快速发展的另一个重要因素是中国各电信运营商在业务发展的种类和区域分布上的不平衡，尤其是 2001 年底电信拆分后，急需打破固定有线网的自然垄断性，而固定无线技术的特点决定了它是打破垄断、进行快速用户渗透的一种重要手段。在同传统电信运营商竞争的初期，基础设施建设是新兴电信运营商的弱项，因为传统运营商已经具备比较完善的基础设施，新兴运营商要新建基础设施往往面临非常大的困难。这时，固定无线接入则能够比较好地解决他们在基础设施建设方面的弱势，采用固定无线接入的方法不需要开设地下管线，投资少，建设快。

在固定无线接入通信系统中，下行链路以点对多点方式、上行链路以点对点方式支持固定用户的接入，不支持漫游功能。固定无线接入通信系统如图 4-20 所示，一般由中心站(Central Station，CS)、终端站(Terminal Station，TS)和网管系统三大部分构成。中心站和终端站通常又各自拥有室内和室外单元。室内单元(Indoor Unit，IDU)负责处理业务的适配和汇聚，连接不同的业务网；室外单元(Outdoor Unit，ODU)提供中心站和终端站之间的空中接口。中心站通过业务节点接口(Service Node Interface，SNI)与业务节点(SN)相连；终端站通过用户网络接口(User Net Interface，UNI)与终端设备(Terminal Equipment，TE)或用户驻地网(Consumer Premises Network，CPN)相连。点到多点指的是一个中心站服务于多个终端站。典型的固定无线接入系统由类似蜂窝配置的多个中心基站组成，每个基站与服务区的多个固定用户通信。

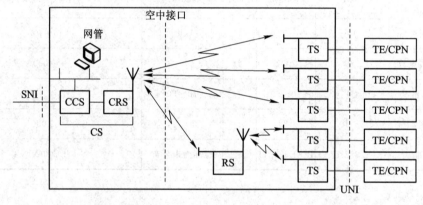

CS：中心站　　　　　　TS：终端站
CCS：中心控制站　　　　RS：接力站
CRS：中心射频站　　　　TE/CPN：终端设备/用户驻地网
SNI：业务节点接口　　　UNI：用户网络接口

图 4-20　固定无线接入通信系统构成原理图

从技术角度划分，固定无线接入包括多信道多点分配系统(Multichannel Multipoint Distribution System，MMDS)、本地多点分配系统(Local Multipoint Distribution System，LMDS)。MMDS 的工作频率主要集中在 2.4 GHz 的频段，LMDS 则大多工作在 20 GHz 以上的频段，二者分别是 11 GHz 频段以下和以上固定无线接入技术的代表。

MMDS 的主要特点是传输性能好，覆盖范围广，技术成熟，具有良好的抗雨衰性能，扩容性强，组网灵活且成本较低，是较为理想的固定无线接入手段。LMDS 系统结构如图 4-21 所示。LMDS 的主要特点是频带宽，传输速率较高，但工作在毫米波范围，抗雨衰性能差。LMDS 具有更高带宽和双向数据传输的特点，可以提供多种宽带交互式数据业务及语音和图像业务，几乎可以提供任何种类的业务。

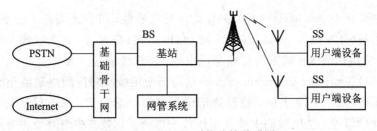

图 4-21　LMDS 系统连接关系图

4.9　数字微波中继通信系统

4.9.1　概述

电磁波是以频率或波长来分类的，频率 f、波长 λ 以及电磁波的传播速度 v 三者之间有如下的简单关系：

$$f = \frac{v}{\lambda} \tag{4-1}$$

其中，频率 f 的单位是 Hz，波长 λ 的单位是 m，传播速度 v 的单位是 m/s。电磁波的频率与波长呈反比关系，频率越高，波长越短。比如在自由空间中，频率为 50 Hz 的工频信号对应波长是 6000 km，而频率为 100 MHz 的甚高频信号对应波长是 3 m。图 4-22 是电磁波频谱示意图，图中标出了电磁波不同频段的名称及其与波长或频率的对应关系。

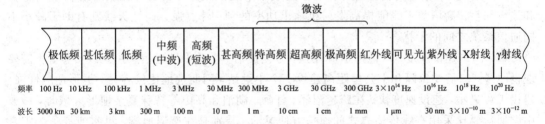

图 4-22　电磁波频谱及微波在电磁波频谱中的位置

电磁波传播的速度大小只与其所在媒介的参数有关，其关系式如下：

$$v = \frac{1}{\sqrt{\mu\varepsilon}} = \frac{1}{\sqrt{\mu_0\varepsilon_0\mu_r\varepsilon_r}} = \frac{c}{\sqrt{\mu_r\varepsilon_r}} \tag{4-2}$$

式中，μ_0、ε_0 分别是真空中的磁导率和介电常数；μ_r、ε_r 分别是媒介的相对磁导率和相对介电常数；c 是自由空间中的光速，且

$$c = \frac{1}{\sqrt{\mu_0\varepsilon_0}} \tag{4-3}$$

因介电常数和磁导率在自由空间中的数值与在真空中的数值 μ_0、ε_0 几乎相等，所以电磁波在自由空间中的传播速度也等于光速，即 3×10^8 m/s。因此式 (4-1) 只是电磁波波长、频率与传播速度之间的换算关系，不代表电磁波的速度取决于其波长与频率。电磁波的速度不取决于它的波长和频率，只取决于电磁波所处的传播媒介的参数。

不同频率的电磁波具有不同的传播特性，其用途也不同，光波也是一种电磁波。

　　微波是频率介于 300 MHz～300 GHz 之间的电磁波，波长范围在 1 m 到 1 mm 之间，其中包含特高频（分米波）、超高频（厘米波）和极高频（毫米波）三个频段。由于微波频率高、带宽大，故用作信息传输时的传输容量也大，传输效率高。

　　微波通信（Microwave Communication）就是指使用微波频段的电磁波作为载波携带信息所进行的无线通信。广义上讲，微波通信包括微波中继通信、对流层散射通信、卫星通信和陆地移动通信等，这里我们主要介绍微波中继通信。微波中继通信主要用来传输长途电话信号、电视信号、数据信号、移动通信基站与移动交换中心之间的信号等，也可用于通向通信孤岛等特殊地形的通信线路。

　　微波中继通信是第二次世界大战后发展起来的一种长途通信干线传输方式，初期的模拟调频传输容量就高达 2700 路话路，也可同时传输高质量的彩色电视信号，后来逐步发展进入中等容量乃至大容量数字微波传输。

　　微波中继通信具有以下几个方面的特点：

　　（1）频带宽、容量大。微波频率大约有 300 GHz 的频率带宽，相当于微波频段以下所有电磁波频率带宽总和的 1000 倍，所以微波频段的通信容量很大，一般一套微波设备可以同时传输上万条语音通路。

　　（2）干扰小，传输稳定。工业和自然界的干扰信号一般出现在 100 MHz 以下的较低频段，对 300 MHz 以上频率的微波信号干扰很小，所以微波信号的传输比较稳定。

　　（3）比较容易设计高增益和强方向性的天线。天线尺寸给定时，工作波长越短，天线增益越高，方向性越强。中继通信使用的微波天线采用抛物面形状设计，微波信号的频率高，波长短，具有直线传播特性，可以聚集成很窄的波束，天线设计比较容易实现高增益和强方向性。高增益天线能提高发射机输出功率的利用率，强方向性天线则有助于减小不同通信系统之间的干扰。

　　（4）网络建设速度快，地形适应性强，方便灵活。微波中继通信采用无线传输，不需要埋设线缆，只需要每隔几十公里距离建设一个中继站，因此选址比较容易，地形适应性强，建设工程量小，建设速度快。在跨越沼泽、江河、湖泊和高山等特殊复杂地形区域时，微波中继通信要比采用有线传输方式的通信方便灵活。特别是在遭遇地震、洪水或战争等灾害时，微波中继通信系统的建设、撤收或转移都比较容易、快速，这些方面都比电缆等有线传输具有更大的灵活性。

　　（5）良好的抗灾性能。对水灾、风灾以及地震等自然灾害，微波通信一般都不受影响。有资料报道，在 1976 年的唐山大地震中，京津之间的同轴电缆全部断裂，而微波传输线路全部安然无恙。20 世纪 90 年代长江中下游的特大洪灾中，微波通信也同样显示出强大的生存能力。

　　微波通信的上述特点使其获得了广泛的应用，即便是在大容量光纤通信和卫星通信获得长足发展的今天，微波通信仍然是一种不可缺少的通信传输手段。

　　微波信号传播的主要特点是直线传播或视距传播，绕射能力很弱。微波信号在不均匀介质中传输时会产生折射，在遇有障碍物阻挡时会产生反射。当使用微波信号进行长距离通信时，除了考虑避开障碍物阻挡，还要考虑地球曲率的影响。为了克服地球曲率对微波视距传播的影响，当地球上通信的两地相距很远时，需要在两地之间每隔几十千米（一般是 50 km）设置一个中继站进行接力转发。中继站可以理解为一部负责接收并转发无线电信号的"电台"，也可以把中继站想象为无线电信号的"长途汽车站"，无线电信号可以在中继站"加油或者换乘其他方向的车次"，这样才能使无线电信号"跑"得更远，"加油"就是对信号进行再生或者放大，"换乘其他方向的车次"就是转发。由此可以看出，中继站的作用主要有两个方面，一是克服地球曲率对微波视距传播的影响，二是对微波信号进行放大以补偿长距离传输造成的信号强度衰减。图 4 - 23 为微波中继通信传输线路示意图。

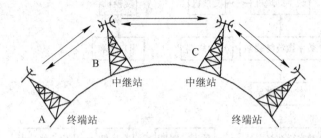

图 4 - 23　微波中继通信传输线路示意图

　　微波中继通信线路的基本构成如图 4 - 24 所示。一般情况下，微波中继通信线路由一条主干线、若干条分支线和若干微波站构成。数字微波中继通信的微波站有四种，分别是数字微波终端站、数字微波中继站、数字微波分路站和数字微波枢纽站。

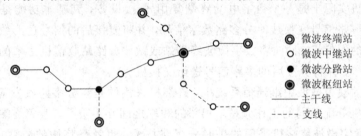

图 4 - 24　微波中继通信线路构成示意图

　　数字微波终端站处于微波中继通信线路的两端或者分支线路的终点。中继站是位于线路中间的一种微波站，微波中继站只对干线上两个方向的通信进行中继传输。微波分路站也是位于线路中间的一种微波站，这类微波站除可以沟通干线上两个方向之间的中继通信外，还可以在本站上、下某收发信道的部分支路信号。微波枢纽站是位于干线上的、需要完成多个方向通信任务的微波站，当两条微波中继干线交叉时，就需要建设微波枢纽站。微波枢纽站配有交叉连接设备，可以实现两条以上微波中继线路的交汇连接，可以沟通干线上数个方向之间的通信。微波枢纽站具体可以完成以下三个方面的功能：① 实现某些波道信号或部分支路的转接，以及话路的上、下功能；② 对某些波道信号的复接和分接；③ 完成某些波道信号的再生中继。

4.9.2　数字微波中继通信系统的基本构成

　　数字微波中继通信系统的基本构成框图如图 4 - 25 所示，主要设备包括用户终端、数字终端机、数字微波终端站、微波中继站、微波分路站、交换机等。

　　用户终端是用户使用的输入输出设备，其主要功能是为用户提供人机接口，如电话机、电传机、计算机等。用户终端通过交换机接入微波长途干线的数字终端机。

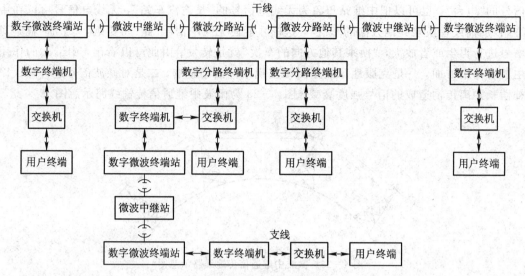

图 4 - 25　数字微波中继通信系统基本构成框图

　　数字微波中继通信干线使用的交换机一般是程控交换机,其作用是实现本地用户终端之间的业务互通转接,或者实现本地用户同远地用户终端之间的业务互通转接。

　　数字终端机实际上是一个数字电话终端复用/分接设备,其基本功能是将交换机送来的多路信号或群路信号变换成时分多路数字信号,并将复接后的信号送给数字微波终端站或微波分路站的发信机。同时将数字微波终端站或微波分路站收信机送来的多路信号或群路信号进行分接,并将分接后的多路信号送给交换机。

　　过去使用的模拟微波中继通信系统中,终端机采用的是频分多路收发信机,也就是为不同的收发信机分配不同的工作频率,相邻的频率之间互不重叠,避免终端机工作时相互干扰。目前的数字微波终端机采用的是时分多路技术,也就是将微波载波在时间上分段,不同的时间段分配给不同的终端机传输数据。这样,不同的终端机可以工作在相同的载波频率上,但分别工作在不相重叠的时间段上,每一个终端机都只在分配给自己的时间段上开机传输,在其他的时间段上不发射电磁波,因此也避免了相互干扰。

　　数字微波终端站包括收信端和发信端两大部分,主要作用是将复用设备送来的数字基带信号或者视频及伴音信号调制到微波频率上,并向传输线路发送出去;或者将从传输线路上收到的微波信号中解调出的基带信号发送给复用设备。微波终端站配备微波收发信设备、调制/解调设备和时分复用设备,收发信设备共用一副天线。终端站可以上、下所有的支路信号。

　　微波中继站只是对微波信号进行中继传输,以克服长途传输造成的微波信号衰减和噪声干扰。

4.9.3　数字微波中继通信的中继方式

　　根据所采用的具体技术,微波中继站可分为再生式、中频转接式、微波有源转接式和微波无源转接式等,后两种转接方式使用较少,只在一些特殊情况下使用。

　　图 4 - 26(a)所示为再生式中继,图中收、发天线分别指向不同的方向,一般 $f_1 \neq f_2$,这样可以避免发射信号对接收信号的干扰。再生式中继的工作原理可以描述如下:来自某

一方向载频为 f_1 的接收信号经对应的天馈系统和低噪声放大器放大后，与接收机本振信号混频，混频输出的中频信号经中频放大后送给解调器解调并输出基带信号，这个基带信号就是再生的被传输数字基带信号；接着将再生的数字基带信号送给另一方向发射机的调制器，对其中频信号进行调制，已调中频信号再经过变频，将频率变为 f_2 的微波信号，该微波信号经微波功率放大后送天馈系统向另一方向发射出去。再生的过程还原出了信源端输出的编码数据，因此完全消除了传输过程中的噪声累积。基带再生中继方式可以直接上、下话路，因此是微波分路站和枢纽站必须采用的中继方式。

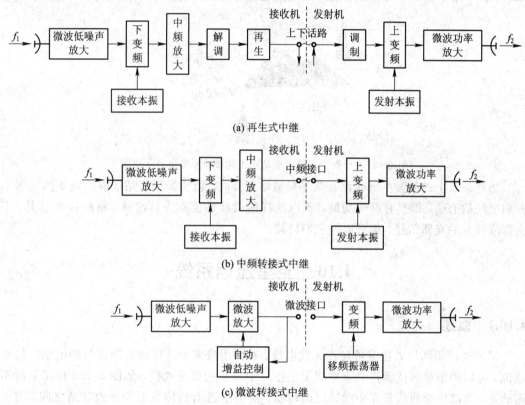

(a) 再生式中继

(b) 中频转接式中继

(c) 微波转接式中继

图 4-26　不同中继式微波站原理框图

在图 4-26(b) 所示的中频转接方式中，微波站接收来自某一方向的载频为 f_1 的微波信号，该接收信号经对应的天馈系统和微波低噪声放大器放大后，与接收机的本振信号混频，混频的结果使微波信号变换为中频信号。混频输出信号经中频放大后由中频接口转接到另一方向的发射机，中频信号在发射机里同发射机本振混频实现上变频，混频输出信号是载频为 f_2 的微波信号，该微波信号经微波功率放大后送天馈系统向另一方向发射出去。

中频转接采用的是移频方案，不需要解调出基带信号，因此省去了接收机中的解调再生电路和发射机中的调制电路，从而简化了中继站的收发信设备。但是中频转接不能上、下话路，也不能消除噪声积累，这是它的缺点。

图 4-26(c) 所示的微波转接方式与中频转接方式类似，只是收发信机之间的接口不是中频接口，而是微波信号接口。为了使向另一方向发射的微波信号载频 f_2 不同于接收信号载频 f_1，在发射机里使用本振对接收微波信号进行频率搬移。图中的自动增益控制电路用于克服传输过程中衰落引起的信号电平波动。微波转接方式电路更简单，设备体积小，

功耗低。但是微波电路的设计制作难度较大。

　　微波有源转接站只对接收信号进行放大，然后向另一方向发射出去，不对接收信号进行任何变换（包括载频）。微波有源转接站主要由天馈系统、分路器、滤波器、低噪声放大器和功率放大器构成，对微波信号进行有源、双向、无频率变换地直接放大和转发。这种设备简单、功耗低，可使用太阳能电池供电，并且可靠性高。微波无源转接站则只是利用金属板的反射特性将接收信号向另一方向反射出去。以上两种转接方式主要用于克服地形障碍，都可用于将无线覆盖区域延伸到大型地物的阴影区域，如图 4－27 所示。

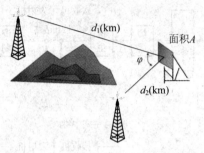

图 4－27　反射式无源中继站用于克服地形障碍的示意图

　　当两条以上的微波中继线路在某一微波站汇接时，就需要微波站能够沟通干线上多个方向之间的通信，即具有枢纽功能，所以这样的微波站也称为枢纽站。枢纽站可以上、下全部或部分的支路信号，也可以将它们转接。

4.10　卫星通信系统

4.10.1　概述

　　卫星通信指利用人造卫星转发无线电波、在两个或多个地球站之间进行的通信。简单地说，可以将卫星通信看作是以空间卫星作为中继站的微波通信，如图 4－28 所示。所不同的是，微波中继通信只在中继站之间转发，而卫星通信的转发可能在地球站之间、海上移动站和陆上固定站之间、空中移动站（如飞机）与陆上固定站或海上移动站之间等。不论在哪一种情况的卫星通信系统中，通信卫星的主要作用都是对无线电信号进行中继转发。

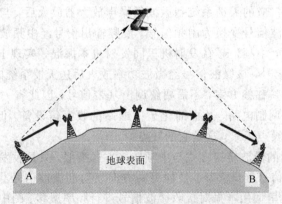

图 4－28　卫星通信与微波中继通信比较示意图

　　空间卫星是卫星通信系统的核心设备，通信卫星有无源和有源两类。无源卫星只是利用反射的方式实现对无线电信号的转发，由于卫星距离地球很远，传输衰减很大，转发的信号非常弱，因此无源卫星作为通信应用没有价值，目前使用的通信卫星几乎全部是有源卫星。有源卫星上装有通信电子设备，可以对来自地球站的无线电信号进行接收、放大和频率变换，然后再转发回另一个地方的地球站。就像微波中继通信系统中的中继站一样，这种处理是有信号增益的，所以可以补偿长距离传输造成的信号衰减。同样，有源通信卫星也可以实现再生式转发。

　　利用卫星进行通信的主要意义在于两个方面。第一，卫星通信可以实现对地球表面的大面积无缝覆盖。由于地球卫星处于几百至几万千米的高空，因此一颗卫星对地球表面的覆盖面积远远大于任何其他地面无线通信方式。比如利用同步静止轨道卫星实现地球通信，三颗相距 120° 的同步卫星就可以覆盖除南北两极以外的地表区域。第二，卫星通信可以实现对地球表面上任何地形和地域的通信，不论是人迹罕至的深山老林，还是无法建立任何通信基础设施的汪洋大海，都是卫星通信服务的区域。

　　卫星通信的上述优点，也是任何其他通信手段所无法替代的。这些优点都是源于卫星处于地球上空很远的轨道上。同样，由于通信卫星距离地球很远，信号传输衰减大，从而需要较大的微波信号发射功率，这使得卫星通信终端的小型化困难、价格较高。因此卫星通信很难像蜂窝移动通信那样普及使用。同时，由于卫星通信时延大，在用于语音通信时会让通话者感觉不习惯。除了以上缺点，同步卫星通信系统在地球的两极有盲区也是一个严重的问题。然而，尽管卫星通信有这些缺点，但只有卫星通信能够实现对地球上任何地方和任何地形的全覆盖，从而真正实现在任何地方、任何时间、对任何人的个人通信，所以卫星通信是一种不可替代的通信方式。

4.10.2　卫星通信系统的基本构成

　　图 4-29 是卫星通信系统基本结构示意图，卫星通信系统的核心是置于空间的通信卫星。根据通信系统的设计要求，按一定规则在空间分布的卫星的集合构成一个卫星星座。不同的卫星通信系统具有不同的卫星数量和星座结构，但卫星的主要功能是基本相同的，都是为地面或空中通信设备转发无线电通信信号。

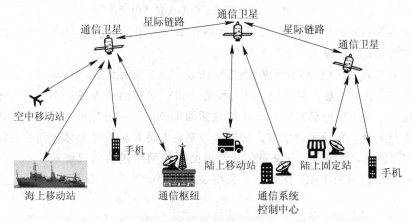

图 4-29　卫星通信系统基本结构示意图

　　地球站可以是固定的，也可以是处于陆地上、海上或空中的移动站。一个地球站(比如海上移动站)向另一地球站(比如陆上固定站)发起通信时，海上移动站向卫星发射无线电通信信号，卫星收到信号后，如果被叫的陆上固定站处于同一卫星的覆盖范围内，则信号经过放大、变换后，转发给这个被叫的陆上固定站；如果被叫的陆上固定站处于另一卫星的覆盖范围内，则接收信号通过卫星间链路(星际链路)转发给那个覆盖范围所对应的卫星，由该卫星将信号放大、变换后再转发给被叫的陆上固定站。如果空间卫星之间没有星际链路，则卫星之间的信号转发也由地面上的固定站完成，这种情况下，整个通信过程可能需要两跳或者多跳转发，这种情况下的信号延时会更长。

　　参照图 4-29，根据卫星通信系统不同部分所实现的具体功能，可以画出卫星通信系统的基本组成框图，如图 4-30 所示，整个系统按所实现的功能可分为空间分系统、地球站通信分系统、跟踪遥测及指令分系统和监控管理分系统等部分。

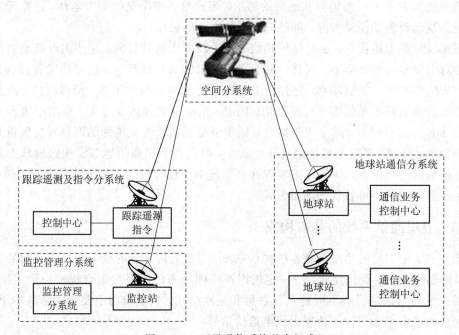

图 4-30　卫星通信系统基本组成

　　空间分系统包括通信卫星星体、星载的通信单元、跟踪遥测及指令单元、监控管理单元和能源装置等，空间分系统也叫空间段。

　　地球站通信分系统(也称地球站)类似于微波中继通信系统中的终端站，它是连接卫星线路与用户的中枢，有陆上移动站、海上移动站和空中移动站等各种类型，地球站分系统也叫地面段。一般地球通信站的主要功能包括两个方面：一是对地面通信网络送来的用户基带信号进行调制、变频和功率放大后发向卫星；二是对从卫星上接收到的射频信号进行放大、变频和解调，并将得到的基带信号经地面通信网络送给用户终端。较大型的地球站可能还具有通信枢纽的作用，除具有一般终端站的功能外，还执行卫星通信业务的调度和管理。

　　跟踪遥测及指令分系统的主要功能是对卫星进行跟踪测量与控制，确保卫星处于轨道上的指定位置。并且，为了克服空间各种因素对卫星运行的影响，还需要不断修正卫星的轨道和姿态，以保证通信系统的正常工作。

监控管理分系统的功能是对卫星进行通信性能监测和控制，以保证通信系统的正常工作。监控的内容主要是卫星通信系统的各项基本通信参数，包括卫星转发器的发射功率、卫星天线增益、地球站的发射功率、射频频率和带宽、地球站天线方向图等。

4.10.3　卫星通信系统的分类

根据卫星的运行轨道不同，一般将卫星通信系统分为四类，即低轨道（Low Earth Orbit，LEO）卫星通信系统、同步轨道（Geostationary Earth Orbit，GEO，也称高轨道）卫星通信系统、中轨道（Medium Earth Orbit，MEO）卫星通信系统和高椭圆轨道（Highly Elliptic Orbit，HEO）卫星通信系统等。

1. 低轨道卫星通信系统

低轨道卫星通信系统的卫星轨道距地面一般为 500 km～2000 km，由于卫星距地面较近，因此卫星通信的时延较小，信号传输的衰减也比较小，对用户终端和卫星上转发设备的要求相对较低，有利于手持终端的小型化。在卫星通信中，低轨道卫星比较适合用于个人移动通信。但是由于卫星轨道比较低，每颗卫星对地面的覆盖面积就会比较小，实现对全球覆盖需要的卫星数量就比较多，一般要几十颗卫星。同时低轨道卫星的运行速度比较高，对地球用户服务时，卫星间的切换和载波间的切换都会比较频繁。另外，低轨道卫星靠近大气层，虽然卫星所处空域的空气已经十分稀薄，但对卫星的运动仍然存在阻力，为了保证卫星的运动速度，需要比较频繁地启动发动机增速，使得燃料消耗过快，低轨道卫星的使用寿命相对较短。以上这些因素使得低轨道卫星通信系统结构比较复杂，通信系统的操作、控制和管理等实现难度较大，系统建设成本较高。

目前，较典型的低轨道卫星通信系统有铱星（Iridium）系统和全球星（Globalstar）系统。铱星系统有 66 颗卫星，分布在 6 条圆形极地轨道上，每条极地轨道上有 11 颗卫星，轨道高度为 765 km。

2. 同步轨道卫星通信系统

由静止卫星作中继站组成的通信系统称为静止轨道卫星通信系统，也叫同步轨道卫星通信系统。

同步卫星处于距地球表面 35 786 km 的地球同步轨道上，在同步轨道上等间隔分布 3 颗同步通信卫星，就可以实现地球上除南、北两极部分地区以外的全球通信。同步轨道卫星通信技术最为成熟，也是最常采用的卫星通信方式。

但是，由于同步卫星距离地球远，使得同步卫星通信存在严重的缺陷。首先，同步卫星通信系统的信号传输时延大，单跳通信（地面发射的信号经过一次卫星转发）的传播时延就达到数百毫秒，如果用户进行双跳通信，时延可能达到秒的量级，这对语音通信用户来说是难以忍受的。其次，信号传输的链路衰减比较大，这对用户终端收发信机的性能和对卫星转发器的性能都提出了比较高的要求，不利于小卫星技术在个人移动通信中应用推广。第三，高轨道资源非常有限。同步轨道只有一条，而且，由于地球站天线分辨卫星的能力受限于天线口径的大小，使得相邻高轨道卫星的间隔不能过小。在 Ka 频段（17 GHz～

30 GHz)，66 cm 的天线口径可以分辨 2°间隔的卫星，照此计算，高轨道卫星只能提供 180 个同轨道位置。第四，存在日凌中断和星蚀现象。每年的春分和秋分时节附近的中午前后，同步卫星处于太阳和地球之间，在这个时间段内，白天地球站天线对准卫星接收的同时也对准了太阳，这时太阳噪声会对卫星通信产生严重干扰，甚至使卫星通信中断，这种现象称为日凌中断。而在午夜前后的一段时间，卫星进入地球的阴影区域，由于地球遮住了太阳，使通信卫星的太阳能电池失去太阳光源不能工作，这种现象称为星蚀。

同步轨道卫星通信系统的典型代表是国际移动卫星通信系统(海事卫星通信系统)。由于卫星的距离远、信号弱、地面设备较大，因此同步轨道卫星通信系统主要用于船舶、飞机及车辆等大型移动用户的通信，较少用于个人移动通信。亚洲蜂窝系统(ACeS)是第一个能为个人手机提供服务的地球同步轨道卫星移动通信系统。

3. 中轨道卫星通信系统

中轨道卫星通信系统的卫星轨道距地面 2000 km～20000 km，兼有高、低轨道卫星通信系统的优点，是卫星通信的一种折中方案，在一定程度上克服了高、低轨道两种卫星通信系统的不足。首先，由于轨道高度低于高轨道卫星，所需发射信号的功率降低，因此能够为用户提供体积、重量和成本较低的移动终端设备。其次，由于卫星轨道高于低轨道卫星，故可以用较少数目的中轨道卫星构成全球覆盖的通信系统，从而可以降低卫星通信系统的建设成本。

中轨道卫星通信系统为非同步卫星通信系统，由于卫星相对地面用户的运动，用户与一颗卫星能够保持通信的时间约为 100 min，对地球用户服务时，也需要不断地进行卫星间的切换和载波间的切换。卫星与用户之间的链路多采用 L 波段或 S 波段，卫星与关口站之间的链路可采用 C 波段或 Ka 波段。

典型的中轨道卫星通信系统有国际海事卫星组织的 ICO、TRW 空间技术集团公司的 Odyssey(奥德赛)和欧洲宇航局开发的 MAGSS-14 等。

4. 高椭圆轨道卫星通信系统

高椭圆轨道卫星通信系统主要在俄罗斯使用。由于俄罗斯处于地球上纬度较高的地理位置，因此不太适合应用同步卫星实现通信，一般采用高椭圆轨道卫星。典型的高椭圆轨道卫星通信系统是前苏联建设的闪电号卫星通信系统，也叫莫尼亚(Molniya)卫星通信系统。闪电号卫星轨道为倾角 63.4°的高椭圆轨道，轨道近地点为 400 km，远地点为 40 000 km，绕地球运行一周的时间为 12 小时。

根据开普勒定律，在单位时间内，卫星与地球中心连线扫过的面积相等。由此，高椭圆轨道卫星在近地点处的速度很快，而在远地点处的速度较慢。闪电号卫星的远地点在地球的北半球上空，卫星运行 1 圈大约有 2/3 的时间处于地球的北半球上空，这对高纬度地区的卫星通信极为有利，三颗这样的卫星就可以连续覆盖北半球高纬度地区，可以满足这些地区全天候的通信需要。

前苏联的许多领土(包括俄罗斯)均位于高纬度地区。若使用地球同步轨道卫星通信，则由于发射信号到这些地区的入射角较大(接近掠射)，需要发射信号较强，通信效果较差。而闪电号卫星较长时间地处于地球的高纬度地区，对地球通信时发射信号需要的能量就相对较小，相对于同步轨道卫星来说，闪电号卫星实现对地通信是比较有利的。

4.10.4　典型卫星通信系统简介

1. 国际移动卫星通信系统

国际移动卫星通信系统(简称为 Inmarsat)是国际移动卫星组织运营的卫星通信系统，国际移动卫星组织的前身是国际海事卫星组织(International Maritime Satellite Organiza-tion, Inmarsat)。国际海事卫星组织成立于 1979 年，1992 年 12 月更名为国际移动卫星组织(International Mobile Satellite Organization)，英文缩写保持 Inmarsat 不变。Inmarsat 系统是全球第一个商用卫星移动通信系统，也是目前运营最成功的卫星通信系统，该系统的目的是为在海洋上工作的用户提供遇险、安全和日常通信服务。

1982 年开始，Inmarsat 系统正式向全球范围内的海上船舶提供第一代海事卫星通信服务，以后经过多次技术升级和发展，目前 Inmarsat 卫星系统陆续演进了五代，第六代 Inmarsat 系统已经在研发。其中第一代为租用卫星，第二代为自建系统，目前主要在用的卫星系统是第三代(L 波段语音通信系统)、第四代(L 波段数据通信系统)以及第五代(Ka 宽带通信系统)。

Inmarsat 系统的业务种类从模拟电话、传真、电传发展到数字电话、传真、低速数据、高速数据、图像传输和 IP 解决方案，业务范围从海上发展到陆地和空中，服务区域覆盖南、北纬 78°以内的全部区域，业务范畴从应急通信延伸到常规商用通信。Inmarsat 第五代系统的下行传输速率最高可达 50 Mb/s，上行传输速率最高可达 5 Mb/s。

Inmarsat 系统成功地解决了长期困扰人们的远洋船舶通信难题，因此一出现就获得了广泛的认可，并获得了迅速的发展。目前 Inmarsat 系统是发展最好的卫星通信系统，该系统不仅成功发展了海上移动卫星通信，还成功扩展了陆上通信业务，在陆上偏远地区和地面系统覆盖不到的地区得以迅速发展，在抢险救灾、应急通信等方面确立了自己的独特地位。

Inmarsat 系统由空间段、网络协调站、卫星地面站和卫星船站几部分组成，系统的构成框架如图 4-31 所示。Inmarsat 通信系统的空间段由四颗工作卫星和几颗在轨备用卫星组成，这些卫星位于地球同步轨道上，四颗工作卫星的覆盖区域分别是大西洋东区、大西洋西区、太平洋区和印度洋区，这四个覆盖区域相互之间有交叠。除、南北纬 75°以上的极地区域以外，地球上其他的海洋和陆地基本都可以覆盖，如图 4-32 所示。

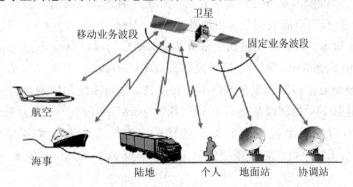

图 4-31　国际移动卫星通信系统框架

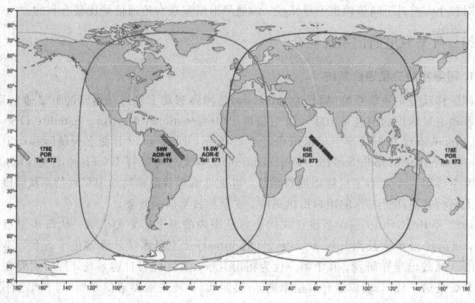

图 4 - 32　国际移动卫星通信系统覆盖区域图

2. Odyssey(奥德赛)系统

Odyssey 系统为中轨道卫星通信系统,该系统由 12 颗卫星构成,卫星轨道高度约为 10 000 km,12 颗卫星分布在倾角(即卫星轨道平面相对地球赤道平面倾斜的角度)55°的 3 个轨道平面上,通信系统使用 L/S/Ka 频段,每颗卫星具有 19 个波束,总容量为 2800 个话路。Odyssey 系统的服务对象主要是个人移动用户,可以将 Odyssey 系统看作陆地蜂窝移动通信的补充,其手持机采用双模式设计,可以同时在 Odyssey 系统和陆上蜂窝系统中使用,提供的业务包括语音、传真、低速数据、寻呼、报文、定位等。

3. 铱星系统

铱星(Iridium)系统是 Motorola 公司提出的一种利用低轨道卫星群实现全球卫星移动通信的方案,也是世界上最早实现的目前全球最大的唯一提供全球覆盖的低轨道卫星通信系统。

铱星系统支持全球范围内任何两个铱星系统用户的语音和数据通信,支持陆地、海上和航空等多种用户终端,也支持 PSTN 用户与铱星系统用户之间的通信。

铱星系统可以提供的业务有语音、数据、传真及消息,移动用户的最高数据速率可以达到 128 kb/s,数据用户的数据速率可以达到 1.5 Mb/s。

如图 4 - 33 所示,铱星系统由四个部分构成,即空间段(Space Segment)、系统控制段 (System Control Segment,SCS)、用户段和关口站(Gateway,GW)段。此外,卫星通信系统的运行还有地面通信网络和卫星网络的链接支持。铱星系统的控制段与关口站是通过地面 PSTN 网络连接的,控制段的运行支持网络(Operation Support System,OSN)是依赖于商用卫星将不同的遥测控制地面站相连接的。铱星业务支持系统(Iridium Business Support System,IBSS)负责铱星系统公司与各个投资实体和关口站所有人之间的运营计费和结算。

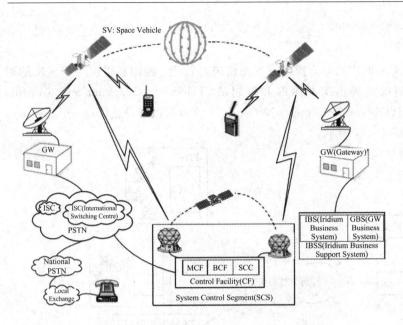

SV：空间飞行器(即卫星)
GW：关口站
ISC：国际交换中心
IBS：铱星业务系统
GBS：网关业务系统
IBSS：铱星业务支持系统
CF：控制设施
SCS：系统控制段
Local Exchange：本地交换

图 4 - 33　铱星系统构成图

为了便于理解低轨道卫星通信系统，这里先介绍一下低轨道卫星通信系统的设计原理。我们可以将低轨道卫星通信系统想象为将基站架设到太空中的蜂窝移动通信系统。只不过地面蜂窝通信系统的基站是固定的，从而所形成的蜂窝结构也是固定的。而架设在太空中的基站也会在地面上形成蜂窝结构，只是基站随着卫星的运动而运动，所以在地面所形成的蜂窝结构也随之处于不断的快速运动中。这一点同我们所熟悉的地面蜂窝移动通信系统不同。地面蜂窝移动通信的蜂窝系统是固定的，用户终端即手机是不断移动的，地面蜂窝的越区切换是由于手机的运动形成的。但对于低轨道卫星通信系统来说，手机和蜂窝结构都处于运动中，并且蜂窝结构的运动速度远快于手机。由于低轨道卫星通信系统形成的蜂窝小区快速扫过地球表面，并且其速度远高于手机运动速度，因此这时的越区切换是小区跨越用户移动，而不是用户跨越小区。所以，卫星移动性的控制要比地面蜂窝通信复杂，限于篇幅，这方面的内容在此不多介绍。

根据设计，铱星系统每颗卫星投射的多波束在地球表面上形成 48 个蜂窝区，每个蜂窝区的直径约为 667 km，每颗卫星的总覆盖直径约为 4000 km，全球共有 2150 个蜂窝。同陆地蜂窝一样，铱星系统也应用频率复用的概念，铱星系统采用七小区频率复用方式，任意两个同频小区之间都由两个缓冲小区隔开。

1) 铱星系统空间段

铱星系统空间段包括 72 颗低轨道卫星，这些卫星分布在倾角为 86.4° 的轨道面上，每一轨道面上有 11 颗运行的业务卫星和 1 颗备份卫星。业务卫星轨道高度为 780 km，飞行速度为 27 070 km/h，轨道周期为 100 min，备份卫星轨道高度为 677 km，如出现业务卫星功能故障，备份卫星可以随时顶替不能服务的业务卫星。每颗业务卫星有 4 条星间链路，星座内的所有卫星通过星间链路保持互联。铱星系统每颗卫星向地面投射 48 个点波束，这些点波束在地面形成 48 个蜂窝小区，每个蜂窝小区的直径为 689 m，48 个点波束组合起来构成一个直径为 4700 m 的覆盖区域。每颗卫星最多能提供 1920 个语音信道，用户看到一颗卫星的持续时间大约为 9 min。

2）铱星系统控制段

铱星系统控制段（SCS）的作用是对整个铱星系统进行管理、控制和提供卫星星座的运行支持。铱星系统控制段主要由遥测跟踪和控制站（Telemetry Tracking and Control，TTAC）、运行支持网络（Operation Support Network，OSN）和控制设施（Control Facility，CF）三个部分构成，如图 4-34 所示。

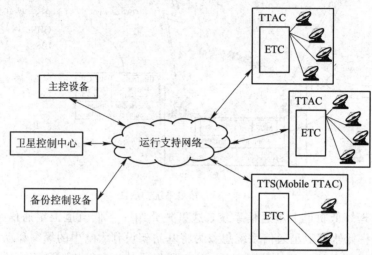

TTAC：遥测跟踪和控制站　　　ETC：地球站终端控制器
TTS：移动式遥测跟踪和控制站

图 4-34　铱星系统控制段框图

控制段的主要功能包括空间操作、网络操作和规划消息的广播。其中，空间操作包括：管理星座和控制设施的业务功能，提前规划系统资源，管理非在轨飞行器的发射等。网络操作包括：创建系统的控制与网络操作数据，将系统的控制与网络操作数据分发给卫星和关口站，探测和纠正 SCS 内与其他铱星系统节点（如关口站和卫星）发生的错误等。

运行支持网络负责完成控制段内部各单元之间的连接，对卫星控制数据、业务控制数据和网路操作数据进行中继传输，也为控制段各部分设施之间提供语音通信。

控制设施又分为主控设备（Master Control Facility，MCF）、卫星控制中心（Satcom Control Center，SCC）和备份控制设备（Backup Control Facility，BCF）三个部分，这三个部分配合完成铱星系统的星座管理、通信网络管理和 SCS 基础设施管理等主要控制任务。备份控制设备控制 12 颗在轨卫星，在紧急情况下也辅助 MCF 完成控制任务。

控制设备根据遥测跟踪和控制站提供的数据完成星座的管理，确保星座正常运行。控制设备也管理用户链路网络，当一个节点退出之后，通知相应的卫星保证为正在通信的用户提供连续的服务。由于卫星可视时间短，因此关口站和跟踪遥测链路必须在卫星之间进行切换，切换操作也是由控制设备控制完成的。

3）铱星系统用户段

铱星系统用户段指的是使用铱星系统业务的用户终端设备，包括铱星手持机（Iridium Subscriber Unit，ISU）、消息终端（Message Termination Device，MTD）、航空终端、太阳能电话单元、边远地区电话接入单元等。ISU 是铱星系统移动电话机，这种电话机可向用户提供语音、数据（ 24 kb/s）、传真（24 kb/s）等多种服务。消息终端是一种只有接收功能的单工设备，有数字式和字符式两种，早期市场上的寻呼机也是一种消息终端。

4）铱星系统关口站段

铱星系统关口站为铱星系统业务和地面设施提供运行支持，主要功能是提供移动用户、漫游用户的支持和管理，通过 PSTN 提供铱星系统到其他电信网络的连接。关口站提供呼叫的建立、保持和拆除操作，支持寻呼信息的收集和交付。

铱星系统关口站的组成如图 4 - 35 所示，包括地球站终端（Earth Terminal，ET）、地球站终端控制器（Earth Terminal Controller，ETC）、关口站管理系统（Gateway Management System，GMS）、消息发起控制器（Message Origination Controller，MOC）和交换子系统（Switching Subsystem）等。

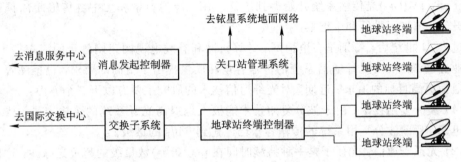

图 4 - 35　铱星系统关口站组成框图

（1）地球站终端实现关口站和卫星之间的物理数据链路连接控制，完成链路捕获、跟踪和重捕获三个方面的基本任务。链路捕获就是当卫星从地平线上升起的时候，与之建立通信联系。跟踪就是维持合适的信号电平，保证与卫星的通信不间断。重捕获是指如果出现通信链路失锁，能够重新建立卫星和 ET 之间失锁的通信链路。

（2）地球站终端控制器主要管理地面与卫星间的射频信道，提供包括用户星间切换、铱星系统数据格式与标准 GSM/PSTN 格式之间的语音数据转换等与呼叫相关的功能。

（3）关口站管理系统管理着关口站的操作，确保用户电话和消息的服务质量。

（4）消息发起控制器提供发起消息的网络访问点，提供已发送消息的状态和更新用户资料。消息发起控制器也授权用户，维护用户位置，控制、监视和整理寻呼、消息传输状态和系统使用记录以及编辑消息业务。

⑤ 交换子系统完成呼叫处理和交换功能。

4.11　光纤通信系统

1966 年，英籍华人高锟博士提出了利用石英玻璃制成的光纤可以作为通信传输媒介，人类由此开始了对光纤通信技术的研究。1970 年，美国康宁公司正式生产出第一批石英光纤，光纤的传输损耗约为 20 dB/km，初步验证了光纤作为信息传输媒介的可能性。接下来的几年中，半导体激光器和光电检测技术的发展解决了光信号的发送和接收问题，同时，850 nm 波段的光纤损耗也被降低到 2 dB/km。1977 年，美国在相距 7 km 的两个电话局之间首次用 850 nm 波段的多模光纤成功进行了光纤通信试验。

20 世纪 80 年代，为了进一步降低光纤传输对信号的衰减，同时扩展可用的传输带宽，研究人员把载波由 850 nm 波段向 1310 nm 和 1550 nm 波段的长波长区过渡，工作在这两个波段的光纤损耗可以进一步降低至 0.5 dB/km 和 0.2 dB/km。在长波长区采用单模光纤，降低了模间色散，并获得了更大的传输带宽，实现了速率达 Gb/s 量级和传输距离达几百千米的光纤传输实验。

20 世纪 90 年代初，掺铒光纤放大器（Erbium-Doped Fiber Amplifier，EDFA）研制成功，从而可以对光信号直接进行放大，改变了过去只有转换成电信号才能进行放大的情况，为光纤通信系统带来了革命性的变化。同期，密集波分复用（Dense Wavelength Division Multiplexing，DWDM）技术也得到了广泛的研究，实现了光纤传输容量的大幅提升。之后，EDFA 同 DWDM 的结合，使得强度调制-直接检测（Intensity Modulation/Direct Detection，IM/DD）光传输系统开始得到广泛应用，传输容量和无中继传输距离都得到明显提升，并节省了光纤和中继器。

进入 21 世纪后，特别是在电信网、计算机网和有线电视网三网融合的需求提出之后，通信业务量激增，对光纤通信系统的传输容量和质量提出了更高的要求，也推动着人们对光纤通信更高目标的追求。近期，对光纤通信技术的研究主要有以下三个方面：

（1）波分复用技术。由于波分复用技术能极大地提高光纤系统的传输容量，技术发展非常迅速，目前波分复用系统的传输容量已经达到 Tb/s 的量级。

（2）光孤子通信。光孤子是一种持续时间在 ps(10^{-12} s)数量级的超短光脉冲，这种脉冲工作在光纤的反常色散区，经过光纤长距离传输后的色散很小，可以实现长距离无畸变的通信。根据研究报道，应用光孤子进行通信的零误码传输距离可达万里之遥。

（3）全光网络。全光网络是光纤通信技术发展的理想阶段。传统的光网络实现了节点间的全光化，但在网络节点处仍需要采用电器件和光电转换处理，这限制了通信网干线总容量的进一步提高。全光网络以光节点代替电节点，消息以光信号的形式直接进行传输与交换，从而可以消除光电转换和电光转换造成的传输瓶颈。

4.11.1　概述

通信的发展过程是以不断提高载波频率来扩大通信容量的过程，这在有线通信和无线通信两个方面都表现出了相同的发展规律。因为光是一种频率极高的电磁波，所以用光作为载波进行通信可以达到极大的通信容量。从目前的研究情况看，光纤通信是目前所知传输容量最大的通信传输手段。

1. 光纤传输的物理特性

光纤即光导纤维，光纤通信是以光波信号作为消息载体、以光纤作为传输媒介的通信方式。光纤通信属于有线通信的一种。由于光波也是一种电磁波，因此光纤就是一种光波导，具体说是一种介质波导。波导可以看作某种波（如声波或电磁波）能在其中传输的管道。以往常见的是金属波导，它是一种用金属制成的、可以在其中传输电磁波的管道，这在雷达和通信系统中经常用到。同金属波导类似，介质波导就是一种用非金属材料制成的可以传输电磁波的管道，介质波导经常用在毫米波和光波信号的传输系统中，光纤是介质波导的一种。光纤大多是由纯净的石英玻璃（即 SiO_2）拉出来的纤细玻璃纤维丝，横截面为圆形。

　　损耗和色散是光纤传输最重要的物理特性，光信号在光纤中传输，随着距离的增加光信号功率会逐渐下降，这就是光纤的传输损耗。光波也是一种电磁波，不同波长的光波在光纤中传输时会有不同的电磁场分布形式，一种电磁场分布形式称为一种模式。模式不同，电磁场的分布形式（或场结构）不同，其传播速度也不一样，这种现象称为模式色散。任何携带消息的光信号都具有一定带宽，也就是信号会由不同波长的光信号组成，这样的信号在光纤中传输时可能形成不同的模式，由于光纤传输中存在模式色散，因此发送的信号到达接收端时会发生畸变，即产生信号失真。

　　光纤通信使用的光波信号属于电磁波频谱（参见图 4-22）近红外光波段的三个低损耗窗口，波长范围分别是：0.85 μm 的短波长波段（0.8 μm～0.9 μm）、1.3 μm 的长波长波段（1.25 μm～1.35 μm）和 1.55 μm 的长波长波段（1.53 μm～1.58 μm）。三个低损耗窗口的损耗情况如图 4-36 所示。

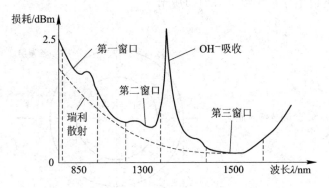

图 4-36　石英光纤损耗谱示意图

　　光波的传输损耗主要有散射损耗、吸收损耗和其他损耗。散射损耗主要是由瑞利散射和光学结构的不完善引起的，瑞利散射是由于光纤折射率在微观上的随机起伏所引起的，散射损耗在 0.6 μm～1.6 μm 波段对光纤通信有较明显的影响。吸收损耗包括光纤材料分子振动引起的红外吸收和光纤材料中的杂质吸收。分子振动引起的吸收在 1.5 μm～1.7 μm 波段对光纤通信有较明显的影响。杂质吸收中影响较大的是 OH$^-$ 离子，其吸收峰在 0.95 μm、1.24 μm 和 1.39 μm。其他损耗主要来自工程实施因素，如光纤的弯曲可能导致传输光信号产生泄露损耗，光纤的连接和光的耦合都可能导致衰减损耗等。虽然影响光纤损耗的因素是多方面的，但目前的光纤制造工艺已经可以将光纤的损耗降到很低，如在 1.55 μm 波段，光纤的损耗可以做到约 0.2 dB/km，这个数值已经接近光纤损耗的理论极限值。

　　光波分复用（Wave Division Multiplexing，WDM）是进一步提升光纤传输容量的技术。所谓光波分复用，就是将两个或者多个各自携带不同信息的不同波长的光载波信号在发送端经过合波器合路，并将合路后的信号耦合到同一根光纤中传输。在接收端，通过分波器将不同波长的光载波信号进行分离，分离后的各路光信号，分别由光接收机作进一步的处理以获得复原信号。一般波分复用的光载波波长间隔在 10 nm～100 nm，当同一根光纤中波分复用的光信号波长间隔较小时称为密集波分复用（Dense WDM，DWDM），密集波分复用的波长间隔在 1 nm～10 nm。密集波分复用使光纤通信系统的容量成倍地提升。

2. 光纤的基本结构和类型

光纤的基本结构包括纤芯、包层和涂覆层三个部分，如图 4 - 37(a)所示。其中，纤芯大多数由高纯度的石英玻璃材料制成，包层也是由纯石英玻璃材料制作，但包层的折射率略小于纤芯折射率，从而使包层与纤芯一起形成光波信号的全反射通道，并使大部分的光波束缚在纤芯中传输。涂覆层的作用是增加光纤的柔韧性。实际使用的光纤一般外面还有塑料保护套来提高机械强度。

根据不同的分类方法可以将光纤分为不同的类型。

(1) 根据光纤横截面的折射率分布，可以将光纤分成阶跃光纤和渐变光纤两大类。对于阶跃光纤，纤芯折射率和包层折射率都是均匀分布的，纤芯折射率 n_1 略大于包层折射率 n_2，其折射率分布如图 4 - 37(b)所示。渐变光纤包层折射率 n_2 是均匀分布的，纤芯折射率 $n_1(r)$ 随着横截面半径 r 的增加而连续减小，到达与包层的交界面处时折射率变化到 n_2。渐变光纤的折射率分布如图 4 - 37(c)所示。

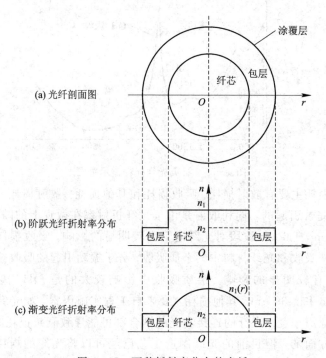

图 4 - 37　两种折射率分布的光纤

(2) 按照光纤中传导模式的多少，可以将光纤分为单模光纤和多模光纤两大类。光纤中能够传输的模式数量取决于光纤的工作波长、横截面尺寸和折射率分布等因素。单模光纤的纤芯直径很小，大约为 5 μm～10 μm，光纤中只传输一个主要模式，称为主模。单模光纤由于只传输主模，避免了模式色散，使得传输频带很宽，因此传输容量很大，适合用于大容量和长距离传输的广域网。多模光纤的纤芯直径较大，一般为 50 μm～75 μm，由于纤芯直径较大，其中传输的模式不止一个，因此存在模式色散。多模传输的模式色散较大地限制了传输距离，多模光纤一般只适用于几千米距离的传输。相对于单模光纤，多模光纤有数据传输速率低、传输距离短的缺点。但多模光纤具有成本低和在工程实施方面操作比较简单的优点，并且由于多模光纤的纤芯较粗，因而比较容易实现同光源的高效耦合。这些因素使得多模光纤比较适合用于传输距离较短的局域网通信中。

（3）按照制造光纤所用的原材料，可以将光纤分为石英光纤、多组分玻璃光纤、塑料包层光纤和全塑光纤四类。石英光纤采用高纯度的二氧化硅（SiO_2）制成，传输损耗小，中继距离长，主要用于宽带大容量的长途干线传输。多组分玻璃光纤是一种纯度不高的普通玻璃光纤，特点是柔性好、数值孔径大，在非通信类场合有较广泛的应用，比如用于内窥镜的导光传输、光纤传感器、光学检测领域等。塑料包层光纤是一种纤芯为石英玻璃、包层为塑料或硅树脂材料的光纤。这种光纤的性能接近石英光纤，但制造成本低，且柔韧性好，适合用于短距离传输，如局域网和光纤到户的接入网应用。全塑光纤的纤芯和包层均是由多组分塑料制成的，这种光纤芯径较大，制造成本低廉，使用方便，但光纤损耗较大，因此适用于短距离低速传输的应用场合，如计算机局域网等。因为全塑光纤芯径大，所以具有与光源耦合效率高的优点。

3. 光纤通信的基本原理和特点

光纤通信的基本原理是：在发送端，首先把要传送的信息（如语音）变成电信号，然后调制到激光器发出的激光束上，使光波信号的强度随电信号幅度（频率）的变化而变化，并通过光纤发送出去；在接收端，检测器收到光信号后把它变换成电信号，经解调后恢复原始信息。

光纤通信具有如下一些优点：

（1）光纤传输带宽大，通信容量大，中继传输距离远。光纤传输带宽很大，一根单模光纤的潜在传输带宽可达几十 THz（$1\,THz=10^{12}\,Hz$）。因为带宽很大，所以光纤的传输容量也很大，目前传输容量达 400 Gb/s 的光纤系统已经投入商用。现在制造的光纤传输损耗极低，在光波长为 1.55 μm 附近，石英光纤损耗可低于 0.2 dB/km，这比目前任何传输媒介的损耗都要低，采用这种低损耗光纤进行长途传输，其通信的中继传输距离可达 100 km。

（2）光纤传输抗电磁干扰性能和保密性能好。光纤的材料是非金属，即电磁绝缘体，因此任何电磁干扰对光纤传输都不会产生影响。同时，由于光纤传输基于光的全反射原理，再加上光纤的外面都加有包层，使光纤传输的光波信号不能跑出光纤以外，没有光线泄漏，因此光纤传输具有极强的保密性。

（3）光纤的横截面尺寸小、重量轻，便于敷设和运输。一根光纤的直径不超过 125 μm，制成光缆后也就十几毫米，重量和体积都比金属电缆小很多，因此运输和敷设都要容易许多。而且光缆的环境适应性强，耐腐蚀，使用寿命长。

（4）光纤材料来源丰富，有利于环境保护和节约有色金属。电缆材料使用的是铜和铝等有色金属，这些材料在地球上储量有限，价格贵。而光纤的原材料是二氧化硅（SiO_2），是地球上储量丰富的物质。

光纤通信的主要缺点如下：

（1）光纤机械强度低，脆弱易断，需要增加一些保护来增强机械强度。因此，光纤的工程实施对操作人员的技术要求较高，光纤的切断和连接都需要专门的工具设备和专业技术，这些方面要比金属电缆的工程应用复杂很多。

（2）光纤的制造与检测对技术以及专业设备要求高，因此光纤网络的维护成本较高。

（3）光纤网络的分路和耦合也远比金属传输线路复杂。

虽然光纤有这些不足，但相比容量大和损耗小的优点来说还是微不足道的，所以光纤一出现就获得了快速的发展。目前光纤已经成为主要的通信干线传输手段，光纤到楼也已经基本上普及，光纤到户和全光网也在快速发展中。

4.11.2　光纤导光原理

分析光纤的导光原理有两种方法，即波动理论分析法和几何光学的射线法。波动理论分析法基于光纤是一种介质波导，应用电磁场理论求解光波在光纤中传输的电磁场方程，根据求解结果分析光波在光纤中的传输特性。射线法是用光射线理论分析光纤传播特性的方法，理论上说，射线法是波动理论法的一种近似方法，这种分析方法的特点是比较简洁直观，容易理解。在传输媒介的几何尺寸远大于光的波长时，可以将光波看成沿传播方向的一条几何射线，这时可以用射线法分析光的传播特性。

单模光纤纤芯的横截面直径大约是 $5~\mu m \sim 10~\mu m$，多模光纤的纤芯直径大约是 $50~\mu m \sim 75~\mu m$，用于光纤通信的光信号波长小于 $1.6~\mu m$。比较光纤尺寸和所传输的光信号波长，可以采用射线法来近似地分析光信号在光纤中的传播特性。

进入光纤的光线可以分成子午光线和斜射光线两种。分析光在光纤中传播时，一般将通过光纤轴线的平面称为子午面（显然子午面有无穷多个），把传输过程中总是位于子午面内的光线叫作子午光线。把传输过程中不在子午面内的光线称为斜射光线。由于子午光线处于子午面内，因此子午光线要么与光纤的轴线平行，要么与光纤的轴线相交。而斜射光线则既不与光纤的轴线平行，也不与光纤的轴线相交。

光信号在光纤中传播时，子午光线的传播轨迹相对简单，比较容易叙述和理解，斜射光线的轨迹较复杂。为便于理解光纤的传输原理，这里以子午光线的传播为例进行分析，下面的叙述中，如没有特殊说明，所说的光线均是指子午光线。

1. 阶跃光纤的导光原理

阶跃光纤的纤芯和包层都是均匀介质，介质折射率都是均匀分布的，光线在两种介质中都是沿直线传播的，当光线在纤芯中传播遇到纤芯与包层的分界面时，由于纤芯与包层两种介质的折射率不同，故射到两种介质分界面上的光线会分成两部分，一部分被介质分界面反射回到光纤的纤芯内部传播，另一部分则折射进入包层传播。

为便于说明，建立如图 4-38 所示的几何关系，光纤纤芯介质的折射率为 n_1，包层介质的折射率为 n_2，入射光线与两种介质分界面法线（与两种介质分界面相垂直的直线，即图中的虚线）的夹角称为入射角，反射光线与两种介质分界面法线的夹角称为反射角，折射光线与两种介质分界面法线的夹角称为折射角。在图 4-38 中，入射角为 θ_1，反射角为 θ_1'，折射角为 θ_2。根据几何光学的反射定律可知反射角应等于入射角，即

$$\theta_1' = \theta_1 \tag{4-4}$$

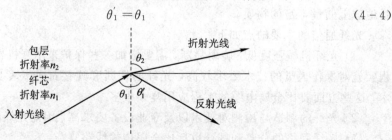

图 4-38　光在两种介质分界面上的反射与折射

对于进入包层的折射光线，应用折射定律，则有

$$n_1 \sin\theta_1 = n_2 \sin\theta_2 \tag{4-5}$$

即

$$\sin\theta_2 = \frac{n_1}{n_2}\sin\theta_1 \tag{4-6}$$

在上式中，因为 $\theta_1 < 90°$，所以 $\sin\theta_1 < 1$。但 $n_1 > n_2$，即 $n_1/n_2 > 1$，因此，如果逐渐增大入射角 θ_1，使 $\sin\theta_1$ 逐渐增大，则会存在一个入射角 $\theta_1 = \theta_c$，使得

$$\sin\theta_2 = \frac{n_1}{n_2}\sin\theta_1 = \frac{n_1}{n_2}\sin\theta_c = 1 \tag{4-7}$$

这时就有

$$\theta_2 = 90° \tag{4-8}$$

就是说，当入射角 $\theta_1 = \theta_c$ 时，折射光线将会沿着两种介质的分界面（即纤芯与包层的分界面）传播，θ_c 称为临界角。

这时，如果再继续增大入射角，使 $\theta_1 > \theta_c$，则入射光线就不会再进入包层，而是全部反射回到纤芯中，这种现象叫作全反射。光纤中的大部分光信号满足全反射的条件后，就会以折线沿着光纤向前传播，而不会通过包层向外泄漏。而不满足全反射条件的一部分光信号，会在纤芯与包层的分界面上多次反射，并很快衰减消失。所以说，阶跃光纤中的光信号是由于纤芯与包层之间的全反射将能量集中在纤芯之中传输的。

在光纤通信系统的发送端，光源通过光纤的端面耦合进入光纤，如图 4-39 所示。自光源发出的光线中，并不是所有射向光纤端面（光纤端面的法线平行于光纤的轴线）的光线都能满足全反射条件，而只有那些能够在纤芯中满足全反射条件的光线才能在纤芯中传输，因而才能算作是被光纤捕捉到的光线。容易理解，光源发出的光线中，相对于光纤端面的入射角越小越容易被光纤捕捉到。而能够捕捉到入射角更大的光线时，表明光纤捕捉光源发出光线的能力更强。

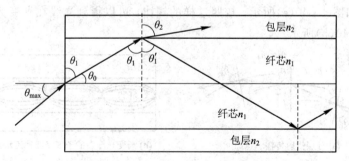

图 4-39　光源耦合进入光纤的过程分析

描述光纤捕捉光源发出光线的能力的物理量，称为光纤的数值孔径，用 NA 表示。NA 是光纤的重要性能参数，该参数定义为，光纤能够捕捉到的、光源所发出光线的最大入射角正弦值，即

$$NA = \sin\theta_{\max} \tag{4-9}$$

上式说明，在光纤端面上入射角大于 $\theta_{\max}$ 的光源光线不能为光纤捕捉，数值孔径越大，表示光纤捕捉光线的能力越强。下面来推导数值孔径 NA 与光纤介质参数的关系。

假设光源所处的介质是空气，其折射率为 1，根据折射定律有

$$\mathrm{NA} = \sin\theta_{\max} = n_1 \sin\theta_0 = n_1 \sin(90° - \theta_1) = n_1 \sin(90° - \theta_c) = n_1 \cos\theta_c$$

$$= n_1 \sqrt{1 - \sin^2\theta_c} = n_1 \sqrt{1 - \left(\frac{n_2}{n_1}\right)^2} = n_1 \sqrt{\frac{n_1^2 - n_2^2}{n_1^2}}$$

令

$$\Delta = \frac{n_1^2 - n_2^2}{2n_1^2} \tag{4-10}$$

则有

$$\mathrm{NA} = \sin\theta_{\max} = n_1 \sqrt{2\Delta} \tag{4-11}$$

式中的 Δ 称为相对折射率指数差。可以看出，相对折射率指数差这个参数直接影响光纤捕捉光线的能力。

考虑到一般折射率 n_1 与 n_2 相差很小，则 $n_1 + n_2 \approx 2n_1$。因此可以得到

$$\Delta = \frac{n_1^2 - n_2^2}{2n_1^2} = \frac{(n_1 + n_2)(n_1 - n_2)}{2n_1^2} \approx \frac{2n_1(n_1 - n_2)}{2n_1^2} = \frac{n_1 - n_2}{n_1} \tag{4-12}$$

2. 渐变光纤的导光原理

在渐变光纤中，光纤介质的折射率是连续变化的，这时在光纤中传播的光线的轨迹就不再是一条直线，而是一条随折射率而变化的曲线。

由于纤芯介质的折射率随着纤芯半径的增加而连续地减小，因此，在纤芯的轴线上折射率最大，在纤芯与包层的界面处折射率最小。为了理解光线在折射率连续变化的介质中的轨迹，我们可以将纤芯从最内部的轴线开始到最外部的与包层的界面分成许多薄层。由于薄层很薄，分层后每一个薄层的折射率可以认为是常数，每一个薄层都有不同的折射率，且由内向外每一层的折射率逐渐减小。这样，根据折射定律，当光线由内向外传播时，每经过一个相邻的薄层分界面，光线都会向着偏离分界面法线的方向偏折，也就是向着光纤轴线的方向偏折，随着传播距离的增加，光线由射向包层逐渐转变为射向光纤的轴线，光线偏折过程如图 4-40(a) 所示。按照这样的规律，可以得到光线在渐变光纤纤芯中的传播轨迹如图 4-40(b) 所示。

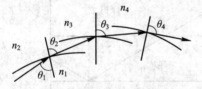
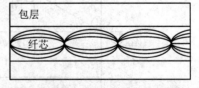

(a) 分层折射传播示意图　　　　　(b) 渐变光纤中的子午光线轨迹示意图

图 4-40　光线在渐变折射率介质中的传播轨迹分析

从图 4-40(b) 可以看出，如果光线进入光纤的入射角度不同，则其在光纤中的传播轨迹也是不同的，靠近光纤轴线的光线的传播路程短，但因为靠近光纤轴线处的介质折射率较大，所以光的传播速度较慢；而离开光纤轴线较远的光线传播路程较长，但传播速度较快。由于不同光线的传播速度不同，因此可能存在色散的现象。所以，对于渐变光纤来说，需要选择合适的纤芯折射率分布规律，以减小色散可能带来的影响。限于篇幅，这里不再对这个问题进行讲述，读者可以查阅相关资料。

4.11.3　光纤通信系统

依据对光源调制的信号是模拟信号还是数字信号,可以将光纤通信系统分为模拟光纤通信系统和数字光纤通信系统。目前广泛应用的是数字光纤通信系统,模拟光纤通信系统主要用于光纤测量、光纤传感等领域。这里仅对数字光纤通信系统作简要的介绍。

最基本的数字光纤通信系统由电发送端机、光发送端机、光接收端机、电接收端机、光纤线路、光中继器等几个部分组成,如图 4-41 所示。

图 4-41　数字光纤通信系统的基本结构

1. 电发送端机和电接收端机

电发送端机可以称为光纤通信系统的信源,主要作用是完成信号的采集并将模拟信号转换为数字信号。相应地,电接收端机对信号的处理是电发送端机的逆过程,是将光接收端机送来的数字信号转换成模拟信号后送给信宿。

2. 光发送端机

光发送端机的主要功能是通过对光载波进行调制的办法,将来自电发送端机的电信号转换成光信号,即实现电/光转换。光发送端机的基本结构如图 4-42 所示。图中码型变换是将来自电发送端机的信号码型转换成适合光纤通信系统传输的码型,复用就是采用时分复用的方法将来自不同设备的多路低速信号合路成一路高速信号,扰码的作用是破坏输入信号编码中的长连 0 或长连 1,这样处理后可以便于接收端提取定时信息。用经过上述处理的电信号对光源发出的光载波进行调制,并将已调光信号送入光纤线路传输。

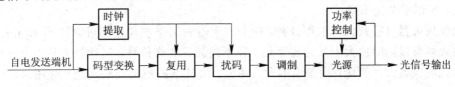

图 4-42　光发送端机的基本结构

光纤通信系统中使用的光源有激光二极管(Laser Diode,LD)和半导体发光二极管(Semiconductor Light Emitting Diodes,LED)两种。激光二极管也叫半导体激光器,它发出的是激光(Laser),其发光的发散角小,同光纤的耦合效率高。半导体激光器光谱的单色性好,用于光纤传输时色散小。半导体发光二极管发出的是荧光,发光的发散角较大,光谱也比较宽,因此 LED 与光纤的耦合效率低,并且传输中容易产生色散,这些因素对光纤通信都是不利的。但 LED 具有寿命长、可靠性高、调制电路简单和成本低的优点,因此在一些数据传输速率不高且传输距离较短的场合使用较多。

3. 光接收端机

光接收端机的主要功能是对光纤通信系统传输的光信号实现光/电转换,将光信号转换成电信号后送给电接收端机处理。光接收端机的基本结构如图 4-43 所示。光电检测器是利用光电二极管将来自光纤的光信号转换为电信号。光电检测输出的电信号非常微弱，为便于后续的处理需要进行放大。对微弱电信号进行放大，一般是采用低噪声多级放大器，放大后的信号送给均衡器。均衡器的作用是补偿传输过程造成的脉冲信号波形失真，以利于后面的判决再生。时钟提取是为了获得与光发送端机同步的时钟，以使后续电路的操作与发送端的信号同步。在同步时钟的控制下，判决再生电路将均衡器输出的信号恢复为 0 或 1 的数字信号脉冲。解扰、解复用和码型变换分别是光发送端机中的扰码、复用和码型变换的逆操作，目的是将光纤传输的信号恢复成电发送端机输出的信号。最后将恢复的信号送给电接收端机。

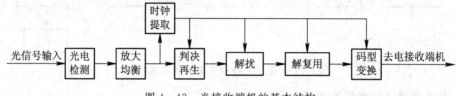

图 4 - 43　光接收端机的基本结构

4. 光中继器

由于光纤传输存在损耗与色散，故光发送端机输出的信号在光纤中传输一段距离后会有强度衰减和波形失真，这会限制光信号的传输距离。光中继器的作用是对信号进行放大并恢复失真的波形，从而延长传输距离。

早期的光中继器采用的是光—电—光的中继方式，其工作原理是先将光信号转换成电信号，通过均衡、判决和解调等处理过程，恢复再生原始的电信号，然后用再生的电信号调制光载波获得光信号的再生，并将再生光信号发送出去。光—电—光的中继方式设备结构复杂、成本高，而且会给系统的可靠性和灵活性带来问题。随着光放大技术的成熟，目前直接对光信号进行放大的光纤放大器(Optical Fiber Amplifier, OFA)获得了广泛应用，新的光网络已不再需要早期光—电—光的中继方式，而是使用光纤放大器直接对光信号进行放大，实现了全光中继。

光纤放大器具有较大的工作带宽，一个放大器的工作波长范围可以达到 40 nm，一个光纤放大器可以同时放大十几路甚至几十路不同波长的光信号，这比过去使用光—电—光中继方式的设备大大简化，设备成本大大降低，而且维护更加简便易行。应用最广泛的光纤放大器是掺铒光纤放大器(Erbium Doped Fiber Amplifier, EDFA)，这种光纤放大器是在石英光纤材料中掺入铒离子(Er^{3+})形成掺铒光纤，利用掺铒光纤中铒离子的能带跃迁特性实现对光信号的放大作用。掺铒光纤放大器的工作波长窗口是 1550 nm 波段，光放大的工作原理可以用图 4 - 44 进行简单说明。

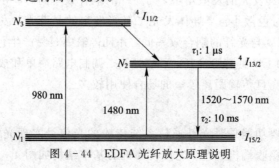

图 4 - 44　EDFA 光纤放大原理说明

铒(Er)是一种稀土元素,在光纤放大器中,石英是基础材料,在石英材料中掺入一定比例的铒离子(Er^{3+})形成掺铒光纤,Er^{3+}的能级结构如图 4-44 所示。图中 $^4I_{15/2}$ 能带称为基态,$^4I_{13/2}$ 能带称为亚稳态,$^4I_{11/2}$ 能带称为泵浦态或激发态。在一定波长的泵浦光激励下,掺铒光纤中处于低能级的 Er^{3+} 吸收泵浦光的能量向高能级跃迁。常用的泵浦光波长是 980 nm 和 1480 nm。以波长为 980 nm 的泵浦光为例,Er^{3+} 吸收 980 nm 波长泵浦光的光子能量从基态跃升至泵浦态 $^4I_{11/2}$,但是 Er^{3+} 在泵浦态是不稳定的,离子在泵浦态上的平均寿命仅仅是 1 μs,激发到泵浦态上的 Er^{3+} 迅速以非辐射方式跃迁到亚稳态 $^4I_{13/2}$。在亚稳态上 Er^{3+} 的平均寿命长达 10 ms。在源源不断的泵浦光作用下,亚稳态上的离子数积累,在亚稳态和基态之间形成离子数反转分布。当 1550 nm 波段的光信号通过已形成离子反转分布的掺铒光纤时,处于亚稳态的 Er^{3+} 在光信号的作用下,以受激辐射的方式跃迁到基态,对应每一次跃迁,都会辐射出与激发光信号同频、同相、同偏振的完全一样的光,从而使信号光在掺铒光纤的传播过程中得到放大。在对光信号放大的过程中,亚稳态的离子也会以自发辐射的方式跃迁至基态,并且自发辐射产生的光也会被放大,这种被放大的自发辐射会消耗泵浦光的功率,并会引入噪声。所以,同其他的放大器一样,光纤放大器也有一个重要参数,即噪声系数。

光纤放大器的基本结构如图 4-45 所示,基本组件包括波分复用器、光隔离器、泵浦源激光器和掺铒光纤等。波分复用器的作用是实现泵浦光与信号光的混合并送入掺铒光纤。泵浦源激光器是为放大光信号提供能量的器件,光纤放大器依靠泵浦源提供的能量使铒离子从低能级跃迁到高能级,以形成离子数反转分布状态。光隔离器是一种只允许光单向传输的无源器件,作用是抑制反射光,保证光信号单向传输,避免反射光引起光纤放大器工作不稳定。掺铒光纤是光纤放大器的主体,其中掺入的铒离子提供光放大的基本条件。

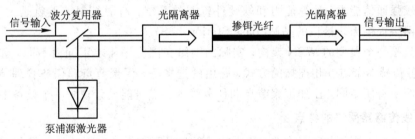

图 4-45　光纤放大器的基本结构

人们对光纤领域的研究一直进展很快,这里只能作一些初步的介绍,有兴趣的读者可以查阅相关资料。

4.12　无线传感器网络

4.12.1　概述

1. 无线传感器网络的概念

无线传感器网络指的是由一组带有嵌入式处理器、传感器以及无线收发装置的节点以自组织方式构成的无线网络，英文表述是 Wireless Sensor Network，简写为 WSN。在 WSN 中，具有无线通信功能的传感器通过网络节点的协同工作来感知、采集和处理网络覆盖区域中被监测对象的信息，并将监测数据沿着其他多个传感器节点逐个进行传输，最后发送给汇聚节点，并经过汇聚节点传送给任务管理节点。在传输过程中，监测数据可能被其他多个传感器节点所处理，用户则通过任务管理节点的计算机了解需要的观测信息和网络的工作状态。图 4-46 是经常被引用的一个典型的 WSN 网络架构。

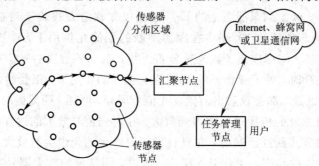

图 4-46   典型的 WSN

图中 WSN 的基本工作原理如下：传感器节点(Sensor Node)部署在一个目标区域(Sensor Field)中，传感器节点测得的信息(如温度、湿度、光照、压力、速度等)以无线方式通过多跳路由将采集的数据传送到汇聚节点(Sink)。汇聚节点具有两个方面的主要功能：一是接收无线传感器发送过来的采集数据，并能够完成初步的数据处理，如数据融合、数据压缩等，也可以用同样的无线方式将信息发送到各个传感器节点；二是汇聚节点直接同 Internet 或通信卫星网连接，通过 Internet 或通信卫星网接入任务管理节点(Task Manager Node)。任务管理节点具有人机接口，可以对网络进行人为干预、遥控和管理。汇聚节点是具有较强通信能力、计算能力和软硬件资源的系统，有时汇聚节点就是一个为 WSN 接入有线网络提供无线接口的基站(Base Station，BS)。

以上只是一个典型的 WSN 架构，实际的网络会因应用需求不同而不同，如信息传送的方式、各传感器节点互相连接的方式、路由的选择等。汇聚节点和任务管理节点的情况也可能与图中有所不同，比如汇聚节点和任务管理节点可能设计在同一个设备中。

2. 无线传感器网络的特点

典型的 WSN 是由大量同构的、微小的、资源受限的、基本不动的无线传感器节点随机分布在被测量区域形成的大规模的、自组织的、多跳的、未分割的网络。WSN 的重要特征是大量微型节点的广泛分布，这种特征决定了 WSN 具有如下特点：

(1) WSN 节点多、规模大、工作环境通常较为恶劣。WSN 中传感器节点密集，无线传感器节点数量可能达到几百、几千，甚至更多。WSN 经常分布在条件比较恶劣的地方，如军事边界或者一些人员难以进入的地区，因此容易受高山、建筑物、障碍物等地形地物以及风、雨、雷电等自然环境的影响。

(2) WSN 节点体积小、功能简单、成本低。无线传感器节点的小体积和低成本是实际中无线传感器节点必须大量部署的内在要求，也是 WSN 的独特优点，但因此也带来很多设计和使用上的局限因素。无线传感器节点通常在指定区域随机部署，不需要为具体的无线传感器节点指定特定的位置。由于节点体积小、成本低，因此节点只能使用较小的电池，电量十分有限，节点采用的器件功耗也比较小，但是 WSN 节点通常布置在室外环境恶劣的地方，更换电池不便，所以需要研究更好的方法来延长网络的生存时间。同样，受到上述条件的限制，WSN 节点通信能力有限，通信覆盖范围只有几十到几百米，并且节点之间的通信经常失败。

（3）WSN 以任务为导向，以传输的数据为中心。WSN 一般是根据用户的数据监测任务要求设计的，其目的是获取被监测区域中某些对象的信息数据。因此，网络需要对监测数据进行处理并过滤无效数据，将有价值的数据传给用户。但受到体积和功耗的限制，WSN 节点的计算处理能力和数据存储能力有限，需要使用大量具有有限计算能力的节点进行协作分布式信息处理，所以，协作信息处理是无线传感器网络的关键技术之一。

（4）WSN 的动态性。由于无线传感器节点在工作时的耗电情况不同，因此传感器节点的生命周期也不同，这就使得网络中的节点和网络拓扑结构也在动态变化着，需要网络拓扑管理和路由协议适应这种动态变化的情况。

（5）WSN 是一种自组织网络。WSN 中大量节点都是随机部署的，节点之间的联系通常通过自组织的方式完成，没有固定的基础设施作为网络骨干，因而 WSN 的网络拓扑结构也是变化的，这要求网络具有很好的容错能力和自组织能力。

3. 无线传感器网络的主要应用领域

WSN 在军事、生态环境监测、智慧农牧业、安全生产、物流管理、医疗健康、智能家居等领域的应用研究已逐渐展开。

（1）军事应用。无线传感器网络具有密集、随机分布的特点，使其非常适合应用于恶劣的战场环境中，可以对目标区域进行不间断的监测和数据采集，包括用于侦察敌情，监控兵力、装备和物资，判断生物化学攻击，弹药调配监视等，还可进行射击点和弹道定位。

（2）生态环境监测。WSN 可以应用于环境监测、生态监控等环境中，比如：用 WSN 监测大范围的空气污染、水污染情况；用 WSN 监测鸟类、动物或者昆虫的迁徙；在农作物的种植、灌溉方面，用 WSN 测量各个不同地点的土壤湿度、温度、降雨量等，以预测农作物的生长环境条件。

（3）工业监控、物流管理、智能建筑、智能交通等应用。如用于冷冻食品链管理、自动化库存管理、设备故障诊断、恶劣环境生产过程监控、传统布线难以实现的设备联网等。在高速运行的运载工具上，如飞机、火车、汽车等，可以通过安装具有各类传感器节点的 WSN 网络，来检测运载工具的各种运行情况数据，以保证运载工具的正常安全运行。

（4）居家及体育、健康、医疗等应用。如在医疗护理方面，利用穿戴式设备，WSN 可用于监测人体内的各种生理数据，跟踪和监控医院内医生和患者的行动，以及实施药物管理等。

4.12.2　无线传感器节点

无线传感器节点是一个具有感知能力、计算能力和通信能力的微型嵌入式系统，硬件主要由传感器模块、处理模块、无线通信模块以及电源模块等几个部分组成。具体的结构示意图如图 4-47 所示，外部环境的待测物理量经过传感器转变成电信号，然后经过放大、A/D 变换等处理，产生的信息数据放入存储器暂存，最后通过无线收发信机选择合适的路由传到汇聚节点。汇聚节点可以对数据进行特征提取、信息融合等高层决策处理。

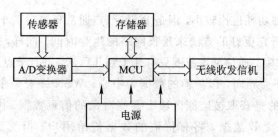

图 4 - 47 无线传感器节点的基本组成

传感器模块上可以集成有多个不同类型的传感器,因此一个无线传感器节点可同时具有多种检测功能。无线通信模块负责数据的无线收发,主要包括射频和基带两部分,前者提供数据通信的空中接口,后者主要提供链路的物理信道和数据分组。微控制器(MCU)是整个无线传感器节点中最核心的部分,无线传感器节点的其他模块都是围绕它来构造的,MCU 负责链路管理与控制,执行基带通信协议和相关的处理过程,包括建立链接、频率选择、链路类型支持、媒体接入控制、功率模式和安全算法等。电源模块负责整个无线传感器节点的能源供应。此外,在无线传感器节点上运行的应用软件、操作系统、通信协议等,也需要根据具体应用要求进行专门的设计。

4.12.3 无线传感器网络的通信协议和拓扑结构

1. 通信协议

WSN 可能布置成千上万的无线传感器节点,用户可以通过这些节点提供的数据来对目标区域进行远程监测,为了减少传感器节点进行数据无线收发时的能耗,WSN 组建时必须开发或选择一种节能、低延迟、可靠的网络通信协议。

从网络分层模型的角度分析,WSN 的工作是按照协议栈来组织的,主要包括以下几层:物理层、数据链路层、网络层、传输层和应用层。其中,物理层关注简单且健壮性好的调制、传输和接收技术,负责载波频率产生、信号的调制解调等工作;数据链路层负责数据流的多路技术、数据帧探测、介质访问、差错控制,介质访问协议用于保证可靠的通信传输,差错控制则保证源节点发出的信息可以完整、无误地到达目标节点;网络层实现数据传送过程中的寻址和路由,监控网络拓扑结构的变化,交换路由信息,提供网络的联通性,在传输层和链路层间进行数据的转发;应用层为用户开发各种应用软件提供有效的软件开发环境和软件工具。

2. 拓扑结构

WSN 有星状网、网状网和混合网等几种组网结构,由于 WSN 具有网络节点数目多、密度大、网络结构动态变化等特点,网络拓扑选择主要从以下几个方面考虑:

(1)网络拓扑影响网络的生存时间。节能是考虑的主要问题之一。WSN 的节点一般采用电池供电,拓扑管理的一个主要目标是在保证网络覆盖和联通性的情况下,尽量合理高效地使用网络能量,以延长整个网络的生存时间。

(2)减少节点间的通信干扰,提高网络通信效率。WSN 的传感器节点通常部署密集,如果节点以大功率发射进行通信,会加剧节点间干扰,并造成节点能量浪费;而如果辐射功率太小,又会影响网络联通性。所以,拓扑管理中的功率控制技术是解决整个矛盾的重要途径。

（3）拓扑结构是路由协议的基础。WSN 中只有活动节点才能进行数据转发，拓扑结构确定了节点之间的邻居关系，而拓扑控制可以确定有哪些节点作为转发节点。

（4）弥补节点失效的影响。部署环境的恶劣和节点电池容量小的特点，使得节点很容易失效，这就要求网络拓扑结构能够适应比较恶劣的工作环境。

实际应用中，WSN 网络拓扑结构管理需要根据实际应用场景而定。一般是多种方法结合，以达到网络能量节省和拓扑快速形成的效果。

4.12.4　一种基于 WSN 的分布式温度监测系统

作为无线传感器网络的一种应用示例，这里介绍一种基于 WSN 的分布式温度监测系统。

1. 分布式温度监测系统的网络结构

分布式温度监测系统的构成如图 4 - 48 所示，主要包括无线传感器节点、用于中继传输数据的数据转发节点和网络控制中心三大部分。

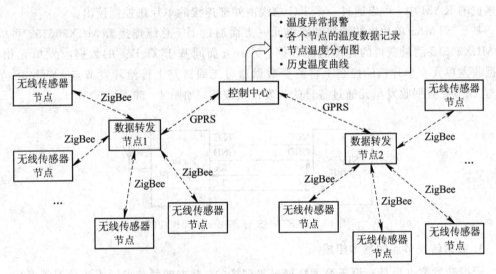

图 4 - 48　分布式温度监测系统构成框图

网络数据传输全部采用无线方式，无线传感器节点到数据转发节点的传输采用 ZigBee 网络技术，数据转发节点到控制中心的传输采用基于 GSM 蜂窝移动通信网络的 GPRS 网络技术。无线传感器节点完成对现场温度的采集，并对所采集的温度数据简单处理后上传给数据转发节点。数据转发节点将数据打包后再上传到控制中心，控制中心也可以通过数据转发节点向传感器节点下达控制指令，以对现场的某些设备或参数进行调整，比如可以控制加温设备调整现场温度。由于 GPRS 是一种基于 GSM 网络的广域网技术，因此该温度监测系统可以布局在很宽的地域范围内，实现对现场温度的远程监控。

2. 无线传感器节点的基本组成

无线传感器节点的主要功能是对现场温度进行采集，并将采集到的数据进行简单处理后发送给数据转发节点。无线传感器节点的硬件构成主要包括 MLX90615 温度采集单元、基于STM8S单片机的微控制器单元和基于ZigBee无线网络技术的数据收发单元,如图4-49所示。

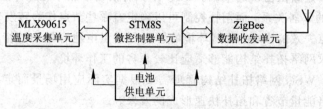

图4-49　无线传感器节点构成框图

温度采集传感器MLX90615是一种红外非接触式温度采集传感器,其原理是通过检测物体发出的红外线获取物体的温度信息。一个物体只要它的温度高于绝对零度,该物体就会向周围辐射红外线,并且物体的温度越高,向周围辐射出的红外线越强。温度传感器就是利用这种热辐射效应,通过使用红外传感器检测物体的红外辐射强度,间接得知该物体的温度。

MLX90615内部集成了一个红外热电堆探测器、一个DSP单元、一个低噪声放大器和一个16位的A/D转换器。温度测量过程由DSP控制,采集得到的物体温度数据存储在内部集成的RAM中,可以通过一个I^2C总线由外部连接的单片机控制读出。

基于STM8S单片机的微控制器单元一方面通过I^2C总线连接着MLX90615,可以读取MLX90615测量获得的物体温度数据;另一方面同基于ZigBee的数据收发单元相连,数据收发单元在单片机的控制下将测量数据通过无线链路上传给转发节点。STM8S单片机与ZigBee数据收发单元通过各自的收发信机连接,如图4-50所示。

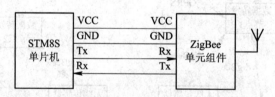

图4-50　STM8S与ZigBee单元连线图

3. 数据转发节点的基本组成

数据转发节点也是布设于温度数据采集现场的,数据转发节点同无线传感器节点一起构成一个分布式温度采集局域网。在这个局域网中,数据转发节点的主要作用是收集无线传感器节点采集的温度数据,并将采集的温度数据转发到网络控制中心。由于GPRS是应用分组数据技术发送数据的,因此数据转发节点需要将汇集的温度数据打包后再转发。数据转发节点的基本构成如图4-51所示,图4-52是主要连线图。

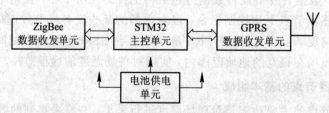

图4-51　数据转发节点基本构成框图

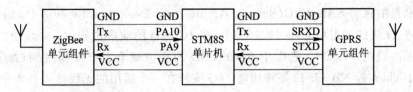

图 4-52 数据转发节点硬件主要连线图

4.13 第五代移动通信网络技术

4.13.1 概述

移动通信已经经历了四代的发展，目前第五代移动通信已经开始应用，每一代移动通信系统在无线传输技术方面都具有不同的特点，包括多址接入技术、复用和双工方式等。

第一代移动通信（1G）于 1980 年代开始使用，是采用模拟传输、频分多址（FDMA）和频分双工（FDD）的蜂窝电话系统，其在移动通信技术上的主要进步是采用了蜂窝设计和频率复用技术，这使得理论上设计任意大用户容量的移动通信系统成为可能，1G 是历史上移动通信技术向普通民众推广应用的开始。

第二代移动通信系统（2G）于 1990 年代开始使用，是采用数字传输的蜂窝电话系统，在国际上获得比较广泛应用的 2G 系统有 GSM（全球移动通信系统）和 CDMA（码分多址），这两种系统分别采用了时分多址（TDMA）和码分多址接入技术，但它们都是采用频分双工的。2G 较 1G 的主要进步是实现了语音信号的数字化传输并在系统中引入了短数据（短信息）功能。

第三代移动通信系统（3G）出现于 2000 年，也叫 IMT-2000。移动通信从 3G 开始向移动宽带迈进，并且在 3G 的后续演进中引入了高速分组接入（High Speed Packet Access，HSPA）技术，数据传输速率可以达到几 Mb/s，这使得无线互联网的快速接入成为可能。主流的 3G 系统有 WCDMA、CDMA2000 和 TD-SCDMA，它们的共同特点是无线接入技术都是基于 CDMA 的。其中 WCDMA 和 CDMA2000 采用频分双工，而 TD-SCDMA（Time Division-Synchronous CDMA，时分同步码分多址）采用时分双工（TDD）。由于 FDD 是需要对称频谱的无线接入技术，对 FDD 系统必须分配一对频谱分别应用于上行和下行无线传输。而 TDD 是使用非对称频谱实现无线接入的技术，在无线频谱越来越紧张的情况下，TDD 无疑为移动通信应用带来了更大的灵活性。

第四代移动通信系统（4G）称为 LTE（Long Term Evolution，长期演进），LTE 的升级版叫 IMT-Advanced，4G 于 2009 年底开始商用。LTE 包括两种制式，分别是 TD-LTE 和 FDD-LTE，这两种制式分别对应 TDD 和 FDD 两种双工模式。严格意义上讲，LTE 在性能指标上还没有达到 4G 的要求，只有 IMT-Advanced 才达到了国际电联对 4G 的要求。4G 从一开始就是为支持分组数据而开发的，并且不支持传统的电路交换语音传输，所以说 4G 是面向无线数据通信的。LTE 的意思是 3G 系统的长期演进，但是 LTE 在无线传输技术上与 3G 完全不同。LTE 的无线传输基于正交频分多址（OFDMA），引入了高阶 MIMO（Multiple Input Multiple Output，多输入多输出）和载波聚合技术，并且具有新的网络架构和新的称为 SAE/EPC(System Architecture Evolution/Evolved Packet Core，系统架构演进/演进的分组核心网)的核心网。在 4G 标准的演进过程中，陆续增加了异构网络部署、更高阶的 MIMO、适应于 FDD/TDD 的载波聚合、窄带物联网(Narrow Band Internet of Things，NB-IoT)等新功能。4G 支持在一个通用的无线接入技术中实现 FDD 和 TDD，从而实现了一个全球统一的移动通信技术标准。

第五代移动通信(5G)是为了满足 LTE 及其演进所无法满足的应用场景而提出的，其正式名称为 IMT-2020。在第 3 章的 3.6 节中介绍移动通信多址接入技术时，我们谈到国际电信联盟(ITU)为 5G 定义了以下三种应用场景，即增强型移动宽带(eMBB)通信场景、大规模机器类通信(mMTC)场景和超可靠低时延通信(uRLLC)场景。这些场景决定了 5G 网络的复杂性和需要采用许多新的技术，5G 网络部署需要具有足够的灵活性。5G 无线接入技术称为 5G 新空口，即 5G NR(New Radio)。5G NR 标准的第一个版本于 2017 年年底完成，其中借用了许多 LTE 的结构和功能。但是，NR 是一种新的无线接入技术，采用了与 LTE 系统不同的解决方案，并且与 LTE 没有后向兼容的关系。除了定义新的无线接入技术 NR，5G 也定义了一个新的核心网，称为 5G CN(Core Network)。

以往的移动通信技术都主要是面向人与人之间的通信。比如 1G 和 2G 移动通信关注的都是移动电话，目标都是建设用户容量大并具有良好语音质量的通信网络。3G 和 4G 将重点由语音通信业务转向移动宽带数据，目标是实现高速的数据传输，以适应互联网的快速接入。5G 则是面向未来可预见的大量新的应用，这些新的应用会将通信扩展到人与物或物与物之间。

4.13.2　5G 的主要性能指标

1. 峰值数据速率(Peak Data Rate)

峰值数据速率定义为理想条件下可实现的最大数据速率，它取决于系统带宽和峰值频谱效率，即

$$峰值数据速率 = 系统带宽 \times 峰值频谱效率$$

5G 要求达到的峰值数据速率：下行为 20 Gb/s，上行为 10 Gb/s

2. 用户体验数据速率(User Experienced Data Rate)

用户体验数据速率指的是对大多数用户而言在一个大的覆盖范围内可实现的数据速率，具体可以定义为 95% 的用户可实现的数据速率。这个指标首先取决于可用频谱，其次也同网络部署有直接的依赖关系。在 5G 中是以异构网络部署方式来提高用户体验数据速率的。

5G 中要求的用户体验数据速率：下行为 100 Mb/s，上行时 50 Mb/s

3. 频谱效率(Spectrum Efficiency)

频谱效率指的是每单位无线设备的平均数据吞吐量，5G 中要求的峰值频谱效率：下行为 30(b/s)/Hz，上行为 10 (b/s)/Hz。

4. 区域业务容量(Area Traffic Capacity)

区域业务容量取决于系统可用频谱效率、系统带宽和基站部署密度，即

$$区域业务容量＝频谱效率×系统带宽×基站部署密度$$

5. 网络能效(Network Energy Efficiency)

网络能效指的是每比特数据消耗的能量。网络能耗已经成为网络运营成本的重要组成部分，降低网络能耗已经成为降低网络运营成本的重要方面。

6. 时延(Latency)

时延定义为无线网络将数据包从源地址传送到目的地址所用的时间长度。这一指标对超可靠低时延通信场景非常关键。5G 对时延的要求包括用户面时延和控制面时延，用户面时延:eMBB 4 ms, uRLLC 1 ms;控制面时延:20 ms。

7. 移动性(Mobolity)

移动性定义为移动速度，该指标主要考虑高速移动条件下的通信能力，如高铁使用场景，其目标能力是 500 km/h。

8. 连接密度(Connection Density)

连接密度定义为单位面积上可以接入的终端总数，5G 要求的连接密度是每平方公里 1 000 000终端。

4.13.3　5G 使用的无线频谱

无线频谱是发展无线通信的一种基础性资源，从第一代移动通信开始，每一代移动通信的发展都扩展了新的频谱范围，其主要原因是业务的发展对通信系统容量提出了越来越高的需求，要求信道有更高的数据传输速率。香农公式告诉我们，提高信道容量的最基本办法是增加信道带宽，所以从 2G 开始，移动通信系统的信道带宽在不断加大，分配给移动通信系统的频谱宽带和新频谱也在不断增加。1G 无线传输使用的无线频谱在 1 GHz 以下;2G 最初使用 1 GHz 以下的频谱，后来扩展到了 1.9 GHz;3G 系统分配使用的频谱在 2 GHz频段;LTE 系统使用的频谱起初在 2.5 GHz 频段，后来扩展到 3.5 GHz 频段。随着无线通信的发展，对无线频谱带宽的需求不断增加，目前无线通信所使用的频谱已经到 6 GHz 的频谱范围。5G 业务要求更高的数据传输速率和更大的系统容量，需要为 5G 提供更多的无线频谱和更大的信道带宽。

在 5G NR 标准的第一个版本中，用于 5G 的无线频谱划分为两个频率范围，分别称为频率范围 1(FR1)和频率范围 2(FR2)。FR1 包括 6 GHz 以下分配给 5G 使用的现有和新的频段。FR2 包括 24.5 GHz~52.6 GHz 范围内的新的频段，这部分频谱一般称为毫米波频段。在后续的 5G 标准版本中，可用的频率范围还可能向更高的频谱扩展。5G 频谱在向高频段扩展的同时，也会有原来用于 LTE 网络的频段被重新分配给 5G NR，这类被重新分配给 5G NR 的 LTE 频段通常称为 LTE 重耕频段。NR 既支持 FDD 也支持 TDD，NR 使用的频段也有对称和非对称两种情况，因此要求系统能够适应灵活的双工配置。

FR1 的优点是频率较低，绕射能力强，因此无线覆盖效果好，适合用于宏小区的广域覆盖，因此 FR1 是当前 5G 的主用频谱。FR2 的优点是可以提供超大的无线带宽，从而实现更高的数据速率和更大的容量。但 FR2 频段的缺点也是明显的，主要是传输损耗大，绕射能力弱，用于无线通信时的单基站覆盖范围较小。因此 FR2 主要作为容量补充频段，最大支持 400 MHz 的带宽，未来很多高速应用都会基于此段频谱实现，5G 高达 20 Gb/s 的峰值速率也是基于 FR2 的超大带宽的。

　　5G NR 标准定义了工作频段(Operating Band)，一个工作频段就是由一组 FR 要求所规定的上行链路或者下行链路工作的一个频率范围。每一个工作频段都有一个编号，如 n1、n2、n3 等。表 4-7 列出了 FR1 为 NR 定义的工作频段，表 4-8 列出了 FR2 为 NR 定义的工作频段，表中 N/A 表示不用，SDL 表示补充下行链路(Supplementary Downlink)，SUL 表示补充上行链路(Supplementary Uplink)。

表 4-7　FR1 中为 NR 定义的工作频段

NR 频段	上行范围/ MHz	下行范围/ MHz	双工方式
n1	1920~1980	2110~2170	FDD
n2	1850~1910	1930~1990	FDD
n3	1710~1785	1805~1880	FDD
n5	824~849	869~894	FDD
n7	2500~2570	2620~2690	FDD
n8	880~915	925~960	FDD
n20	832~862	791~821	FDD
n28	703~748	758~803	FDD
n38	2570~2620	2570~2620	TDD
n41	2496~2690	2496~2690	TDD
n50	1432~1517	1432~1517	TDD
n51	1427~1432	1427~1432	TDD
n66	1710~1780	2110~2200	FDD
n70	1695~1710	1995~2020	FDD
n71	663~698	617~652	FDD
n74	1427~1470	1475~1518	FDD
n75	N/A	1432~1517	SDL
n76	N/A	1427~1432	SDL
n77	3300~4200	3300~4200	TDD
n78	3300~3800	3300~3800	TDD
n79	4400~5500	4400~5500	TDD
n80	1710~1785	N/A	SUL
n81	880~915	N/A	SUL
n82	832~862	N/A	SUL
n83	703~748	N/A	SUL
n84	1920~1980	N/A	SUL

表 4 - 8　　FR2 中为 NR 定义的工作频段

NR 频段	上行范围/ MHz	双工方式
n257	26 500～29 500	TDD
n258	24 250～27 500	TDD
n259	37 000～40 000	TDD

4.13.4　5G 移动通信网络架构

从 5G 的应用场景可以看出，5G 设计的应用范围已经远远超出了 4G 以前的通信网络，不仅要大大提升人的应用体验，而且要将应用从人与人之间的通信扩展到人与物、物与物之间的通信，并且还要考虑到能够适应未来可能有新的应用出现。以上这些应用表现出了对网络需求的多样性和对网络性能更高的要求，包括数据速率、传输时延、终端设备的连接密度、移动性以及网络部署的灵活性等多个方面。这些要求决定了 5G 网络将会采用全新的技术，并且为了满足这些多样化的应用还要求网络具备一定的部署灵活性。

1. 5G 网络总体架构

与以往的移动通信网络类似，5G 网络的总体架构也分为接入网与核心网两大部分，基本结构如图 4 - 53 所示。5G 核心网网元 AMF 提供接入和移动性管理，包括鉴权、计费和端到端连接的控制，AMF 的作用类似于 4G 网络中的移动性管理实体 MME。UPF 提供用户平面的业务处理功能，它是无线接入网（RAN）与外部网络（如互联网）之间的网关，主要功能包括提供分组数据路由和转发、用户平面的策略规则实施等。gNB 为 5G 基站（也就是 NR 基站），ng - eNB 是 4G 基站 eNB 的升级版，也就是升级后能够连接到 5G 核心网的 4G 基站。NG 为基站与核心网的接口，NG 接口又细分为 NG - C 和 NG - U，NG-C 是基站与核心网之间的控制面接口，NG - U 是基站与核心网之间的用户面接口。

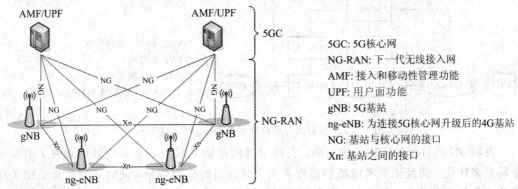

图 4 - 53　5G 网络基本架构

2. 移动通信核心网的演进与 5G 核心网架构

2G/3G 核心网的网络架构如图 4 - 54 所示，其主要包含电路交换（CS）域和分组交换（PS）域两大部分。其中 CS 域包含 MSC 和 GMSC，PS 域包含 SGSN 和 GGSN。MSC/GMSC是移动交换中心，负责呼叫信令的处理和话路中继的处理；SGSN 负责 PS 域移动性管理和会话管理相关的信令处理,同时支持 GPT - U 隧道和分组域报文的转发;GGSN 与 PDN 连接,负责会话/计费/策略相关的信令处理和报文的转发。

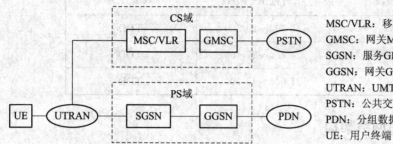

MSC/VLR:移动交换中心/访问位置寄存器
GMSC:网关 MSC
SGSN:服务 GPRS 支持节点
GGSN:网关 GPRS 支持节点
UTRAN:UMTS 陆地无线接入网
PSTN:公共交换电话网
PDN:分组数据网
UE:用户终端

图 4 - 54　包含 PS 域和 CS 域的移动通信核心网典型架构

后来,在 CS 域网元中进行了一次控制与转发分离,MSC 拆分为 MSC Server 和 MGW(媒体网关),GMSC 拆分为 GMSC Server 和 MGW。MSC Server 和 GMSC Server 负责处理呼叫信令,MGW 负责话路中继处理,MSC Server 通过 H.248 协议,控制媒体转发面的连接建立和释放。另外还增加了 IP 多媒体子系统(IMS)。

4G 移动通信系统核心网去掉了 CS 域,只保留了 PS 域,核心网实现了全 IP 化,并将 SGSN 进行了控制与转发分离的重新设计,将 SGSN 拆分为移动性管理实体(Mobile Management Entity, MME)和业务网关(Serving Gateway, SGW)两个网元。同时 GGSN 演变为分组数据网关(PDN Gateway, PGW)。MME 负责移动性管理和会话管理,包括会话的建立、释放和修改。SGW/PGW 负责业务报文的转发、策略和计费,并配合完成会话管理。2016 年,SGW 又进一步拆分为控制面 SGW - C 和用户面 SGW - U,同时 PGW 也进一步拆分为控制面 PGW - C 和用户面 GW - U,从而 4G 核心网实现了控制面与用户面的分离。这时的 4G 核心网架构如图 4 - 55 所示。

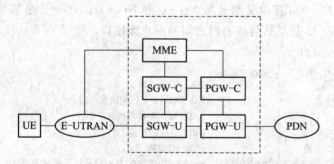

MME:移动性管理实体
SGW:业务网关
PGW:分组数据网关
E-UTRAN:演进的 UMTS 陆地无线接入网

图 4 - 55　控制面与用户面分离的 4G 核心网架构

发展 5G 的目标是实现万物互联,支持丰富的移动互联网业务和物联网业务,不仅业务场景多样化,而且还要考虑能够适应未来出现的新的应用场景,同时运营商也更加关注移动网络的盈利能力,因此 5G 网络需要更加灵活的开放式网络架构,以便能够支持新业务快速开发、快速上线和按需部署来不断扩充网络能力。5G 网络的服务化架构(Service - Based Architecture, SBA)正是在这种背景下提出来的,也是在 4G 核心网用户面与控制面分离架构基础上的进一步优化而实现的。

5G 核心网的架构如图 4 - 56 所示,控制面采用服务化架构。图中,AMF 主要负责对用户终端的接入和移动性进行管理;SMF 负责会话的建立、修改、释放等;PCF 负责策略

规则管理，PCF 从 UDM 获得用户签约策略，下发到 AMF 和 SMF 等，然后再进一步下发
到 UE、RAN 和 UPF；UDM 负责对各种用户签约数据的管理、鉴权数据管理和用户的标
识管理等；AUSF 为鉴权服务器，实现对用户的鉴权与认证。

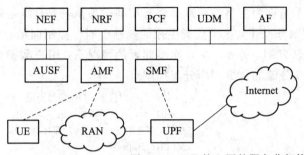

图 4 - 56　5G 核心网的服务化架构

3. 5G 组网架构

　　任何一种新的移动通信网络技术应用，都需要在已有网络上平滑过渡到新的网络。在
5G 商用发展的过程中，4G 技术和 5G 技术之间也需要平滑过渡。因此 NR 和 LTE 之间有
一个需要互通的共存期。为此 3GPP 对 5G 网络提出了独立组网和非独立组网两种方案。

　　独立(Stand Alone，SA)组网就是 5G 核心网通过 NG 接口直接连接 5G 基站组网，与
4G 网络相对独立。5G 独立组网能够实现 5G 网络的所有新特性，有利于发挥 5G 的全部性
能，是 5G 网络发展过程的最终组网方案。非独立(None - Stand Alone，NSA)组网即 4G
和 5G 网络混合组网，4G 基站和 5G 基站共存，这是 5G 发展过程中的过渡性方案，这主要
是考虑到如下两个方面的要求：一是在 5G 技术引入商用的初期，需要依托原有 4G 基站和
核心网，利用 5G 的无线接入网络提升热点地区的宽带服务能力，以达到快速部署网络的
目的；二是在 5G 网络应用逐渐普及之后，核心网也已经过渡到 5G CN，但这时仍然会有部
分 4G 用户需要提供服务，因此保留部分 4G 基站也就成为一种选择方案。

　　对于从 4G 到 5G 演进过程中如何组网的问题，3GPP 曾讨论过 7 种可选的组网架构方
案，包括独立组网方案和 4G 与 5G 融合的非独立组网方案。全部组网方案分别称为选项
1～选项 7，有的选项还有变形方案，总共有 10 种组网架构。这 7 种组网方案中，选项 1、
2、5、6 属于独立组网架构方案，选项 3、4、7 为非独立组网方案。在上述 4 种独立组网架
构中，选项 1 是 4G 基站和 4G 核心网实现的独立组网，不能支持 5G 新业务；选项 6 是 5G
基站独立组网，但是用的是 4G 核心网，这会限制 5G 基站的性能；选项 5 也是 4G 基站独
立组网，也不能支持 5G 新功能。

　　图 4 - 57 给出了 5G 备选组网方案框图。其中，图 4 - 57(a)中选项 2 是由 5G 核心网
5G CN 与基站 gNB 组网的独立组网方案。由于 5G 基站使用了较高的射频频率，具有较大
的信道带宽，因此该方案具有 5G 网络高数据速率的优势。但是频率越高，无线传输的衰
减越大，所以该方案也具有小区覆盖半径较小的不足。由于高频下的小区无线覆盖半径较
小，要实现对服务区域的完全网络覆盖，就需要采用密集组网的方式，这使得网络部署耗
资巨大，很难在短时间内完成。

　　图 4 - 57(b)是非独立组网选项 3 及其变形选项 3a 和 3x 的组网架构，这是一种基于

4G 核心网、以 4G 基站为主基站、融合 5G 基站进行组网的方案，是一种首先演进无线接入网的组网策略。该方案具有可以降低 5G 网络初期部署成本的优势。但是这种组网方式需要用户终端能够同时连接 4G 和 5G 两种基站。也就是说，非独立组网情况下要求手机能够同时与 4G 和 5G 两种基站进行通信，并能同时下载数据，这种情况称为双连接。在双连接部署的情况下，负责主控的基站称为主基站，另一个基站则称为从基站，从基站在主基站的控制下实现对用户终端的服务操作，这个负责主控的基站也叫作控制面锚点，就是说控制信令都是通过控制面锚点转发的。另外，在双连接部署的情况下，用户数据要分到双连接的两条路径上传输时，实现分流的位置叫作分流控制点。

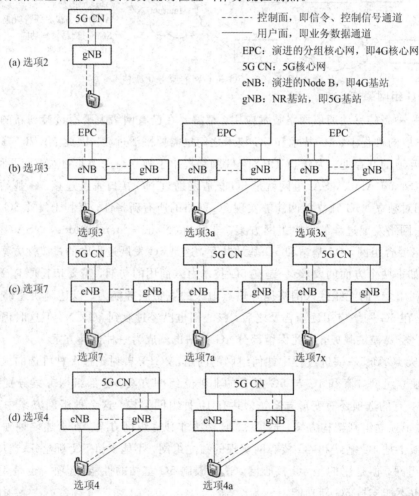

图 4-57　5G 备选组网方案

从图 4-57(b) 中可以看出，选项 3/3a/3x 这三种组网方案都是以 4G 基站 eNB 为主基站，即 eNB 承担着控制面锚点的作用，发给 5G 基站或者用户终端的控制信令都是经过 4G 基站转发的。4G 基站 eNB 和 5G 基站 gNB 以双连接的形式为用户提供高速数据服务。但是选项 3 中不同变形方案的数据分流控制点不同。选项 3 的数据分流控制点在 4G 基站上，4G 基站不但要负责控制管理，还要把从核心网 EPC 下来的数据分为两路，一路自己发给用户终端，另一路分流到 5G 基站，经由 5G 基站转发给用户终端。可以理解，选项 3 的组网方案要求 4G 基站有较高的性能，需要对原 4G 基站进行性能升级才能达到要求。选项 3a 中 5G 基站用户面直接连到 4G 核心网，控制面仍然以 4G 基站为锚点，这样就减小了 4G 基站对数据处理的压力，因此选项 3a 不再需要对 4G 基站进行性能升级。选项 3x 是把用户面数据分为两部分，将会对 4G 基站造成压力的那一部分数据迁移到 5G 基站，由 5G 基站发送到用户终端，剩下的部分用户数据仍然由 4G 基站发送到用户终端。

图 4-57(c)是非独立组网选项 7 及其两种变形选项 7a 和 7x 的组网架构，其特点就是采用 5G 核心网。容易看出，将图 4-57(b)中选项 3/3a/3x 的 4G 核心网 EPC 换成 5G 核心网 5G CN，就变成了图 4-57(c)中的选项 7。在选项 7 及其变形方案 7a/7x 中，仍然以 4G 基站 eNB 为控制面锚点，所有控制面信令经由 4G 基站 eNB 转发，eNB 和 gNB 也是以双连接的形式为用户终端提供高速数据服务。

图 4-57(d)为选项 4 及其变形选项 4a，这两种方案中 4G 基站 eNB 和 5G 基站 gNB 共用 5G CN，但以 5G 基站 gNB 作为控制锚点，所有控制信令经由 5G 基站 gNB 转发。eNB 和 gNB 也是以双连接的形式为用户终端提供高速数据服务，不同的是选项 4 中 eNB 的用户面从 5G 基站 gNB 走，而选项 4a 中 eNB 的用户面直接与 5G 核心网连接。

4. 接入网的演进与 5G 接入网架构

在移动通信技术及其实际应用的发展过程中，网络技术和网络部署形式一直在发生着变化，其原因主要来自两个方面：一是随着技术和应用需求的发展，网络性能需求不断提高，比如网络的数据传输速率需要不断提高，传输时延需要不断降低；二是网络建设成本和维护费用需要尽可能降低。提升数据传输速率的有效手段是增加信道带宽，降低传输时延的办法是减少传输环节，使网络越来越扁平化，而减小网络建设和维护费用主要从减少价格较高的硬件的使用和降低网络运营的能源消耗两个方面着手。

移动通信系统的无线接入网演进过程，可以简单地借助于图 4-58 进行说明。构成无线接入网的主要设备是基站，2G 是最初的数字化移动通信网，网络架构采用的是"基站－基站控制器－核心网"三级架构。2G 基站由基站收发信机(Base Transceiver Station，BTS)与基站控制器(Base Station Controller，BSC)组成，基站收发信机由基带信号处理和射频信号处理两个部分构成，基站控制器的功能包括无线资源管理和控制。无线资源管理主要用于保持无线传播的稳定性和无线连接的服务质量，控制包括无线连接的建立、保持和释放等。一台基站控制器可以控制多个基站收发信机。

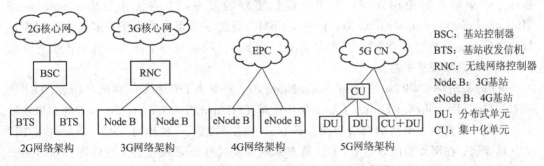

图 4-58　无线接入网的架构演进过程示意图

后来，基站收发信机的基带处理部分和射频处理部分被拆分为基带处理单元(Base

Band Unit，BBU)和射频处理单元(Radio Remote Unit，RRU，射频拉远单元)。其中 RRU 由中频处理、射频收发信机、功率放大和滤波等部分组成。RRU 可以同 BBU 放在一起，也可以将 RRU 安装在天线上(所以 RRU 称为拉远单元)。拉远之后的 RRU 与 BBU 之间用光纤连接。RRU 从机房移动到天线上，这种安装方式减小了射频信号衰减，有助于扩展基站的无线覆盖半径。

3G 网络仍然是"基站－基站控制器－核心网"三级架构，3G 的基站控制器叫无线网络控制器(Radio Network Controller，RNC)，3G 的基站叫 Node B，Node B 也分为 BBU 和 RRU 两个单元。3G 的无线接入网络一般采用分布式架构，RRU 安装在天线上，BBU 安装在机房内。由于 3G 将分组数据传输作为主要的服务内容，3G 的核心网在 2G 的电路交换(CS)域上又增加了分组交换(PS)域。

4G 的无线接入网络架构发生了较大变化。为了降低端到端的传输时延，4G 的接入网将原来 RNC 的功能一部分归到基站里，另一部分归到核心网里，这时的 4G 基站叫 eNode B。这样 4G 网络将 3G 的三级架构演进成了"eNode B－核心网"两级架构。网络扁平化了，端到端的传输时延也就降低了。

4G 核心网只有 PS 域，语音通信仍然依靠 3G 或者 2G 的电路交换网络实现。后来在 4G 网络上增加开发 VoLTE 技术，实现了语音作为数据流的传输，而后就不再依赖传统的电路交换语音网络来实现语音通信了。

4G 基站开始采用一种称为 C－RAN(Centralized RAN，集中化无线接入网)的分布式架构。在 C－RAN 的分布式架构中，RRU 还是采用拉远的方式安装在天线上，但将许多个基站的 BBU 集中放置(集中化)，RRU 和 BBU 之间采用光纤连接。BBU 集中放置之后，大幅减少了基站机房的数量，从而大大降低了网络部署周期和机房租用成本，同时也为大幅度降低电能消耗创造了条件。许多 BBU 集中放置在一个中心机房里，这就便于基带资源的共享和动态分配，人们把实现了基带资源共享和动态分配集中化的 BBU 叫作基带池。这个时候，原来独立的基站实际上是不见了，原来的基站变成了建立在共享基带资源基础上的虚拟基站。更进一步，将集中化的网元 BBU 功能虚拟化，用通用硬件实现，如 x86 服务器，安装好虚拟机并运行 BBU 功能软件就可以实现 BBU 功能。这样，网元功能虚拟化后采用通用硬件实现，替代了昂贵的专用硬件，使网络成本进一步降低。

基带池中所有的虚拟基站可以联合调度、共享用户的数据收发和信道质量等信息，从而强化了协作关系，改变了原来不同小区之间的相互干扰关系。并且可以通过相互协调大幅提升频率资源的使用效率，为用户提供更好的服务，多点协作传输(Coordinated Multiple Points Transmission/Reception，CoMP)就是一个很好的例子。多点协作传输是指地理位置上分离的多个传输点(就是 RRU＋天线)协同参与一个终端的数据传输或者联合接收一个终端发送的数据。

5G 的基站叫 gNB(Next Generation Node B)，gNB 由 DU 和 CU 两部分构成，DU 是分布式单元(Distributed Unit)，CU 是集中式单元(Centralized Unit)。5G 面对的应用场景更加广泛，需要更加灵活的网络架构，于是 5G 网络采用了一种称为"DU－CU－核心网"的三级架构。在网元功能划分上，CU 负责基站中实时性要求较低的无线资源控制(Radio Resource Control，RRC)和分组数据汇聚协议(Packet Data Convergence Protocol，PDCP)等处理功能；DU 负责实现实时性要求较高的无线链路控制(RLC)、媒体接入控制(MAC)

和物理层(PHY)等处理功能。在 5G 网络部署架构中,网元 CU/DU 的切分只是逻辑功能的划分,实际中 CU/DU 可以设置于一个物理实体中(这同 4G 中的 BBU 相似),也可以分离设置。

4.13.5　5G NR 的物理层技术

5G 工作的射频频谱很宽,从低于 1 GHz 到毫米波频率,应用场景也非常复杂,而且以人为中心和以机器为中心的应用并存,同时还要考虑适应将来可能出现的新应用需求。因此需要为 NR 设计一个比较灵活的物理层。

1. NR 物理层关键技术

物理层是 OSI 模型的第一层,无线通信协议物理层的技术包括编码、物理层 HARQ (Hybrid Automatic Repeater Quest,混合自动重发请求)处理、调制、多天线处理以及将传输信号映射到相应的物理时频资源上。

1)波形

5G 新空口(NR)采用了 4G LTE 的 OFDM 波形。不同的是,LTE 下行采用 OFDM 波形,上行采用 DFT - OFDM 波形。而 5G 上行和下行均采用相同的 OFDM 波形,把 DFT - OFDM 作为一种上行可选波形。

OFDM 波形具有频谱效率高和抗多径衰落的优点。但是,LTE 的主要应用场景是室外蜂窝小区,工作频率在 3 GHz 以下,因此 LTE 系统选择了固定的子载波间隔 15 kHz 和固定的循环前缀 CP=4.7 μs 而 5G NR 需要灵活地支持多种应用场景,工作频率也扩展到毫米波频段,单一的波形参数配置不能满足 5G NR 支持多种场景的需求。当频率在几 GHz 以下时,基站的覆盖半径较大,需要足够长的循环前缀以抵抗较大的时延扩展,这种情况下 NR 可以使用与 LTE 类似的子载波间隔和循环前缀。对于毫米波,因频率高,振荡器相位噪声的影响明显,这时需要选择更大的子载波间隔。毫米波传输衰减大,基站的覆盖半径较小,对应的循环前缀也要减小。考虑到这些因素,5G NR 需要灵活、可扩展的波形参数配置。

5G NR 以 15kHz 的子载波间隔为基准,支持灵活的子载波间隔配置,子载波间隔可以从 15 kHz 扩展到 240 kHz,循环前缀的长度等比例下降,如表 4 - 9 所示。

表 4 - 9　NR 支持的子载波间隔与对应的循环前缀

子载波间隔 /kHz	OFDM 符号长度 T_u/μs	循环前缀长度 T_{cp}/μs
15	66.7	4.7
30	33.3	2.3
60	16.6	1.2
120	8.33	0.59
240	4.17	0.29

2）调制

调制的作用是将要传输的数据比特转换为一组复数表示的调制符号。NR 的上行和下行都支持 QPSK、16QAM、64QAM 和 256QAM。此外，为进一步降低峰均比以提高数据速率较低时的射频功放效率，上行还支持 $\frac{\pi}{2} -$ BPSK，这种设计对数据传输速率较低的 mMTC 应用场景很有意义。

3）信道编码

NR 信道编码采用低密度奇偶校验码（Low Density Parity Check，LDPC），用于移动宽带（MBB）的数据传输，对于控制信令则采用极化码。信道编码的基本流程如图 4 - 59 所示。

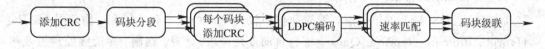

图 4 - 59　NR 信道编码的基本流程

添加 CRC(Cyclic Redundancy Code，循环冗余校验码)就是在每一个传输码块的尾部添加一个 CRC。如果添加了 CRC 的码块长度不超过 LDPC 编码器支持的码块长度，下一步就进行 LDPC 编码。如果添加了 CRC 的码块长度超过了 LDPC 编码器支持的码块长度，就将添加了 CRC 的码块分割成长度相等的码块，然后再为每一个分段后的码块分别添加一个 CRC。速率匹配的作用是将编码比特匹配到分配的传输物理资源上。

2. 5G NR 的帧结构

时域上 5G 采用了与 4G 相同的无线帧(10 ms)和子帧(1 ms)，每个子帧又进一步划分成若干个时隙，每个时隙由 14 个 OFDM 符号构成。帧、子帧、时隙长度以及子载波间隔的关系如图 4 - 60 所示。

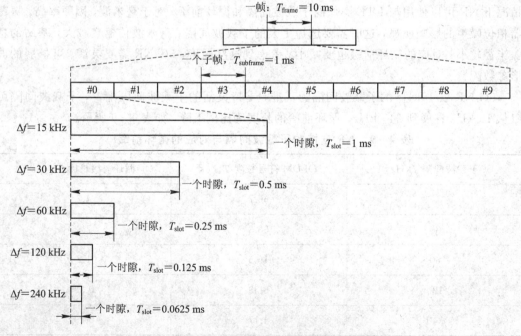

图 4 - 60　NR 中帧、子帧、时隙及子载波间隔的关系

3. NR 的物理时频资源

在 5G NR 中，物理时频资源指的是对应于 OFDM 符号和 OFDM 符号内的子载波。一个 OFDM 符号内的一个子载波是 NR 标准里最小的时频资源，这个最小的时频资源称为一个资源单元（Resource Element）。无线传输是以 12 个子载波为一组进行调度的，在频域上 12 个连续的子载波构成的子载波组定义为一个物理资源块（Physical Resource Block，PRB）。图 4－61 给出了 NR 物理时频结构示意图。这里，NR 标准对资源块的定义与 4G LTE 中的定义不同。在 NR 技术中，资源块是频域上一维的度量，而在 LTE 中，资源块是一个二维的度量，即频域上 12 个连续的子载波和时域上一个时隙所定义的物理资源。

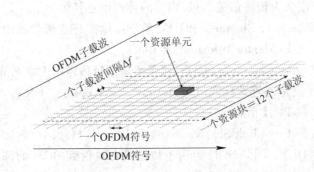

图 4－61　NR 物理时频结构示意图

4.13.6　NR 的逻辑信道、传输信道和物理信道

从无线协议架构来讲，无线接口可分为三个协议层：物理层（L1）、数据链路层（L2）和网络层（L3）。物理层为高层业务提供无线物理传输通道，数据链路层又分成媒体接入控制（MAC）、无线链路控制（RLC）、分组数据汇聚协议（PDCP）和业务数据适配协议（SDAP）四个子层，网络层只有无线资源控制（RRC）。

逻辑信道是 MAC 层和 RLC 层的业务接入点，MAC 层以逻辑信道的形式向 RLC 层提供服务。而传输信道是 MAC 层和物理层之间的业务接入点，物理层以传输信道的形式向 MAC 层提供服务。所以 NR 在不同的无线协议层定义了不同类型的信道。

1. 逻辑信道

逻辑信道由其携带的信息类型定义，有控制信道和业务信道两种。控制信道用于传输 NR 系统运行所需要的控制信令和配置信息，业务信道用于传输用户数据。根据传输的内容不同，NR 的逻辑信道分为如下几种类型：

(1) 广播控制信道（Broadcast Control Channel，BCCH）：用于向小区内的所有用户广播发送系统信息。用户终端在接入网络时需要了解系统信息以及在小区内正常运行所需要遵守的规则。

(2) 寻呼控制信道（Paging Control Channel，PCCH）：当某个终端被呼叫时，系统用寻呼控制信道向小区内发送寻呼消息，被叫终端收到时应答。寻呼消息需要在多个小区发送。

(3) 公共控制信道（Common Control Channel，CCCH）：用于在用户终端随机接入的时候传输控制信息。

（4）专用控制信道（Dedicated Control Channel，DCCH）：用于在网络和某个具体的用户终端之间传输控制信息，比如为某个具体终端配置各种参数。

（5）专用业务信道（Dedicated Traffic Channel，DTCH）：用于在网络和用户终端之间为用户传输业务数据。这是一个单播信道，传输所有的单播上下行用户数据。

2. 传输信道

传输信道是以信息通过无线接口传播的方式和特性来定义的，数据被组织成传输块（Transport Block）的形式在传输信道上传输，每个传输时间间隔（Transmission Time Interval，TTI）内最多传输一个传输块。但是随机接入信道是一个例外，随机接入信道不承载传输块，但它也被定义为传输信道。NR 定义的传输信道具体如下：

（1）广播信道（Broadcast Channel，BCH）：用于传输部分逻辑信道中 BCCH 的系统信息，具体说就是主信息块（Master Information Block）。

（2）寻呼信道（Paging Channel，PCH）：用于传输逻辑信道中 PCCH 的寻呼信息。为了节省电池电量，PCH 支持不连续接收（Discontinuous Reception，DRX），允许终端只在预先定义的时刻醒来接收 PCH 信息。

（3）下行共享信道（Downlink Shared Channel，DL-SCH）：DL-SCH 是下行数据的主要传输通道，也支持 DRX。DL-SCH 也用于传输没有映射到 BCH 的部分 BCCH 的系统信息。

（4）上行共享信道（Uplink Shared Channel，UL-SCH）：它是与 DL-SCH 对应的上行链路数据传输信道，用于传输上行数据。

（5）随机接入信道（Random-Access Channel，RACH）：用于传输终端随机接入请求信息。

3. 物理信道

物理信道就是信号实际传输的通道，或者说承载高层信息的时频资源称为物理信道。从物理层以传输信道的形式向 MAC 子层提供服务的角度来讲，一个物理信道对应于一组用来传输特定传输信道的时频资源，每个传输信道都映射到物理信道上。物理信道分为上行和下行两种，具体包括以下几种类型：

（1）物理下行共享信道（Physical Downlink Shared Channel，PDSCH）：该信道用于单播数据传输，也用于传输寻呼信息、随机接入响应消息和部分系统信息。

（2）物理广播信道（Physical Broadcast Channel，PBCH）：传送终端接入网络所需要的部分系统信息。

（3）物理下行控制信道（Physical Downlink Control Channel，PDCCH）：该信道用于传输下行控制信息，下行控制信息包括接收下行数据（PDSCH）所需要的调度决策以及允许用户终端传输上行数据（PUSCH）的调度授权。

（4）物理上行共享信道（Physical Uplink Shared Channel，PUSCH）：该信道是 PDSCH 信道的对应信道，用于上行数据传输。

（5）物理上行控制信道（Physical Uplink Control Channel，PUCCH）：终端使用该信道传输上行控制信息，上行控制信息包括 HARQ 反馈确认（指示下行传输是否成功）、调度请求（向网络请求用于上行传输的时频资源），以及用于链路自适应的下行信道状态信息。

（6）物理随机接入信道（Physical - Random - Access Channel，PRACH）：该信道被终端用于请求建立连接，这个过程称为随机接入。

4. 逻辑信道、传输信道与物理信道的映射关系

三种不同信道的映射关系如图 4-62 所示，可以看出，DL - SCH 和 UL - SCH 分别是下行链路和上行链路的主要传输信道。图中 DCI（Downlink Control Information）为下行控制信息，也就是终端用于正确接收和解码下行数据传输的必要信息。UCI 为上行控制信息，也就是为调度器和 HARQ 协议提供关于终端状况的信息。用于下行和上行控制信息的物理信道（图中的 PDCCH 和 PUCCH）没有相应的传输信道映射。

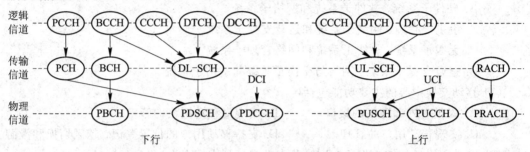

图 4-62　逻辑信道、传输信道和物理信道之间的映射关系

习　题

1. 选择题（可以多选）：

（1）固定电话网络的基本构成包括（　　　）。

    A. 用户终端、交换机、传输网络和网关

    B. 电话机、汇接节点、路由器和网关

    C. 手机、交换节点、路由器和网关

    D. 以上答案都对

（2）网关的作用是（　　　）。

    A. 实现模拟信号的数字变换

    B. 实现数字信号的模拟变换

    C. 实现网络交换和传输

    D. 实现不同协议网络之间的连接互通和协议转换

（3）根据固定电话网络的结构，电话交换机可分为（　　　）。

    A. 端局交换机、汇接交换机和长途交换机

    B. 局域网交换机、广域网交换机

    C. 二层交换机、三层交换机和四层交换机

    D. 以上都不对

（4）在讨论移动通信的时候，"3G"和"BS"分别代表（　　　）。

    A. 中国的三大电信运营商和他们的网络设施

    B. 国际上三个最大的电信设备制造商以及他们生产的网络设备

C. 第三代移动通信和基站

D. 三种主要电信网络设备

(5) 在下列描述中，指的是蜂窝电话系统中的"MSC"的是(　　　)。

    A. Mail Service Center，邮件服务中心

    B. Mobile Switching Center，移动交换中心

    C. Master of Science，理学硕士

    D. Mass Storage Control，海量存储控制器

(6) GSM 蜂窝电话系统主要由三个子系统构成，即(　　　)。

    A. 硬件子系统、软件子系统和网络子系统

    B. 手机子系统、网络子系统和运营支撑子系统

    C. 无线子系统、有线子系统和网络管理子系统

    D. 运营支撑子系统、网络与交换子系统和基站子系统

(7) 移动交换中心的主要功能包括(　　　)。

    A. 提供对外部网络的接口　　　　B. 实现对移动网络的管理

    C. 实现移动用户的管理　　　　　D. 支持移动用户的位置登记、越区切换和漫游

(8) 哪种网络拓扑结构将所有网络节点都连接到中心点上？(　　　)

    A. 总线型　　　　B. 环型　　　　C. 星型　　　　D. 网状

(9) 下列四项描述中，(　　　)最符合广域网。

    A. 连接相隔很远的局域网

    B. 在城市的范围内连接工作站、用户终端和其他设备

    C. 在大型建筑物内连接局域网

    D. 在小的建筑物内连接工作站、用户终端和其他设备

(10) 中继器可以解决什么问题？(　　　)

    A. 网络上有太多的不兼容设备　　　B. 网络数据流量太大

    C. 数据包需要进行路由选择　　　　D. 收发两节点相距太远

(11) 采用光纤通信的好处是：(　　　)。

    A. 光纤便宜　　　　　　　　　　B. 光缆容易安装

    C. 光缆是工业标准化产品，在各类商店都可以买到　　　D. 光缆不受电磁干扰

(12) 以下四项描述，那一项符合卫星通信系统的基本构成？(　　　)

    A. 运营支撑子系统、无线子系统、网络与交换子系统

    B. 空间分系统、地球站通信分系统、跟踪遥测及指令分系统、监控管理分系统

    C. 用户终端机、微波终端机、中继站、分路站和交换机

    D. 以上都不是

(13) 电磁波波长 λ、频率 f 和波速 c 的关系表达式是：(　　　)

    A. $c = f/\lambda$　　　　B. $f = c\lambda$　　　　C. $\lambda = fc$　　　　D. $c = f\lambda$

(14) 下列哪一项的描述符合数字光纤通信系统的基本构成？(　　　)

    A. 电发送端机、光发送端机、中继器、分路站和交换机

    B. 电发送端机、光发送端机、中继器、光接收端机、电接收端机、光纤线路

    C. 用户终端机、微波终端机、中继站、分路站和交换机

D. 以上都是

(15) 以下哪一个公式是光学的折射定律？（　　　）

    A. $n_1 \sin\theta_1 = n_2 \sin\theta_2$ B. $n_1 \sin\theta_2 = n_2 \sin\theta_1$

    C. $\dfrac{n_1}{\sin\theta_1} = \dfrac{n_2}{\sin\theta_2}$ D. $\theta_1 = \theta_2$

(16) 必须满足如下的哪项条件，才能保证光信号在阶跃光纤的纤芯中传输？（　　　）

    A. $n_1 > n_2, \theta_1 < \theta_c$ B. $n_1 > n_2, \theta_1 > \theta_c$

    C. $n_1 < n_2, \theta_1 < \theta_c$ D. $n_1 > n_2$

(17) 下面的四项描述是分别关于某种通信系统的基本构成，请指出哪一项描述指的是 ZigBee 网络的基本构成？（　　　）

    A. 寻呼控制中心、基站、用户终端

    B. 运营支撑子系统、无线子系统、网络与交换子系统

    C. 用户终端机、数字终端机、微波终端站、中继站、分路站

    D. 协调器节点、路由器节点和终端设备节点

(18) 在计算机网络中，计算机网卡的作用是（　　　）。

    A. 为计算机提供连接网络的接口，完成用户数据的收发

    B. 对收到的信号进行再生放大，以扩大网络的传输距离，将所有节点集中在以
       它为中心的节点上

    C. 支持交换机端口之间的多个并发连接，实现多个节点之间数据的并发传输

    D. 实现信号的调制与解调

(19) 用多少条光纤可以实现两台网络设备之间的全双工通信？（　　　）

    A. 1 条   B. 2 条   C. 4 条   D. 8 条

(20) 同步卫星轨道距离地球表面的高度是（　　　）。

    A. 1500 km   B. 15 000 km   C. 35 786 km   D. 40 000 km

(21) 下列四项中，哪一项不属于局域网的特性？（　　　）

    A. 应用电路交换技术   B. 是一种专用网络

    C. 提供本地环境下的网络通信   D. 用于资源共享

(22) 如下哪一项确定了 MAC 地址？（　　　）

    A. 网络管理员   B. 计算机网络接口卡生产厂商

    C. 因特网管理机构   D. 计算机硬盘

(23) 使无线网络能够接入有线网络的设备叫作（　　　）。

    A. 串口   B. 天线端口   C. 接入点   D. 内部端口

(24) 下列哪个标准是用于 WLAN 的？（　　　）

    A. 802.2   B. 802.3   C. 802.11   D. 802.13

(25) 下面哪个频段不是 WLAN 所使用的？（　　　）

    A. 900 MHz   B. 2.4 GHz   C. 3.3 GHz   D. 5.5 GHz

2. 判断题：

(1) 局域网不是一种高效的资源共享网络。   （　　　）

(2) 同轴电缆已经不再用作网络传输媒介。   （　　　）

（3）NIC 是用于将用户终端与网络连接的设备。　　　　　　　　　（　　）

（4）以太网可采用逻辑总线和物理星型拓扑结构。　　　　　　　（　　）

（5）以太网技术符合 IEEE 802.3 标准。　　　　　　　　　　　　（　　）

（6）MAC 是英文 Media Access Control 的缩写。　　　　　　　　（　　）

（7）在 Ad hoc 模式下，计算机没有接入因特网。　　　　　　　（　　）

（8）帧中继技术采用 CSMA/CD 机制。　　　　　　　　　　　　（　　）

（9）千兆以太网也用于骨干网。　　　　　　　　　　　　　　　（　　）

（10）同步卫星处于距地球表面 35 786 km 的地球同步轨道上。　（　　）

3. 简答题：

（1）蜂窝电话主要由哪几部分构成，各部分的主要功能是什么？

（2）无线通信发展经过了几代，每一代的技术特点是什么？

（3）简述交换式局域网的工作原理。

（4）简述 CSMA/CD 机制是如何工作的。

（5）什么是分组交换？分组交换与电路交换有哪些不同？

（6）画出微波中继通信系统的框图，并简述各部分的主要功能。

（7）局域网的媒体访问控制方法有哪几种？简述每一种媒体访问控制方法的工作过程。

（8）简述无线局域网的主要构成与特点。

（9）简述卫星通信系统的主要构成及各部分的主要作用。

（10）简述无线传感器网络的特点与应用。

（11）光纤传输是基带传输吗？

（12）什么是单模光纤？什么是多模光纤？

（13）为什么要用交换式局域网替代共享传输介质局域网？

4. 一个超宽带信号，其频谱的中心频率为 4 GHz，相对带宽为 26%。问：

（1）该超宽带信号的带宽是多少？

（2）该信号频谱的频率范围是多少？

5. 如果光纤纤芯的折射率是 1.50，包层的折射率是 1.46，问在什么条件下可以使光信号保持在纤芯中传输？

6. 设光纤的纤芯折射率为 1.50，包层的折射率为 1.47。求：

（1）相对折射率指数差；

（2）数值孔径；

（3）光信号在光纤端面上的最大入射角 θ_{max}。

7. 画出光纤通信系统的基本构成框图，并说明每一部分的主要作用。

部分习题参考答案

第 1 章

1. (1) b (2) a (3) a (4) abc (5) bd (6) d (7) b (8) a (9) abc (10) d
   (11) b (12) c (13) a (14) a (15) c (16) c

2. (1) 越大 (2) 小，大 (3) 误码率或误信率 (4) 波特(B)，比特/秒(b/s)
   (5) 人为，自然，人为，自然，干扰

3. (1) ①—d ②—a ③—g ④—b ⑤—c ⑥—e ⑦—f ⑧—h
   (2) ①—c ②—d ③—b ④—a ⑤—g ⑥—e ⑦—h ⑧—g

4. (7) 4

6. 6 Mb/s

7. 约 300 Hz

8. 1

9. 0.96 Gb/s

10. (1) 1200 b/s (2) 2400 b/s (3) 3600 b/s

11. (1) 19 200 b/s (2) 7200 b/s

12. 3200 B

13. 约 1.35 (b/s)/Hz

14. 2.5×10^{-5}

15. 2.56 MB，约 5.86×10^{-7}

16. 约 0.8 比特/符号

17. (1) 107.55 bit (2) 1.9056 比特/符号 (3) 108.64 bit

18. (1) 22.5×10^{6} b/s (2) 2.26 MHz

第 2 章

1. (1) acd (2) c (3) bd (4) acd (5) c (6) bd (7) ad (8) a (9) b
   (10) abc (11) c

2. (1) 时间，函数，不确定，不确定 (2) 离散，连续，离散的，数字信号，二进制码元
   (3) 二进制码，极性，段略，段内，量化

3. (1) √ (2) × (3) √ (4) √ (5) √ (6) √ (7) √ (8) √ (9) √
   (10) ×

5. 非功率信号，非能量信号

6. 非功率信号，非能量信号

8. $\dfrac{2a}{a^2 + 4\pi^2 f^2}$

9. $\pi e^{-|f|}$

10. $G(f) = \dfrac{2\pi f_c}{(2\pi f_c)^2 + (1 + j2\pi f)^2}$

12. < 0.25 s

13. (1) $f_s \geqslant 200$ Hz，$T_s \leqslant 5$ ms　(2) $f_s \geqslant 400$ Hz，$T_s \leqslant 2.5$ ms

(3) $f_s \geqslant 400$ Hz，$T_s \leqslant 2.5$ ms

14. (1) $g_\delta(t) = \sum\limits_{-\infty}^{\infty} \cos\left(\dfrac{n\pi}{4}\right)\delta(t - 0.25n)$　(2) $g_\delta(t) = \sum\limits_{-\infty}^{\infty} (-1)^n \delta(t - n)$

(3) $g_\delta(t) = \sum\limits_{-\infty}^{\infty} \cos(1.5n\pi)\delta(t - 1.5n)$

15. 01111010

16. 11011011，13Δ

17. 11010010，10Δ

18. -312Δ

第 3 章

1. (1) abd　(2) acd　(3) c　(4) b　(5) b　(6) c　(7) a　(8) b　(9) c

(10) b　(11) c　(12) c　(13) a　(14) abc　(15) c　(16) d

(17) b(注：A 到 E 类地址的范围是 1～126,128～191,192～223,224～239,240～255。A 类网络的 IP 地址的第一字节的范围不包括 0，0 保留用于表示广播。127 在 A 类网络的 IP 地址的第一字节的范围内也不能使用，它是本地回环网络地址，本地主机地址是 127.0.0.1。)

(18) b　(19) abcd　(20) abcd　(21) c　(22) abc　(23) acd

2. (1) 帧同步码，信令码　(2) 正半，导通，反向，正半周　(3) 封装

3. (1) $\checkmark$　(2) $\checkmark$　(3) $\checkmark$　(4) ×

4. (1) Public Switched Telephone Network，公共交换电话网

(2) Voice over Internet Protocol，基于 IP 的语音传输

(6) 2.048 Mb/s

(7) TCP/IP 是一种计算机网络体系结构，它以其最具代表性的两个协议 TCP 和 IP 来命名。它基于分层，从低层到高层依次为：网络接口层、网际层、传输层和应用层。

(8) PCM 设备是运用脉冲编码调制技术将模拟信号经过抽样、量化、编码三个过程转化为数字信号再发送到接收端，对收到的数字信号经过再生、解码和低通滤波，把数字信号还原为原来的模拟信号的设备。

(9) 255

(10) 32 位

(12) 静态路由是由人工配置和维护的，网络发生变化时，必须由人工更新；动态路由可以不断自动更新路由表，使到目的网络的路由适应网络的变化保持最优。

5. 33.792 Mb/s，34.368 Mb/s

8. 2 MHz

10. (1) 1 MHz

11. 128.11.3.31

12. 10.110.128.111

13. (1) ① 3 个字节，10.1.1 ② 1 个字节，3　(2) ① 1 个字节，10 ② 两个字节，1.1

第 4 章

1. (1) a　(2) d　(3) a　(4) c　(5) b　(6) d　(7) abcd　(8) c　(9) a　(10) d
　(11) d　(12) b　(13) d　(14) b　(15) a　(16) b　(17) d　(18) a　(19) a　(20) c
　(21) a　(22) b　(23) c　(24) c　(25)c

2. (1) ×　(2) √　(3) √　(4) √　(5) √　(6) √　(7) √　(8) ×　(9) √　(10) √

4. 信号带宽：1.04 GHz；信号频率范围：3.48 GHz～4.52 GHz

5. $\theta_c \approx 76.74°$

6. (1) $\Delta \approx 0.02$　(2) $NA = 0.3$　(3) $\theta_{max} \approx 17.46°$

参 考 文 献

[1] 樊昌信，曹丽娜. 通信原理[M]. 6 版. 北京：国防工业出版社，2012.

[2] 彭澎. 计算机网络教程[M]. 4 版. 北京：机械工业出版社，2017.

[3] 柴远波，赵春雨，林成，等. 短距离无线通信技术[M]. 北京：中国工信出版集团，2017.

[4] 崔建双，王丽娜，郑红云. 现代通信技术概论[M]. 2 版. 北京：机械工业出版社，2014.

[5] 吴大正，杨林耀，张永瑞，等. 信号与线性系统分析[M]. 4 版. 北京：高等教育出版社，2011.

[6] 崔勇，张鹏. 移动互联网原理、技术与应用[M]. 2 版. 北京：机械工业出版社，2018.

[7] JONES S S, KOVAC R J, GROOM F M. Introduction to Communications Technologies[M]. Boca Raton, Florida：CRC Press，2016.

[8] 朱浩. 3GPP 5G 系统架构支持工业互联网标准的进展[J]. 通信世界，2019(9)：17−19.

[9] 张平，陶运铮，张治. 5G 若干关键技术评述[J]. 通信学报，2016(7)：15−29.

[10] 魏崇毓，孙海英，邵敏，等. 无线通信基础及应用[M]. 2 版. 西安：西安电子科技大学出版社，2017.

[11] 陈金鹰. 通信导论[M]. 北京：机械工业出版社，2013.

[12] 孙海英，魏崇毓. 移动通信网络及技术[M]. 2 版. 西安：西安电子科技大学出版社，2018.

[13] 李广林，王炳和，黄红梅，等. 现代通信网技术[M]. 西安：西安电子科技大学出版社，2014.

[14] 高西全，丁玉美. 数字信号处理[M]. 4 版. 西安：西安电子科技大学出版社，2016.

[15] 冯涛. 无线传感器网络[M]. 西安：西安电子科技大学出版社，2017.

[16] 顾婉仪. 光纤通信[M]. 北京：人民邮电出版社，2007.

[17] POZAR D M. Microwave Engineering[M]. 3 th ed. 北京：电子工业出版社，2006.